高等学校计算机基础教育教材

计算机应用基础与信息处理教程

周　奇　周冠华　编著

清华大学出版社
北京

内 容 简 介

本书着眼于计算机应用基础与信息处理的教学,以入门计算机为出发点,以计算机基础知识为引导,以实践项目为导向,注重"理论+实践"的过程,旨在体现"理论+实践过程教学"的教学理念。

本书共 8 章,主要介绍计算机基础知识、Windows 10 操作系统基础操作、Office 2016 办公软件中Word、Excel 和 PowerPoint 的基础操作及应用、计算机网络与 Internet 技术、计算机常用软件及应用,以及计算机应用技术的发展趋势,包括大数据、云计算、人工智能、物联网、电子商务等。

本书既可作为高等院校计算机类专业及其他相关专业的基础课教材,也可作为入门计算机的自学指导书。

图书在版编目(CIP)数据

计算机应用基础与信息处理教程/周奇,周冠华编著. —北京:清华大学出版社,2022.9
高等学校计算机基础教育教材
ISBN 978-7-302-61209-4

Ⅰ.①计… Ⅱ.①周… ②周… Ⅲ.①电子计算机-高等学校-教材 ②信息处理-高等学校-教材 Ⅳ.①TP3 ②G202

中国版本图书馆 CIP 数据核字(2022)第 110202 号

责任编辑:郭　赛
封面设计:常雪影
责任校对:焦丽丽
责任印制:曹婉颖

出版发行:清华大学出版社
　　　　　网　　址:http://www.tup.com.cn,http://www.wqbook.com
　　　　　地　　址:北京清华大学学研大厦 A 座　　　　　邮　　编:100084
　　　　　社 总 机:010-83470000　　　　　邮　　购:010-62786544
　　　　　投稿与读者服务:010-62776969,c-service@tup.tsinghua.edu.cn
　　　　　质量反馈:010-62772015,zhiliang@tup.tsinghua.edu.cn
　　　　　课件下载:http://www.tup.com.cn,010-83470236
印 装 者:三河市铭诚印务有限公司
经　　销:全国新华书店
开　　本:185mm×260mm　　　　印　　张:21.5　　　　字　　数:497 千字
版　　次:2022 年 9 月第 1 版　　　　印　　次:2022 年 9 月第 1 次印刷
定　　价:68.00 元

产品编号:093560-01

前　言

随着计算机网络化、智能化、信息化的飞速发展,计算机已在各行各业普及。除计算机专业领域外,其他行业对计算机的依赖也越来越大,如软件开发、网站设计、会计、仓库管理等,都会使用到计算机。那么,要想从事一项工作,最基本的就是学会如何使用计算机及办公软件。也就是说,入门计算机,学习计算机的基础知识、基本操作以及常用软件(包括办公软件)的使用方法,为以后的工作打下基础,已成为每个人的必备技能。

讲授计算机应用基础的相关书籍非常多,但计算机的发展速度很快,系统和软件的更新换代也很频繁,很多相关书籍介绍的系统和软件还停留在旧版本。因此,编者想通过编写本书介绍 Windows 10 操作系统和 Office 2016 办公软件等的相关知识及实操过程,重新梳理计算机基础知识,使计算机基础知识的体系更为完善和系统,同时引入最新的计算机发展技术,如大数据、人工智能、物联网等,扩展读者对当下及未来计算机发展技术的认知。

编者已出版《计算机硬件组装与维护教程》《计算机网络技术基础应用教程》《大数据技术基础应用教程》等计算机相关教材,具有丰富的计算机基础教材编写经验。

本书由周奇、周冠华共同编写。本书编者均具有"计算机基础"及相关课程的教学经验和项目经验,同时具有指导学生参加省赛("网络系统管理"赛项)和"挑战杯"的经验,并带领学生取得了优异名次。

由于编者水平有限,书中难免有不妥和错误之处,敬请广大读者批评指正。

编　者

2022 年于广州

目　录

第1章

计算机基础知识

20世纪先进的科学技术发明之一就是计算机。掌握计算机的基础知识和应用能力,重视计算机安全的防范,做到高效学习和熟练办公,是信息社会不可或缺的能力。本章的主要内容包括:认识计算机、计算机系统的组成和主要性能指标、计算机网络基础、网络安全与法规、计算机的0和1、计算思维及其方法。

1.1 认识计算机

1.1.1 计算机的定义

计算机(computer)俗称电脑,是一种用于高速计算的电子计算机器,它可以进行数值计算,也可以进行逻辑计算,还具有存储功能。

计算机是能够按照程序运行,自动、高速处理海量数据的现代化智能电子设备,它的应用领域非常广泛,主要有科学计算、过程检测与控制、信息管理、人工智能、计算机辅助系统、计算机网络等。常见的计算机如图1-1所示。

图1-1 常见的计算机

1.1.2 计算机的发展

计算工具的发展经历了从简单到复杂、从低级到高级、从机械到电子的过程。人类历史上出现过的计算工具包括算筹、算盘、计算尺、手摇机械计算机、电子计算器等。其中，最著名的当属我国古人发明的算盘(约公元前 500 年由中国人发明)，如图 1-2 所示。

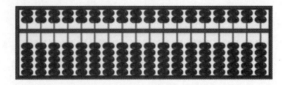

图 1-2　算盘

计算机从发明至今，已历经 70 多年的发展，根据其使用的电子元器件的不同，可划分为四个发展阶段，如表 1-1 所示。

表 1-1　计算机的四个发展阶段

发展阶段	时　间	电子元器件	特　点
第一代	1946—1956	电子管	体积大、功耗高、可靠性差、速度慢、价格昂贵，程序语言以机器语言和汇编语言为主
第二代	1956—1964	晶体管	体积缩小，运算速度也进一步提高，出现了一些高级程序设计语言，使程序设计效率得以提高
第三代	1964—1970	中小规模集成电路	体积和重量进一步缩小，性能提高，同时出现了计算机网络和数据库
第四代	1970 年至今	大规模和超大规模集成电路	体积和重量空前缩小，性能显著提高，互联网得到了广泛运用

1. 第一个发展阶段(第一代计算机)

1946—1956 年是电子管计算机时代。1946 年 2 月 14 日，由美国军方订制的世界上第一台电子计算机"埃尼克"诞生于美国宾夕法尼亚大学，其中文含义是：电子数字积分计算机(Electronic Numerical Integrator And Computer，ENIAC)；它的主要组成部件为电子管，如图 1-3 所示。

图 1-3　世界上第一台计算机 ENIAC

这台计算器由 17468 支电子管、60000 多个电阻器、10000 多个电容器和 6000 多个开关组成,占地 170 平方米,重达 30 吨,功耗为 170 千瓦,需要 150 千瓦的电力才能启动;其运算速度为每秒 5000 次的加法运算,造价约为 487000 美元。ENIAC 的问世具有划时代的意义,它开创了电子计算机的先河,被认为是电子计算机的始祖。

现代计算机理论最重要的奠基人是图灵和冯·诺依曼,这两位科学家均做出了极其突出的贡献。

艾伦·麦席森·图灵(Alan Mathison Turing,1912—1954)是英国数学家、逻辑学家,被称为计算机科学之父、人工智能之父。图灵对于人工智能的发展有诸多贡献,他提出了一种用于判定机器是否具有智能的试验方法,即图灵试验,每年都设有试验比赛。此外,图灵提出的著名的图灵机模型也为现代计算机的逻辑工作方式奠定了基础。

约翰·冯·诺依曼(John von Neumann,1903—1957)是美籍匈牙利数学家、计算机科学家、物理学家,被称为现代计算机之父。他的突出贡献是在 1946 年提出了存储程序控制原理,也称冯·诺依曼原理,该原理确立了现代计算机的基本结构和工作方式。虽然计算机的制造技术从计算机出现到现今已经发生了极大的变化,但在基本的硬件结构方面仍一直沿袭着冯·诺依曼的传统设计框架,即计算机硬件系统由运算器、控制器、存储器、输入设备和输出设备五大部件构成。

冯·诺依曼设计的计算机工作原理是将需要执行的任务用程序设计语言写成程序,与需要处理的原始数据一起通过输入设备输入并存储在计算机的存储器中,即程序存储。在需要执行时,由控制器取出程序并按照程序规定的步骤或用户提出的要求向计算机的有关部件发布命令并控制它们执行相应的操作,执行过程不需要人工干预,而是自动连续进行,即程序控制。

存储程序控制原理的基本内容如下:

- 采用二进制表示数据和指令;
- 将程序(数据和指令序列)预先存放在主存储器中(程序存储),使计算机在工作时能够自动快速地从存储器中取出指令,并加以执行(程序控制);
- 由运算器、控制器、存储器、输入设备、输出设备五大基本部件组成计算机硬件体系结构。

计算机的应用领域已从最初的军事科研应用扩展到社会的各个方面,形成了规模巨大的计算机产业,带动了全球范围的技术进步,也由此引发了深刻的社会变革;计算机已遍及学校、企事业单位和商业领域,并进入普通家庭,成为信息社会中必不可少的工具。

2. 第二个发展阶段(第二代计算机)

1956—1964 年称为晶体管计算机时代。1956 年,美国贝尔实验室成功研制出第一台使用晶体管线路的计算机,取名为 TRADIC,其装有 800 个晶体管,如图 1-4 所示。晶体管的发明大幅促进了计算机的发展,晶体管代替电子管,使得计算机的体积减小。

第二代计算机的主要进步包括:速度快、寿命长、体积小、重量轻、耗电量少。

在这个阶段,汇编语言的使用更加普遍,并出现了一系列高级程序设计语言,使编程工作更加简化。计算机的应用领域已扩展到信息处理及其他科学领域。

图 1-4　晶体管计算机 TRADIC

3. 第三个发展阶段（第三代计算机）

1964—1970 年是中小规模集成电路计算机时代。1964 年，美国 IBM 公司成功研制出第一个采用集成电路的通用电子计算机系列 IBM 360 系统，如图 1-5 所示。

集成电路板

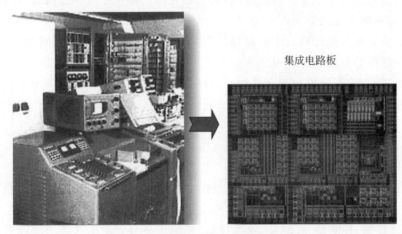

图 1-5　集成电路计算机和集成电路板

4. 第四个发展阶段（第四代计算机）

1970 年至今为大规模和超大规模集成电路计算机时代。1970 年，世界上第一台微处理器在美国硅谷诞生，开创了微型计算机的新时代，如图 1-6 所示。

图 1-6　第四代计算机

第四代计算机的应用领域从科学计算、事务管理、过程控制等开始逐步走向个人、家庭、学校、单位和公司等。

5. 未来—第五代计算机—量子计算机

量子计算是一种依照量子力学理论进行的新型计算,量子计算机有望成为下一代计算机,目前,其在人工智能、纳米机器人等方面有广泛应用,未来还会在航天器、核能控制等大型设备、中微子通信技术、量子通信技术、虚空间通信技术等信息传播领域,以及先进军事高科技武器和新医疗技术等高精端科研领域发挥巨大的作用,如图1-7和图1-8所示。

图 1-7　世界上首台基于 IBM 云的量子计算机平台

图 1-8　"九章"量子计算机

1.1.3　计算机的分类

计算机及其相关技术的迅速发展带动了计算机类型的不断变化,形成了各种不同的计算机。依据计算机的应用范围、信息和数据的处理方式、规模和处理能力这三个指标,可将计算机做如下分类，如表 1-2 所示。

表 1-2　计算机的分类

分类条件	类型	注　释	特　点
应用范围	专用计算机	专为解决某一特定问题而设计制造的电子计算机，一般拥有固定的存储程序；如控制轧钢过程的轧钢控制计算机，计算导弹弹道的专用计算机等	价格便宜、可靠性高、结构简单、解决特定问题的速度快
应用范围	通用计算机	指各行业、各种工作环境都能使用的计算机，其运行效率和经济性依据其应用对象的不同而各有差异。通用计算机适用于科学计算、数据处理、过程控制等领域	较高的运算速度、结构复杂、较大的存储容量、价格昂贵
信息和数据的处理方式	数字计算机（如图 1-9 所示）	用不连续的数字量，即"0"和"1"表示信息，其基本运算部件是数字逻辑电路	精度高、存储量大、通用性强，能胜任科学计算、信息处理、实时控制、智能模拟等方面的工作
信息和数据的处理方式	模拟计算机（如图 1-10 所示）	用连续变化的模拟量，即电压表示信息，其基本运算部件是由运算放大器构成的微分器、积分器、通用函数运算器等运算电路	解题速度极快，但精度不高、信息不易存储、通用性差。一般用于解微分方程或自动控制系统设计中的参数模拟
信息和数据的处理方式	数模混合计算机	综合数字和模拟计算机的长处而设计出来的	既能处理数字量，又能处理模拟量。但是结构复杂，设计困难
规模和处理能力	巨型计算机（如图 1-11 所示）	巨型计算机（supercomputer）又称超级计算机，主要用来承担重大的科学研究、国防尖端技术和国民经济领域的大型计算课题及数据处理任务，如大范围天气预报，整理卫星照片，探索原子核物理，研究洲际导弹、宇宙飞船，制定国民经济发展计划等	功能最强、运算速度最快、存储容量最大的计算机，多用于国家级高科技和尖端技术研究，是国家科技发展水平和综合国力的重要标志
规模和处理能力	大型计算机（如图 1-12 所示）	大型计算机（large-scale computer）是用来处理大容量数据的机器，一般用于为大中型企业、事业单位（如银行、机场等）的数据提供集中存储、管理和处理，承担企业级服务器的功能	运算速度快、存储容量大、联网通信功能完善、可靠性高、安全性好，但价格比较昂贵
规模和处理能力	小型计算机（如图 1-13 所示）	小型计算机（minicomputer）是相对于大型计算机而言的，一般为中小型企业、事业单位或某一部门所用，通常指一般服务器	软硬件系统规模较小，但价格低、可靠性高、便于维护和使用
规模和处理能力	微型计算机（如图 1-14 所示）	微型计算机（microcomputer）又称微机、个人计算机、微电脑、PC 等，是第四代计算机时期出现的一个新机种，是由大规模集成电路组成的、体积较小的电子计算机。它是以微处理器为基础，配以内存储器及输入/输出（I/O）接口电路和相应的辅助电路而构成的裸机	体积小、灵活性高、价格便宜、使用方便

分类条件	类型	注　释	特　点
规模和处理能力	嵌入式计算机（如图1-15所示）	嵌入式计算机（embedded computer）即嵌入式系统，是一种以应用为中心、微处理器为基础，软硬件可裁剪的，适应应用系统的功能，对可靠性、成本、体积、功耗等综合性能都有严格要求的专用计算机系统。如微波炉、自动售货机、空调等电器上的控制板	兼容性强、成本可控性高、体积可控制性高、功耗低

图 1-9　数字计算机

图 1-10　模拟计算机

图 1-11　巨型计算机（"天河一号"超级计算机）

图 1-12　大型计算机

图 1-13　小型计算机（一般服务器）

图 1-14　微型计算机

图 1-15　嵌入式计算机

1.1.4　移动设备

移动设备也称行动装置(mobile device)、流动装置、手持装置(handheld device)等,是一种口袋大小的计算设备,通常有一个小型显示屏幕,通过触控方式或小型键盘进行输入。常见的移动设备有智能手机、平板电脑、可穿戴设备(智能手环、手表)等,如图 1-16 所示。

图 1-16　常见的移动设备

1. 智能手机

智能手机指像个人计算机一样具有独立的操作系统、独立的运行空间,可以由用户自行安装由第三方服务商提供的程序,并可以通过移动通信网络实现无线网络接入的一种手机类型。目前,智能手机大量应用于娱乐、商务、时讯服务、军事、无线遥控等领域,如图 1-17 所示。

图 1-17　智能手机

2. 平板电脑

平板电脑又称便携式计算机(tablet personal computer),是一种小型、方便携带的个人计算机,以触摸屏作为基本的输入设备。平板电脑作为可移动的多用途平台,为移动教学提供了多种可能性,如图 1-18 所示。

图 1-18　平板电脑

3. 可穿戴设备

可穿戴设备指直接穿戴在身上,或是整合到衣物配件上的一种便携式设备,如图 1-19 所示。

图 1-19　可穿戴设备

1.2　计算机系统

1.2.1　计算机系统的组成

计算机系统由计算机硬件系统和计算机软件系统两大部分组成,如图 1-20 所示。

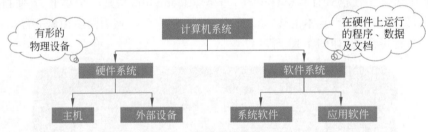

图 1-20　计算机系统的组成

硬件系统指组成计算机的所有有形的物理装置(实体部分)的集合,没有安装任何软件的计算机称为裸机。硬件系统由主机和外部设备组成。

软件系统指在硬件上运行的程序、数据及文档,负责控制计算机各部件的协调工作。软件系统由系统软件和应用软件组成。系统软件指操作系统(Operation System,OS)。在安装了操作系统的基础上,为进一步丰富计算机的拓展应用,应按需安装应用软件,即可面向用户提供服务,如图 1-21 所示。

图 1-21　硬件系统和软件系统的关系

总之，硬件是基础，是软件的载体，软件使硬件具有了使用价值。计算机系统的组成结构如图 1-22 所示。

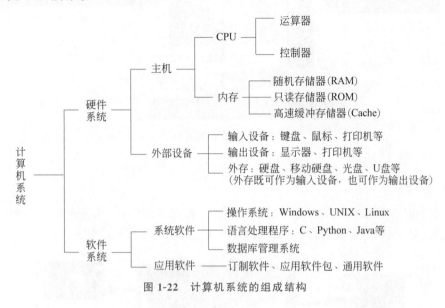

图 1-22　计算机系统的组成结构

1.2.2　计算机硬件系统

计算机硬件系统是由组成计算机的各电子元器件按照一定的逻辑关系连接而成的，是计算机系统的物质基础。

直观地看，计算机硬件是一大堆设备，它们都是看得见、摸得着的，是计算机进行工作的物质基础，也是计算机软件发挥作用、施展技能的舞台。计算机硬件的基本功能是接受计算机程序的控制以实现数据输入、运算、数据输出等一系列根本性的操作。

从冯·诺依曼体系结构的角度看，计算机硬件系统由运算器、控制器、存储器、输入设备、输出设备组成，其中，控制器和运算器组成了中央处理器，如图 1-23 所示。

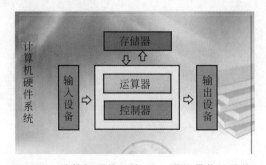

图 1-23　计算机硬件系统（冯·诺依曼体系结构）

从宏观角度划分，计算机硬件系统包括主机和外部设备（简称外设），如图 1-24 所示。

图 1-24　主机和外设

1. 主机

主机包括主机箱内的主机部件及部分位于主机箱中的外设,通常包括主机板、CPU、内存储器、显卡、声卡以及硬盘、光驱等部分外设,如图 1-25 所示。

图 1-25　主机

1) CPU

中央处理器(Central Processing Unit,CPU)是一块超大规模的集成电路,是一台计算机的运算核心和控制核心,决定着计算机的性能,如图 1-26 所示。

图 1-26　中央处理器 CPU——国产"龙芯"芯片

CPU 的主要功能是解释和执行计算机指令以及处理数据运算。

龙芯是中国科学院计算研究所自主研发的通用 CPU,它采用 RISC 指令集,类似于 MIPS 指令集。龙芯 1 号的频率为 266MHz,于 2002 年首次使用。龙芯 2 号的最大频率为 1GHz。龙芯 3A 是国内首款商用 4 核处理器,工作频率为 900MHz～1GHz,其峰值运算能力为 16gflops。龙芯 3B 是国内首款商用 8 核处理器,主频为 1GHz,支持向量运算加速,峰值运算能力为 128gflops,具有高性能功耗比。

　　CPU 相当于"人类的神经中枢",运行时芯片温度会显著升高,因此在将 CPU 安置到主板 CPU 插座的同时,应配有散热装置。英特尔(Intel)处理器占据八成以上的 CPU 市场份额,除此之外还有 AMD 处理器。以 Intel 酷睿(Core)处理器为例,最新的分别是第十代 i3、i5、i7 和 i9,尤其是在安装于笔记本式计算机时,可使其又轻又薄,呈现智能性能、娱乐中心和最佳互联。以 Intel Core 10th i7 为例,其 CPU 主频(运算速度)为 4.0GHz,字长为 64 位,其与第一台计算机 ENIAC 的对比如表 1-3 所示。

表 1-3　ENIAC 和 Intel Core 10th i7 微机的对比

对 比 项 目	ENIAC	Intel Core 10th i7 微机
年代	1946 年	2019 年
运算速度	5000 次加法/s	43 亿次计算/秒
用电量	170kW/h	≤300kW/h
重量	28t	1.3kg(笔记本式计算机)
尺寸	占地 100m²	13、14、15 英寸
内部组成	17840 个电子管	超大规模集成电路
价格	48 万美元	约 8000 元人民币

【扩展知识】

手机 CPU 与计算机 CPU 之间的区别

(1) 架构差异。

计算机是冯·诺依曼体系结构,用的是复杂指令集系统 CISC。

手机 CPU 主打功耗低、廉价,因此其 ARM 是哈佛体系结构,用的是精简指令集系统 RISC。

(2) 工艺上的差异。

工艺上,主流的手机 CPU 骁龙 8X5 用的是 10nm 左右的工艺,而计算机 CPU 工艺的主流是 32nm。

(3) 手机 CPU 是"胶水核心"。

在手机 CPU 中,手机多核算是多 CPU,即将多个 CPU 封装起来以处理不同的事情。

计算机的多核处理器是指在一个处理器上集成多个运算核心,通过相互配合、相互协作处理同一件事情,即将多个并行的个体封装在了一起。

　　2) 内存储器

　　内存储器又称内存,也泛称主存储器,是计算机中的主要部件,是与 CPU 进行沟通的桥梁,用于暂时存放 CPU 中的运算数据,以及与硬盘等外部存储器交换的数据,如图 1-27 所示。

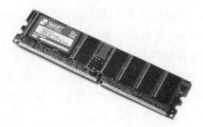

图 1-27　内存

内存主要由 3 种存储器构成：随机存储器（RAM，又称主存）、只读存储器（ROM）、高速缓冲存储器（Cache）。

【扩展知识】

手机内存与计算机内存的区别

手机内存的这种叫法其实有些模糊，普通消费者所认为的手机内存的作用类似于计算机的硬盘，目前的常见容量为 64～512GB。这是一种 ROM（断电后不会丢失数据），即将与计算机固态硬盘性质一样的闪存芯片颗粒嵌入手机主板中。

同时，手机中还有运存，又称手机 RAM（断电后会丢失数据），手机运存的作用类似于计算机内存，即数据的临时存储和中转。

计算机内存（DDR）是一种内存储器（RAM），是计算机各个数据的临时周转中心。大多数计算机内存以 8GB、16GB 为主，可以在一台计算机中使用多个内存，如 16GB×4。而计算机中的系统、程序、数据、文件是存储在外存储器硬盘（HDD）上的，它是一种可读写的 ROM，常见容量有 256GB、512GB、1TB 等，常见类型有机械硬盘和固态硬盘两种。

【扩展知识】

手机扩展卡

手机扩展卡又称手机存储卡，某些手机允许用户加插这种卡以扩展手机的存储空间，可以认为它是一种 ROM，是一种闪存卡。常见的手机扩展卡一般是 128GB 的 MICRO SD 卡。除了容量以外，存取速度也是其重要的性能参数，如图 1-28 所示。

图 1-28　手机扩展卡

3）主板

主板（motherboard，mainboard，简称 Mobo）又称主机板、系统板或母板，是计算机主机中最大的一块电路板。主板是计算机的主体和中控中心，它集合了全部系统的功能，控制着各部件之间的指令流和数据流,其上布满了电子元件、插槽、接口,以及为 CPU、内存及各种适配卡提供的安装插座,还有为各种存储设备、打印机、扫描仪等外设提供的接口。主板一般为矩形电路板,上面安装了组成计算机的主要电路系统,一般有 BIOS 芯片、I/O控制芯片、键盘和面板控制开关接口、指示灯插接件、扩充插槽、主板及插卡的直流电源供电接插件等元件。主板及其功能部件如图 1-29 所示。

图 1-29　主板及其功能部件

随着计算机的发展,不同型号计算机的主板结构可能略有不同。有的主板带有集成声卡、显卡,有的额外安装了独立声卡、显卡,如图 1-30 所示。

图 1-30　独立声卡和独立显卡

4) 总线和接口

计算机中传输信息的公共通道称为总线(bus)。总线是一种内部结构,它是 CPU、内存、输入/输出设备传递信息的公共通道,主机的各个部件通过总线相连接,外部设备通过相应的接口电路再与总线相连接。按照总线上传输信息的不同,总线可以分为数据总线(Data Bus,DB)、地址总线(Address Bus,AB)和控制总线(Control Bus,CB)三种,如图 1-31 所示。

计算机通过接口连接设备并实现通信,包括 PS/2 接口、串行通信接口、并行通信接口、有线网卡接口、USB 接口和声卡接口等,如图 1-29 所示。

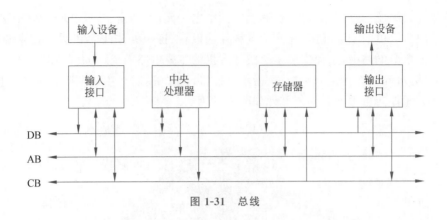

图 1-31　总线

除此之外,有些计算机还配有 HDMI 接口、SD 读卡器接口、Type-C 接口。

2. 外部设备

外部设备(外设)包括外存储器、输入设备、输出设备等。

1) 外存储器

外存储器是指除计算机内存及 CPU 缓存以外的存储器,此类存储器一般在断电后仍然能保存数据。外存储器通常容量较大,可用于存储大量数据资料,具体包括硬盘、光盘、U 盘、移动硬盘等。

(1) 硬盘。

硬盘是一种外存储器,硬盘空间越大,可存储的数据就越多。传统的机械硬盘(HDD)的特点是造价低、寿命长,容量常为 512GB 或 1TB 及以上。固态硬盘(SSD)的特点是噪音小、效率高(读写速度快),容量常为 128GB 或 256GB;如图 1-32 所示。

机械硬盘　　　　　　固态硬盘

图 1-32　机械硬盘和固态硬盘

(2) 光盘。

光盘的存储介质不同于磁盘,它具有容量大、存取速度快、不易被干扰等特点,也属于移动便携外存储器,需要计算机内置或外接光盘驱动器(简称光驱),常见的有 CD (700MB)、VCD(700MB)、DVD(4.9GB)、蓝光 DVD(28GB)等,如图 1-33 所示。

(3) U 盘。

U 盘也称优盘、闪存,特点是体积小、容量大、价格低、读写效率高,常见的容量有 32GB、64GB、128GB 等。U 盘使用 USB 接口,个别 U 盘带有写保护(开启写保护时,U

光盘   光驱

图 1-33   光盘和光驱

盘只可读、不可写),如图 1-34 所示。

(4)移动硬盘。

移动硬盘分为机械移动硬盘和固态移动硬盘两种,特点是容量大,但价格比 U 盘高很多。其中,固态移动硬盘的读写效率更高,往往用于大量数据资料的存储和备份。移动硬盘使用 USB 接口,如图 1-35 所示。

图 1-34   U 盘   图 1-35   移动硬盘

2)输入设备

输入设备是指用于向计算机输入数据和信息的设备,是计算机与用户或其他设备通信的桥梁。常见的输入设备包括鼠标、键盘、摄像头、扫描仪、绘图板、手写笔等,如图 1-36 所示。

鼠标   键盘   摄像头

图 1-36   常见的输入设备

3)输出设备

输出设备是计算机硬件系统的终端设备,它可以把各种计算结果数据或信息以数字、字符、图像、声音等形式表现出来。常见的输出设备包括显示器、音响、打印机、耳机、绘图仪等,如图 1-37 所示。

计算机或手机的显示器通常也被称为显示屏,屏幕尺寸是依屏幕对角线计算的,以英寸(inch)作为单位。显示器最重要的参数是尺寸及分辨率,目前的显示器主要分为 LED 显示器和液晶显示器两大类。

| 音响 | 显示器 | 打印机 | 耳机 |

图 1-37　常见的输出设备

部分显示器(如手机显示屏)具备触摸交互的功能,它既是输入设备,又是输出设备,如图 1-38 所示。

图 1-38　触控屏幕

1.2.3　计算机软件系统

计算机软件是指在硬件设备上运行的各种程序、指令系统以及有关资料。所谓程序,实际上是用户指挥计算机执行各种动作以完成指定任务的指令的集合。计算机软件系统由操作系统、语言处理系统以及各种软件工具组成。计算机软件系统指挥、控制计算机硬件系统按照预定的程序运行、工作,从而达到用户预定的目标。计算机软件系统包括系统软件和应用软件两部分。

1. 系统软件

系统软件是指为计算机提供管理、控制、维护和服务等功能,充分发挥计算机效能以方便用户使用计算机的软件。系统软件位于软件系统的最底层,是管理计算机硬件的程序,如 Windows、DOS、UNIX 等操作系统和显卡及其他设备的驱动程序等,如图 1-39 所示。

DOS系统　　　　　　　　　　　Windows系统

图 1-39　常见的操作系统

【扩展知识】

手机操作系统

iOS 是由 Apple 公司开发的移动操作系统。Apple 公司最早于 2007 年 1 月 9 日在 Macworld 大会上公布了这个系统,最初是设计给 iPhone 使用的,后来陆续套用到 iPod touch、iPad 以及 Apple TV 等产品上。iOS 与 Apple 公司的 Mac OS X 操作系统一样,属于类 UNIX 的商业操作系统。原本这个系统名为 iPhone OS,因为 iPad、iPhone、iPod touch 都使用 iPhone OS,所以改名为 iOS(iOS 为美国 Cisco 公司网络设备操作系统的注册商标,Apple 公司已获得 Cisco 公司的授权),如图 1-40 所示。

iPhone XS & XS Max

图 1-40　iOS 操作系统

安卓(Android)是一种基于 Linux 内核(不包含 GNU 组件)的自由及开放源代码的操作系统,主要用于移动设备,如智能手机和平板电脑,由美国 Google 公司和开放手机联盟领导及开发。Android 操作系统最初由 Andy Rubin 开发,主要支持手机。2005 年 8 月,由 Google 公司收购注资。2007 年 11 月,Google 公司与 84 家硬件制造商、软件开发商及电信营运商组建了开放手机联盟,共同研发改良 Android 系统。随后,Google 公司以 Apache 开源许可证的授权方式发布了 Android 的源代码。第一部 Android 智能手机发布于 2008 年 10 月。Android 逐渐扩展到平板电脑及其他领域,如电视、数码相机、游戏机、智能手表等。如图 1-41 所示。

图 1-41　Android 操作系统

2. 应用软件

应用软件是指为解决某个应用领域的具体任务而编制的程序,如各种科学计算程序、数据统计与处理程序、自动控制程序等。常用的应用软件包括订制软件、应用程序、通用软件三种。订制软件是指针对具体应用而开发的软件,它是按照用户需求而专门开发的程序,如信息管理系统、售票系统等。应用程序是指经过标准化、模块化,逐步形成解决某些典型问题的程序组合,如财务管理软件等。通用软件是指针对某类信息而开发的、用于处理某类信息的程序,如 Office 办公软件、图像处理软件(如 PS)、音视频播放器、杀毒软件、即时通信软件(如 QQ、微信)等,如图 1-42 所示。

Office办公软件

杀毒软件

图 1-42　通用软件

1.2.4　计算机的主要性能指标

对于大多数普通用户而言,可以从以下几个指标评价计算机的性能:主频(运算速度)、字长、内存储器的容量、外存储器的容量、I/O 的速度、显存、硬盘转速。

1. 主频(运算速度)

通常所说的计算机运算速度(平均运算速度)是指计算机每秒能执行的指令条数,一般用百万条指令/秒(Million Instruction Per Second,MI/s)作为单位。

微型计算机一般采用主频描述运算速度,例如,Pentium 的主频为 800MHz,Pentium 41.5G 的主频为 1.5GHz。一般说来,主频越高,运算速度就越快。

2. 字长

计算机在同一时间内能够处理的一组二进制数称为一个计算机的字,而这组二进制数的位数就是字长。在其他指标相同时,字长越大,计算机处理数据的速度就越快。早期的微型计算机的字长一般是 8 位和 16 位,当前的主流则为 64 位。

在计算机的发展历程中,微型计算机(简称微机)的出现开辟了计算机的新纪元。微机因其体积小、结构紧凑而得名,它的一个重要特点是其将中央处理器(CPU)制作在了一块电路芯片上,即微处理器。20 世纪 90 年代末期,微机在性能不断提高的同时,因其价格显著降低而开始普及,逐步进入办公场所、校园和千家万户。

根据微处理器的集成规模和处理能力,形成了微机的不同发展阶段,如表 1-4 所示。

表 1-4　微机的发展阶段

发展阶段	时间	型　　号	字长
第一阶段	1971—1973	4004、4040、8008	4
第二阶段	1974—1977	8080、8085、M6800、Z80	8
第三阶段	1978—1984	8086、8088、80186/80286、M68000、Z8000	16
第四阶段	1985—1992	80386、80486	32
第五阶段	1993 年至今	Intel Pentium(奔腾)、Intel Core(酷睿)、Intel Celeron(赛扬)	64

3. 内存储器的容量

内存储器也称主存,是 CPU 可以直接访问的存储器,需要执行的程序与需要处理的数据就存放在内存中。内存储器容量的大小反映了计算机即时存储信息的能力。内存容量越大,系统功能就越强大,能处理的数据量就越庞大。和硬盘相比,内存储器一般容量较小,目前市面上最常见的内存条有 DDR3、DDR4。存储器容量指存储器包含的字节数,常见容量为 4GB、8GB 或 16GB,如图 1-43 和图 1-44 所示

图 1-43　内存条 DDR4(正面)

图 1-44　内存条 DDR4(背面)

4. 外存储器的容量

外存储器的容量通常是指硬盘容量(包括内置硬盘和移动硬盘)。外存储器的容量越大,可存储的数据就越多,可安装的应用软件就越丰富。常见的机械硬盘造价低、寿命长,容量常为 512GB 或 1TB;固态硬盘噪音小、效率高,容量常为 128GB 或 256GB。

注意:固态硬盘由固态电子存储芯片陈列而制成,其读写速度显著优于传统的机械硬盘,相同容量的固态硬盘的价格要比机械硬盘高出许多。

5. I/O 的速度

主机 I/O 的速度取决于 I/O 总线的设计。这对于慢速设备(如键盘、打印机)影响不大,但对于高速设备则影响较大。当前的微机硬盘的外部传输率已达 100MB/s 以上。

6. 显存

显存的性能由两个因素决定,一是容量,二是带宽。容量很好理解,它的大小决定了能缓存多少数据。而带宽可以理解为显存与核心交换数据的通道,带宽越大,数据交换就越快;所以容量和带宽是衡量显存性能的关键因素。

7. 硬盘转速

转速是指硬盘内电机主轴的旋转速度,也就是硬盘盘片在一分钟内能完成的最大转数。转速的快慢是标识硬盘档次的重要参数,也是决定硬盘内部传输速率的关键因素,在很大程度上直接影响着硬盘的存取速度。

1.2.5 个人计算机的硬件组成和选购

个人计算机(Personal Computer,PC)多为微型计算机(简称微机)。所谓微机,就是以微处理器为核心,由超大规模集成电路实现的存储器、输入/输出接口及系统总线组成的计算机。

1981年,美国IBM公司推出了第一代微型计算机IBM-PC,微机以其执行结果精确、处理速度快、性价比高、轻便小巧等特点迅速进入社会各个领域。微机的技术不断更新、产品快速换代,从单纯的计算工具逐步发展成能够处理数字、符号、文字、图形、图像、音频、视频等多种信息的强大多媒体工具。

如今的微机产品无论是运算速度、多媒体功能、软硬件支持还是易用性等方面都比早期产品有了极大的飞跃。笔记本式计算机更是以无线联网、使用便捷等优势受到越来越多人的欢迎,保持着高速发展的态势。目前,微机可分为台式机、一体机、便携计算机(笔记本电脑)和二合一计算机(平板+键盘)四种类型,如图1-45所示。

台式机　　　　　一体机　　　　　便携计算机　　　　二合一计算机

图1-45　微型计算机

选购个人计算机时,主要考虑品牌机和兼容机两种类型。品牌机厂商往往具有雄厚的经济实力,品牌机是在对各种配件进行组合测试的基础上优选、精选配件,在工厂流水线上组装而成的,因此稳定性非常好,并且其在售后服务上也有优势。常见的品牌机厂商如图1-46所示。

兼容机是指用户根据个人喜好和经验购买各种硬件自行组装的计算机。由于硬件未经过组合测试,因此可能存在不兼容等问题,但其具有较好的扩展性,对于追求个性化的用户来说是不错的选择。完整的个人计算机总体来说由硬件和软件组成,硬件的基本部

图 1-46　常见的品牌机厂商

件包括 CPU、主板、内存、硬盘、电源、键盘、鼠标、散热器、显示器等。

　　在选购计算机及配件时,需要遵循以下原则:

- 按需配置,明确用途;
- 衡量装机预算;
- 衡量整机运行速度。

在选购个人计算机时,需要注意以下事项:

- 选购品牌机时尽量选择名牌主流产品;
- 配置兼容机时应考虑其换修、升级的需要,大配件尽量选择大品牌和市场好评率较高的新产品;
- 可结合自己的购机需要多参考大型电商平台的配机方案建议。

【选购小贴士】

　　建议尽量购买半年以内出品的 PC 产品;主板和 CPU 保修期较长,通常为 1～3 年;电源、键盘和鼠标等保修期较短,可能为 3～6 个月;内存建议选择 DDR4 及以上;一定要有网卡和无线网卡;主板最好自带集成显卡;光驱可以不考虑,因为用到的概率较小;应具备一定的外设扩展能力;购买前可到各大网购平台,例如京东、太平洋电脑网等参考配置和试组装,对比价格,最后选择合适的计算机产品,可考虑线上购买或线下购买。

1.3　计算机网络基础

　　计算机网络是指利用通信线路和通信设备,把地理上分散的、具有独立功能的多个计算机系统互相连接起来,按照网络协议进行数据通信,用功能完善的网络软件实现资源共享的计算机系统的集合。

1.3.1　计算机网络的功能与分类

1. 计算机网络的功能

　　计算机网络不仅可以实现资源共享,还可以实现信息传递和协同工作等,如图 1-47 所示。

图 1-47　计算机网络的功能

2. 计算机网络的分类

1）按网络的覆盖范围

网络覆盖范围和计算机之间的互连距离不同,采用的网络结构和传输技术也不同,因此可以将计算机网络分为三类:局域网、城域网、广域网。具体如表 1-5 所示。

表 1-5　计算机网络的分类(按覆盖范围)

网络分类	缩写	分布距离	网络覆盖范围	传输速率范围
局域网	LAN	10m	房间	4Mb/s～10Gb/s
		100m	建筑物	
		1km	校园	
城域网	MAN	10km	城市	50Kb/s～2Gb/s
广域网	WAN	100～1000km	国家	9.6Kb/s～2Gb/s

2）按网络的所有权

按网络的所有权划分,可将网络分为公用网和专用网。

公用网又称通用网,一般由政府的电信部门组建、控制和管理,网络内的数据传输和交换设备可租用给任何个人或部门使用。部分广域网就是公用网。

专用网通常是由某一部门、某一系统、机关、学校、公司等组建、管理和使用的。多数局域网属于专用网。某些广域网也可用作专用网,如广电网、铁路网等。

3）按计算机网络的拓扑结构

把网络中的计算机及其他设备隐去其具体的物理特性,抽象成点,把通信线路抽象为线,由这些点和线组成的几何图形称为网络的拓扑结构。

按计算机网络的拓扑结构,可将网络分为总线型网、星状网、环状网、树状网、网状网。

① 总线型网。

总线型网采用单根线路作为共用的传输介质,将网络中的所有计算机通过相应的硬件接口和电缆直接连接到这根共用的总线上,如图1-48所示。

② 星状网。

星状网是指网络中的各结点设备通过一个网络集中设备(如集线器(HUB)或者交换机(Switch))连接在一起,各结点呈星状分布的网络连接方式,如图1-49所示。

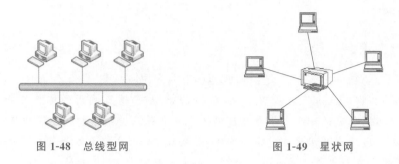

图 1-48 总线型网   图 1-49 星状网

③ 环状网。

环状网使用公共电缆组成一个封闭的环,各结点直接连接到环上,如图1-50所示。

④ 树状网。

树状网可以包含分支,每个分支又可包含多个结点,如图1-51所示。

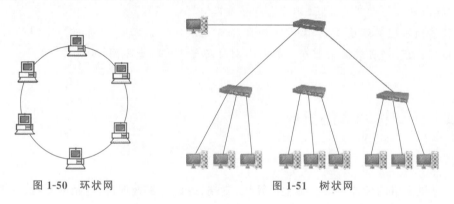

图 1-50 环状网   图 1-51 树状网

⑤ 网状网。

网状网由各结点通过传输线互相连接起来,并且每个结点至少与其他两个结点相连,如图1-52所示。

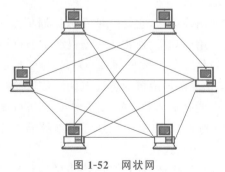

图 1-52 网状网

4）其他分类方式

按传输介质分类：有线网、无线网。

按使用目的分类：共享资源网、数据处理网、数据传输网。

按企业和公司管理分类：内部网（innernet）、内联网（intranet）、外联网（extranet）、因特网（Internet）。

【扩展知识】

虚拟局域网和虚拟专用网

虚拟局域网（Virtual Local Area Network，VLAN）是指利用网络软件和网络交换技术将跨越不同位置的一个或多个物理网段上的相关用户组成的一个逻辑工作组，就好像是同一个局域网中的用户在完成着相关性的工作（VLAN是依赖网络软件建立的逻辑网络，其用户不一定都连接在同一物理网络或网段上，而是逻辑地连接在一起，相当部分的VLAN是临时性的）。

虚拟专用网（Virtual Private Network，VPN）是指依靠因特网服务提供者（ISP）和其他网络服务提供商（NSP）在公共网络中建立的专用的数据通信网络（VPN可以让用户利用公共网的资源，将分散在各地的机构动态地连接起来，进行低成本的数据安全传输，这样做既节省费用支出，又不需要专用线路）。

随着因特网的迅速发展，大量的企业内部网络与因特网互联，并采用专用的网络加密与通信协议，即可构成企业在公共网络上的安全的虚拟专用网。

1.3.2 计算机网络的组成

1. 硬件

计算机网络的硬件主要包括主计算机、终端、通信控制处理机、调制解调器、集中器和通信线路等。

主计算机简称主机（host），负责网络中的数据处理、执行网络协议、进行网络控制和管理等工作。

终端是用户访问网络的设备。

通信控制处理机简称通信控制器，它是一种在数据通信系统或计算机网络系统中执行通信控制与处理功能的专用计算机，通常由小型机或微型机担任。

调制解调器（MODEM）是一种把数据终端（DTE）与模拟通信线路连接起来的接口设备，它能把计算机的数字信号翻译成可沿普通电话线传送的模拟信号，而这些模拟信号又可被线路另一端的另一个调制解调器接收，并译成计算机可懂的数字信号。

集中器：在终端密集的地方，可以通过低速通信线路将多个终端设备先连接到集中器上，再通过高速主干线路与主机连接。

通信线路是传输信息的载波媒体，计算机网络中的通信线路包括有线线路（双绞线、同轴电缆、光纤等)和无线线路(微波线路和卫星线路等)。

网络互连设备:用于互连的两个网络或子网可以是相同类型,也可以是不同类型,能在复杂的网络中自动进行路径选择,并对信息进行存储与转发,具有强大的处理能力。

2. 软件

计算机网络的软件大致可分为 5 类:网络操作系统、网络协议软件、网络管理软件、网络通信软件、网络应用软件。

网络操作系统(Network Operating System,NOS)是指为计算机网络配置的操作系统,与网络的硬件结构相联系。网络操作系统除了具有常规操作系统具有的功能外,还具有网络通信管理功能、网络范围内的资源管理功能和网络服务功能等(如 Windows Server 系列操作系统,Linux 和 UNIX 的系统版本)。

网络协议软件是计算机网络中各部分之间通信所必须遵守的规则的集合,它定义了各部分交换信息时的顺序、格式和词汇(如因特网中使用 TCP/IP 作为网络协议)。

网络管理软件提供性能管理、配置管理、故障管理、计费管理、安全管理和网络运行状态监视与统计等功能(如 HP 公司的 HP Open View、IBM 公司的 NetView 等)。

网络通信软件通过网络将各个孤立的设备相连接,通过信息交换实现人与人、人与计算机、计算机与计算机之间的通信(如 QQ、微信)。

网络应用软件是指在网络环境下使用且直接面向用户的软件,拥有多种功能与分类,最为用户所熟悉,当前计算机和手机上的各种应用软件与 App 多为网络应用软件。

1.3.3 网络设备与传输介质

1. 网络设备的概念

网络设备及部件是指连接到网络中的物理实体。

网络设备的种类繁多且与日俱增。基本的网络设备有:计算机、集线器、交换机、网桥、路由器、网关、网络接口卡(NIC)、调制解调器等。

1) 调制解调器

调制解调器是调制器和解调器的缩写。根据传输信号划分,调制解调器分为基带调制解调器和频带(宽带)调制解调器两种。根据对数字信号的调制方式,可分为幅移键控、频移键控、相移键控以及相位幅度调制的相移键控。根据同步方式划分,有同步调制解调器和异步调制解调器两种。根据与计算机连接方式的不同,可分为内置式调制解调器和外置式调制解调器。

2) 网卡

网卡又称网络适配器(network adapter),它的作用是将计算机与通信设备相连接,将计算机的数字信号与通信线路能够传送的电子信号互相转换。网卡的物理地址 MAC (Medium Access Control)即媒体访问控制地址,它负责标识局域网上的一台主机,使以太帧能在局域网中正确传送。每块网卡的 MAC 均有独一无二的编号。网卡的工作示意图如图 1-53 所示。

3）集线器

集线器具有多个端口，相当于一个多口的中继器，可连接多台计算机。集线器工作在OSI 模型的物理层，主要提供信号放大和中转功能，不具备自动寻址能力和交换作用，如图 1-54 所示。

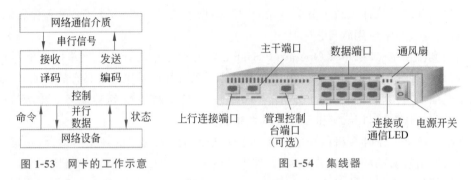

图 1-53　网卡的工作示意　　　　　　　　图 1-54　集线器

4）网桥和交换机

网桥是连接两个同类网络的设备，它看上去有点像中继器，也具有单个输入端口和单个输出端口。

交换机又称交换式集线器，是 OSI 模型中数据链路层上的网络设备，在网络传输过程中可以对数据进行同步、放大和整形，它实质上是一个具有流量控制功能的多端口网桥，采用存储转发的机制，利用内部的 MAC 地址表对数据进行控制转发。交换机及其工作原理如图 1-55 所示。

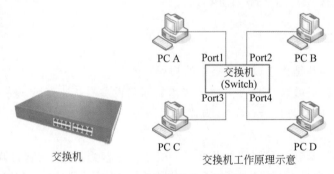

图 1-55　交换机及其工作原理

5）路由器

路由器是一种多端口设备，它可以连接不同传输速率且运行在不同环境下的局域网和广域网。路由器能够连接不同类型的网络并解析网络层的信息，并且能够找出网络上一个结点到另一个结点的最优数据传输路径。路由器不需要保持两个通信网络之间的永久性连接，它可以根据需要建立新的连接，提供动态带宽，并拆除闲置的连接，如图 1-56 所示。

图 1-56　路由器

2．网络传输介质

网络传输介质是网络中传输信息的物理通道，是不可缺少的物质基础，传输介质的性能对网络的通信、速度、距离、价格以及网络中的结点数和可靠性都有很大的影响。因此，必须根据网络的具体要求选择适当的传输介质。常用的网络传输介质有很多种，可分为两大类：一类是有线传输介质，如双绞线、同轴电缆、光纤等；另一类是无线传输介质，如微波和卫星信道。

1）双绞线

双绞线即网线，其由四对扭在一起且相互绝缘的铜导线组成。一对双绞线可形成一条通信链路，通常把四对双绞线组合在一起，并用塑料套装，以组成双绞线电缆，称之为非屏蔽式双绞线（UTP）；而采用铝箔套管或铜丝编织层套装的双绞线被称为屏蔽式双绞线（STP）；如图1-57所示。

双绞线的特点如下。

① 屏蔽式双绞线具有抗电磁干扰能力强、传输质量高等优点，但它也存在接地要求高、安装复杂、弯曲半径大、成本高等缺点。因此，屏蔽式双绞线的实际应用并不普遍。

② 非屏蔽式双绞线具有成本低、重量轻、易弯曲、易安装、阻燃性好、适用于结构化综合布线等优点，因此其在一般的局域网建设中被普遍采用；但它也存在传输距离短、容易被窃听等缺点，因此在保密级别要求较高的场合还需要采取一些辅助屏蔽措施。

2）同轴电缆

同轴电缆由圆柱形金属网导体（外导体）及其包围的单根铜芯线（内导体）组成，金属网与铜芯线之间由绝缘材料隔开，金属网外还有一层绝缘保护套，如图1-58所示。

同轴电缆的特点如下。

① 粗缆传输距离较远，适用于大型的局域网，它的传输损耗小、标准距离长、可靠性高。

② 细缆由于功率损耗较大，其传输距离一般不超过185m。

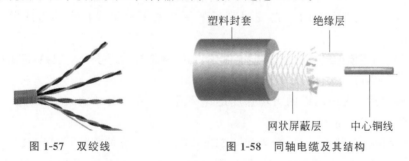

图 1-57 双绞线   图 1-58 同轴电缆及其结构

3）光纤

光导纤维（optical fiber，简称光纤）通常由石英玻璃拉成细丝制成，再由纤芯和包层构成双层通信圆柱体。一根或多根光纤组合在一起即可形成光缆。光纤的结构如图1-59所示。

光纤有很多优点：频带宽、传输速率高、传输距离远、抗冲击和电磁干扰性能好、数据保密性好、损耗和误码率低、体积小、重量轻等。但它也存在连接和分支困难、工艺和技术要求高、要配备光/电转换设备、单向传输等缺点。由于光纤是单向传输的,因此要想实现双向传输,就需要两根光纤或一根有两个频段的光纤。

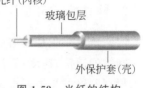

图 1-59　光纤的结构

4）微波信道

计算机网络中的无线通信主要是指微波通信,它是指通过无线电波在大气层的传播而实现的通信。微波是一种频率很高的电磁波,主要使用 2～40GHz 的频率范围。微波一般沿直线传输,由于地球表面为曲面,因此微波在地面的传输距离有限,一般为 40～60km。

微波通信的特点：具有频带宽、信道容量大、初建费用低、建设速度快、应用范围广等优点,其缺点是保密性能差、抗干扰性能差、两个微波站天线间不能被建筑物遮挡。微波通信方式逐渐被很多计算机网络采用,有时在大型互联网中与有线介质混用。

5）卫星通信

卫星通信实际上是使用人造地球卫星作为中继器转发信号的。通信卫星通常被定位在几万千米的高空,因此,卫星作为中继器可使信息的传输距离变得很远(几千至上万千米),卫星通信的地面站使用甚小口径天线终端(Very Small Aperture Terminal,VSAT)设备发送和接收数据。

卫星通信具有通信容量极大、传输距离远、可靠性高、一次性投资大、传输距离与成本无关等特点。

1.3.4　无线网络

无线网络(wireless network)指不需要电缆即可在结点之间相互连接的计算机网络。

1. 无线网络的发展历程

第二次世界大战时期：美军采用无线电信号进行资料的传输。

1971 年：夏威夷大学的研究员创造了第一个基于封包式技术的无线电通信网络ALOHAnet。

1990 年：IEEE 正式启用了 802.11 项目,无线网络技术逐步走向成熟,802.11 各项标准面市。

2003 年之后：无线网络的市场热度迅速飙升,Wi-Fi、CDMA、3G、4G、5G、蓝牙等技术越来越受到人们的追捧。

Wi-Fi 又称行动热点,是一个创建于 IEEE 802.11 标准的无线局域网技术。几乎所有智能手机、平板电脑和笔记本式计算机都支持 Wi-Fi 连网,它是当今使用最广的一种无线网络传输技术。

2. 无线网络的分类

无线网络可分为无线个人网（WPAN）、无线局域网（WLAN）、无线城域网（WMAN）、移动设备网络（WWAN）。

无线个人网提供个人区域的无线连接，一般是点对点连接，具有易用、低费用、便携等特点。例如，在办公环境中使用蓝牙技术将笔记本式计算机、打印机和移动电话相连接。

无线局域网使用频段 2.4GHz 和 5GHz，其特点是支持多用户，设计更加灵活。例如，Wi-Fi 以及无线校园网络就使用了 WLAN 技术。

无线城域网主要用于主干连接和用户覆盖。

移动设备网络主要由移动网络运营商建设和管理，用于无线信号覆盖，主要包含 2G、3G、4G、5G、卫星传输等；其网络带宽小，一般基于时长或者流量计费。

3. 无线路由器

无线路由器是用户接触最多的无线网络设备，它是带有无线覆盖功能的路由器，主要用于用户上网和无线覆盖，无线路由器是无线局域网中重要的网络连接设备。通常说的用手机或笔记本式计算机连接 Wi-Fi，其实就是指通过无线路由器连接到无线局域网。

市场上流行的无线路由器还具有一些网络管理功能，如 DHCP 服务、NAT 防火墙、MAC 地过滤等。

一般的无线路由器的信号范围为半径几十米，增强型无线路由器的信号范围能达到半径 300m。无线路由器如图 1-60 所示。

图 1-60　无线路由器

1.3.5　Internet 基础知识

1. Internet 概述

Internet(因特网)起源于美国，现已发展成世界上最大的国际性计算机互联网。网络把许多计算机连接在了一起，而因特网则把许多网络连接在了一起。Internet 的发展历程如表 1-6 所示。

表 1-6　Internet 的发展历程

时间	发 展 历 程
1969 年	美国国防部建成军用网络 ARRANET
1972 年	美国有 50 余所大学和研究所参与联网
1983 年	建立基于 TCP/IP 的网络，并发展成遍布全球的 Internet
1994 年 4 月 20 日	"中国国家计算与网络设施"工程实现与 Internet 的全功能连接
1995 年至今	全球互联网用户规模达到 44 亿左右。未来，全球互联网用户将持续增长，特别是移动终端互联网用户将显著增多

因特网可提供的服务有：远程登录服务(Telnet)、文件传输服务(FTP)、电子邮件服务(E-mail)、信息浏览服务(WWW)等。

因特网的三个发展阶段如下。

第一阶段是从单个网络 ARPANET 向互联网发展的过程。1983 年，TCP/IP 成为 ARPANET 上的标准协议。人们把 1983 年作为因特网的诞生时间。

第二阶段建成了三级结构的因特网。三级计算机网络分为主干网、地区网和校园网（或企业网）。

第三阶段是逐渐形成了多层次 ISP 结构的因特网，出现了因特网服务提供者（Internet Service Provider，ISP）。用户可以通过 ISP 上网。

我国于 1994 年 4 月正式接入 Internet，中国的网络建设由此进入大规模发展阶段，到 1996 年年初，中国的 Internet 已形成四大主流体系，如图 1-61 所示。

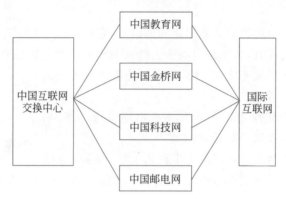

图 1-61　中国 Internet 四大主流体系

2. 因特网协议

因特网协议（Internet Protocol）是计算机在物理网上进行通信所需共同遵守的语言规范，即通信规则。国际标准化组织（ISO）提出了开放系统互连（Open System Interconnection，OSI）参考模型，OSI 参考模型将网络通信分为 7 层，每层使用下一层的服务，同时向上一层提供服务。通过这种形式可以将复杂的网络通信分解成多个简单的问题，使其易于实现，如图 1-62 所示。

应用层					
表示层	应用层	Telnet	FTP	HTTP	SMTP
会话层					
传输层	传输层	TCP		UDP	
网络层	网络层	IP ICMP ARP RARP			
数据链路层	数据链路层	LLC (Logical Link Access)			
物理层	物理层	Hardware			

图 1-62　OSI 参考模型

3. IP 地址

1）IP 地址的概念

为了使众多计算机在通信时能够相互识别，Internet 上的每台主机都必须有一个唯一的地址，称为 IP 地址。通过 IP 地址可以准确地找到连接在 Internet 上的某台计算机。

2）IP 地址的组成

主机的 IP 地址由两部分组成：一部分是网络地址（网络标识），另一部分是网络上主机专有的主机地址（主机标识）。IP 地址由小数点分隔开的四段数字（每段数字均为 0～255）构成。例如，202.121.220.66 就是一个 IP 地址。IP 地址的结构如图 1-63 所示。

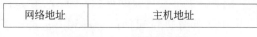

网络地址	主机地址

图 1-63　IP 地址的结构

3）子网掩码

子网掩码规定了子网的划分规则，它只有一个作用，就是将某个 IP 地址划分成网络地址和主机地址两部分。子网掩码是一个 32 位的二进制地址。各类 IP 地址的默认子网掩码如下：

- A 类 IP 地址的默认子网掩码为 255.0.0.0；
- B 类 IP 地址的默认子网掩码为 255.255.0.0；
- C 类 IP 地址的默认子网掩码为 255.255.255.0。

4. DNS 域名

因特网的域名结构采用了层次树状结构的命名方法。任何一台连接在因特网上的主机或路由器都有一个唯一的层次结构名称，即域名。

域名由标号序列组成，各标号之间用点隔开，即

… . 三级域名 . 二级域名 . 顶级域名

① 顶级域名：cn 表示中国，us 表示美国，uk 表示英国，等等。

② 二级域名：com（公司和企业）、net（网络服务机构）、org（非营利性组织）、edu（教育机构）、gov（政府部门）。

③ 三级域名：三级域名表示机构的具体名称，常为英文简写或拼音简写，如 gdrtvu（广东开放大学）、gzhlxy（广州华立科技职业学院）。例如：http://www.gdrtvu.edu.cn/，http://www.gzhlxy.edu.cn/。

5. 统一资源定位器（URL）

定义：统一资源定位器又称 URL。

功能：URL 完整地描述了 Internet 上超媒体文档的地址。简单地说，URL 就是 Web 页地址，即网址。

格式：

协议名称://主机名称[端口地址/存放目录/文件名称]
Protocol:// HostPort/Path/file

例如：https://mail.qq.com/。

其中，Protocol 为 Internet 协议类型，如 http://表示超文本传输协议，ftp://表示文件传输协议，telnet://表示远程登录协议。当该部分省略时，默认值是 http://。

6. TCP/IP

定义：传输控制协议/因特网协议，又称网络通信协议，它是网络使用中最基本的通信协议。TCP/IP 对互联网中各部分进行通信的标准和方法进行了规定，如图 1-64 所示。

组成：一组协议，是 Internet 协议簇，而不单是 TCP 和 IP，还包括远程登录、文件传输和电子邮件等。

作用：保证数据以数据包为单位完整传输。

功能：IP 保证数据的传输，TCP 保证数据传输的质量。

图 1-64   TCP/IP

7. 万维网

万维网（World Wide Web，WWW）是因特网提供的服务之一。

万维网是一个由许多互相链接的超文本组成的系统，通过因特网可以让 Web 客户端（通常用浏览器）访问浏览 Web 服务器上的页面。在这个系统中，每个有用的事物都称为资源；并且由一个统一资源定位器标识；这些资源通过超文本传输协议（Hypertext Transfer Protocol）传送给用户，而后者则通过点击链接获得资源。

网页制作者通过 HTML 等语言把信息组织成为图文并茂的网页文件并存放在 WWW 服务器上；上网者使用 WWW 浏览器通过 Internet 访问远端 WWW 服务器上的网页文件。

其流程如下：

① WWW 浏览器根据用户输入的 URL 连接到相应的远端 WWW 服务器上；

② 取得指定的 Web 文档，断开与远端 WWW 服务器的连接；

③ Web 文档通过 Internet 传递回客户端，由浏览器解读并显示。

8. 电子邮件

电子邮件（E-mail）是一种用电子手段提供信息交换的通信方式，是互联网应用最广的服务。通过网络上的电子邮件系统，用户可以以非常低廉的价格（不管发送到哪里，都只需要负担网费）、非常快速的方式（几秒内即可到达任何指定的目的地）与世界上任何一个角落的网络用户联系。电子邮件可以包含文字、图像等多种形式,还可以添加附件(如文档、压缩文件、音频、视频等)。同时,用户可以得到大量免费的新闻、专题邮件,并可以轻松实现信息搜索。电子邮件极大地方便了人与人之间的沟通和交流,促进了社会的发展。

电子邮件的格式如下:

用户名@域名(Username@domain name)

其中,用户名可以由数字、字母(不区分大小写)、下画线组成,E-mail 账号具有唯一性。例如:zhouguanhua@163.com;zhouqi@163.com。

接收电子邮件的协议:POP3.163.com(以 163 邮箱为例)。

发送电子邮件的协议:SMTP.163.com(以 163 邮箱为例)。

提供电子邮件服务的网站有很多,例如:＊@163.com;＊@126.com;＊@qq.com;＊@139.com;＊@hotmail.com 等。

随着互联网的发展,人们在学习、生活、购物、休闲等方面都发生了一定的变化,如图 1-65 所示。

图 1-65　Internet 应用服务

休闲娱乐:网络取代了报纸、杂志等传统媒体,成为人们获取信息的重要渠道,人们可以在新闻网站、App、微信公众号、微博上搜索想要了解的信息。

网络购物:网络购物是指通过互联网购买所需的商品或者服务。目前比较流行的购物网站有淘宝、京东、阿里巴巴等。

学习方式:人们可以在网络上搜索需要的文献资料,如知网、百度学术等;也可以从网上直接下载电子图书,如微信读书、Kindle 等。此外,人们还可以不再受时间、空间的限制,随便打开一个 App 就能浏览各种行业的公开课。

1.4　网络安全与法规

随着计算机的广泛应用和网络的普及,网络安全问题日益凸显,人们在享受计算机和网络带来的便利性的同时,也不得不面临计算机病毒和网络黑客等犯罪分子带来的困扰,稍有不慎,就可能造成隐私泄露和数据损失。因此,注重网络安全防护和遵守网络安全法规尤其重要。

1.4.1　网络安全概述

网络安全是指在分布式网络环境中对信息载体(处理载体、存储载体、传输载体)和信息的处理、传输、存储、访问提供安全保护,以防止数据、信息内容拒绝服务或被非授权使用和篡改。

网络安全需要具备以下特性:

- 机密性:信息不能泄露给非授权用户、实体或过程,或供其利用的特性。
- 完整性:信息在存储或传输过程中保持不被修改、破坏和丢失的特性。
- 可用性:可被授权实体访问并按需求使用的特性,即当需要时能够存取所需的信息。
- 可控性:对信息的传播及内容具有控制能力。
- 可审查性:出现网络安全问题时提供依据与手段。

网络安全由于不同的环境和应用而产生了不同的类型,主要分为系统安全、网络安全、信息传播安全、信息内容安全 4 种。

1. 系统安全

系统安全即保证信息处理和传输系统的安全,它侧重于保证系统正常运行,避免因为系统的崩溃和损坏而对系统存储、处理和传输的消息造成破坏与损失,从而产生信息泄露,干扰他人或受他人干扰。

2. 网络安全

网络安全即网络上系统信息的安全,包括用户口令鉴别、用户存取权限控制、数据存取权限和方式控制、安全审计和安全问题跟踪、计算机病毒防治、数据加密等。

3. 信息传播安全

信息传播安全即网络上信息传播及后果的安全,它侧重于防止和控制因非法、有害的信息传播而产生的后果,避免公用网络上大众自由传播的信息失控。

4. 信息内容安全

信息内容安全即网络上信息内容的安全,它侧重于保护信息的保密性、真实性和完整性;避免攻击者利用系统的安全漏洞进行窃听、冒充、诈骗等有损于合法用户的行为;其本质是保护用户的利益和隐私。

1.4.2 病毒和网络攻击

1. 计算机病毒

1983 年,美国首次确认计算机病毒对计算机系统构成安全威胁,至今已造成巨大的经济损失。1994 年 2 月 18 日,我国正式颁布实施了《中华人民共和国计算机系统安全保护条例》,其中第二十八条明确指出,计算机病毒(computer virus)是编制者在计算机程序中插入的破坏计算机功能或者毁坏数据、影响计算机使用,并能自我复制的一组计算机指令或者程序代码。

感染计算机病毒的症状：机器不能正常启动或反复重启；运行速度显著降低；磁盘空间迅速变小；文件内容改变；经常出现"死机"现象；自动生成某些文件；外部设备工作异常。

计算机病毒的特点如下。

- 寄生性：计算机病毒寄生在某些程序中，当执行这些程序时，病毒才表现出破坏作用；而在未启动这个程序之前，计算机病毒不易被人发觉。
- 传染性：计算机病毒不但具有破坏性，更有害的是其具有传染性，一旦病毒被复制或产生变种，其传染速度之快令人难以预防。
- 潜伏性：有些计算机病毒像定时炸弹一样，编制者和传播者可预先设定它的发作时间。
- 隐蔽性：计算机病毒具有很强的隐蔽性，有些可以通过杀毒软件检查出来，有些却不行，而它们的时隐时现和变化无常也为杀毒处理增加了难度。

2. 网络病毒

网络病毒是基于网络环境运行和传播、影响和破坏网络系统的计算机病毒，如脚本病毒、蠕虫病毒、木马等。

传播特点：传染速度快、扩散面广、传播形式复杂多样、难于彻底清除、破坏性大。

黑客(hacker)最初曾指热心于计算机技术、水平高超的计算机高手，尤其是程序设计人员；现因其对计算机系统、网络和软件中安全漏洞的态度的不同将其分为白帽、灰帽、黑帽等；其中，白帽指正面的黑客，他可以识别计算机系统或网络系统中的安全漏洞，但并不会恶意利用，而是公布其漏洞，使系统漏洞可以在被其他人(黑帽)利用之前被修补。

而黑帽则利用漏洞，从中获利并给他人造成损失。

1）脚本病毒

脚本病毒是指主要采用脚本语言设计的病毒。由于脚本语言的易用性，其在现在的应用系统，特别是 Internet 应用中占据了重要地位，脚本病毒也成为最为流行的网络病毒。

特点：编写简单、破坏力大、传染力强、传播范围大、欺骗性强、病毒源码容易获取、变种多、病毒生产非常容易。

2）蠕虫病毒

蠕虫病毒(简称蠕虫)是一种能自行复制和经由网络扩散的程序。随着互联网的普及，蠕虫利用电子邮件系统进行复制，例如把自己隐藏于附件并于短时间内将电子邮件发给多个用户。有些蠕虫(如 CodeRed)会利用软件上的漏洞进行扩散和破坏。

特点：可能会通过执行垃圾代码以发动分散式阻断服务攻击，令计算机的执行效率极大程度地降低，从而影响计算机的正常使用；还可能会损毁或修改目标计算机的档案；亦可能只是浪费带宽。

3）木马病毒

特洛伊木马(Trojan Horse)简称木马，是一种恶意程序，是基于远程控制的黑客工具,一旦侵入用户的计算机,就会悄悄地在宿主计算机上运行,在用户毫无察觉的情况下让攻击者获得远程访问和控制系统的权限,从而盗取用户资料。特洛伊木马的典故如图 1-66 所示。

图 1-66　特洛伊木马外观示意

它的传播伎俩通常是诱骗用户把特洛伊木马植入计算机,例如通过电子邮件上的游戏附件等。

特点:不感染其他文件、不破坏计算机系统、不进行自我复制。

4)其他计算机病毒及恶意程序

恶意程序通常是指带有攻击意图的一段程序,这些威胁可以分成两个类别:需要宿主程序的威胁和彼此独立的威胁。前者基本上是不能独立于某个实际的应用程序、实用程序或系统程序的程序片段;后者是可以被操作系统调度和运行的自包含程序。

也可以将这些病毒分成不进行自我复制的和进行自我复制的两类。

3. 网络攻击

网络攻击(cyberattack,又称赛博攻击)是指针对计算机信息系统、基础设施、计算机网络或个人计算机设备的任何类型的攻击行为。

在计算机和计算机网络中,破坏、泄露、修改、使软件或服务失去功能、在没有得到授权的情况下偷取或访问任何数据都会被视为网络攻击。

网络攻击的分类方法有以下两种。

1)主动攻击与被动攻击

主动攻击会导致某些数据流的篡改和虚假数据流的产生,这类攻击可分为篡改、伪造消息数据和拒绝服务。

被动攻击中的攻击者不会对数据信息做任何修改,通常包括窃听、流量分析、破解弱加密的数据流等攻击方式。

2)远程攻击、本地攻击和伪远程攻击

- 远程攻击:指攻击者从子网以外的地方发动攻击。
- 本地攻击:指本单位的内部人员通过局域网向系统发动攻击。
- 伪远程攻击:指内部人员为了掩盖身份而从外部远程发动攻击。

4. 常见的网络攻击

1)口令入侵

口令入侵是指使用某些合法用户的账号和口令登录目的主机,然后实施攻击活动。这种方法的前提是必须先得到该主机上某个合法用户的账号,然后进行合法用户口令的破译。

2)WWW 欺骗

一般的 WWW 欺骗使用两种技术手段,即 URL 地址重写技术和相关信息掩盖技术。通过诱使用户访问篡改过的网页使用户毫不防备地进入攻击者的服务器,用户的所有信息便处于攻击者的监视之中。

3）电子邮件

攻击者能使用一些邮件炸弹软件或 CGI 程序向目的邮箱发送大量内容重复、无用的垃圾邮件，从而使目的邮箱被"撑爆"而无法使用。当垃圾邮件的发送流量特别大时，更有可能造成邮件系统对于正常工作的反应缓慢，甚至瘫痪。

4）网络监听

网络监听是一种监视网络状态、数据流程以及网络信息传输的管理工具，它可以将网络界面设定成监听模式，并且可以截获网络上传输的信息。也就是说，当黑客登录网络主机并取得超级用户权限后，使用网络监听便可以有效地截获网络上的数据。

5）结点攻击

攻击者在突破一台主机后，往往会以此主机作为根据地攻击其他主机，他们能使用网络监听的方法尝试攻破同一网络内的其他主机，也能通过 IP 欺骗和主机的信任关系攻击其他主机。

6）拒绝服务

拒绝服务的英文名称是 Denial of Service，简称 DoS，因此这种攻击行为又称 DoS 攻击，其目的是使计算机或网络无法提供正常服务。最常见的 DoS 攻击有计算机网络带宽攻击和连通性攻击。

5. 网络病毒防范建议

① 不要随便打开可疑的邮件附件。
② 注意文件的扩展名。
③ 不要轻易运行可执行程序。
④ 不要盲目转发邮件。
⑤ 禁止 Windows Scripting Host。
⑥ 注意共享权限。
⑦ 从正规网站下载软件。
⑧ 多做自动病毒扫描检查。

1.4.3 网络安全防护

1. 相关概念

网络安全防护是一种网络安全技术，指致力于有效进行介入控制以及保证数据传输的安全性的技术手段，主要包括物理安全分析技术、网络结构安全分析技术、系统安全分析技术、管理安全分析技术以及其他安全服务和安全机制策略。

2. 常见的网络安全防护措施

1）防火墙
防火墙指通过有机结合各类用于安全管理与筛选的软件和硬件设备，帮助计算机网络与其内外网之间构建一道相对隔绝的保护屏障,以保护用户资料与信息安全的一种技术,主要在于及时发现并处理计算机网络运行时可能存在的安全风险、数据传输等问题,如图 1-67 所示。

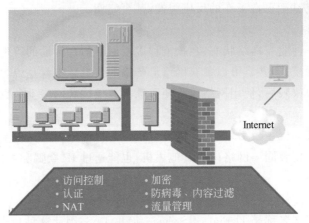

图 1-67　防火墙

2）入侵检测系统

入侵检测系统是一种对网络传输进行即时监视,在发现可疑传输时发出警报或者采取主动反应措施的网络安全设备,如图 1-68 所示。

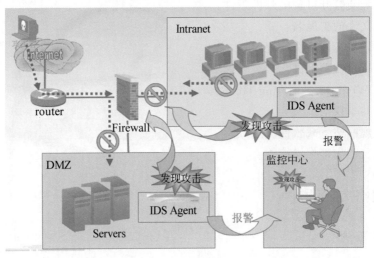

图 1-68　入侵检测系统

3）漏洞扫描

漏洞扫描是指基于漏洞数据库,通过扫描等手段对指定的远程或者本地计算机系统的安全脆弱性进行检测,以发现可利用漏洞的一种安全检测行为,如图 1-69 所示。

4）安全加固服务

安全加固服务是指根据专业安全评估结果制定相应的系统加固方案,针对不同目标

360漏洞扫描

金山毒霸漏洞扫描

腾讯手机管家

图 1-69　漏洞扫描

系统,通过打补丁、修改安全配置、增加安全机制等方法合理地进行安全性加强,其主要目的是消除与降低安全隐患,尽可能地避免风险的发生。

1.4.4　网络安全法

1.《中华人民共和国网络安全法》

《中华人民共和国网络安全法》是为了保障网络安全,维护网络空间主权和国家安全、社会公共利益,保护公民、法人和其他组织的合法权益,促进经济社会信息化健康发展而制定的法律,共有 7 章 79 条。

《中华人民共和国网络安全法》在内容上有六大亮点,如图 1-70 所示。

明确了网络空间主权的原则

明确了网络产品和服务提供者的安全义务

明确了网络运营者的安全义务

进一步完善了个人信息保护规则

建立了关键信息基础设施安全保护制度

建立了关键信息基础设施重要数据跨境传输的规则

图 1-70　《中华人民共和国网络安全法》六大亮点

2. 计算机犯罪

计算机犯罪是指利用计算机实施的犯罪行为。

例如,最近比较流行的"网络钓鱼"就是一种利用计算机与网络实施的犯罪行为。

一般来说,犯罪分子会使用互联网实施犯罪手段,如进行欺诈、偷盗、勒索、恐吓、造假和非法侵占。

增强网络安全意识需要注意以下几点:

- 加强网络安全法制知识学习;
- 加强对自身信息的保护;
- 不盲目跟风,不参与不负责任的网络信息传播。

1.5 计算机的 0 和 1

计算机对数据的处理都是通过特定的数据符号表示、使用和存储的。现在,这些直接与电路表示、电路传输和存储介质有关的数据符号均采用二进制。数制、数据表示和数据编码可以解决二进制与数据符号之间的关系,实现数据的存储和操作。为了更好地使用计算机,理解计算思维,必须学习计算机的数制和数据编码,了解计算机中的信息是如何表示的。

1.5.1 0 和 1 与逻辑

1. 二进制数的认识和理解

人们在生产实践和日常生活中创造了各种表示数的方法,这种数的表示系统称为数制。例如,最常用的十进制数,逢十进一;一周有七天,逢七进一。计算机使用二进制进行数据处理,而不是人们习惯的十进制,这主要是由于二进制只有两个数码(0 和 1)的特点决定的,它是现代计算机重要的工作理论基础。

现代的二进制记数系统由戈特弗里德·莱布尼茨于 1679 年设计,莱布尼茨认为《易经》中的卦象与二进制算术密不可分。莱布尼茨解读了《易经》中的卦象,并认为这是其作为二进制算术的证据。戈特弗里德·莱布尼茨如图 1-71 所示。

二进制较为简单,只有两个符号 0、1,对应着自然界中截然相反的两种状态:真、假;黑、白;正、负;高、低;通、断;等等。最重要的是二进制运算系统在电子器件(数字电器、触发器、运算器等)中容易实现。在数字电子电路中,逻辑门直接应用了二进制,因此现代计算机和依赖计算机的设备都用到了二进制。每个数字称为一个位元(二进制位)或比特(Bit,Binary digit 的缩写)。

图 1-71　戈特弗里德·莱布尼茨

2. 二进制的表示法

二进制与十进制一样,均采用位置记数法,其位权是以 2 为底的幂。例如二进制数 110.11,逢 2 进 1,其权的大小顺序为 2^2、2^1、2^0、2^{-1}、2^{-2}。对于有 n 位整数、m 位小数的二进制数用加权系数展开式表示,可写为

$$(a_{n-1}a_{n-2}\cdots a_1a_0 \cdot a_{-1}\cdots a_{-m})_2 = a_{n-1} \times 2^{n-1} + a_{n-2} \times 2^{n-2} + \cdots + a_1 \times 2^1 + a_0 \times 2^0 + a_{-1} \times 2^{-1} + a_{-2} \times 2^{-2} + \cdots + a_{-m} \times 2^{-m}$$

二进制数一般可用下式表达:

$$(a_{n-1}a_{n-2}\cdots a_1a_0 \cdot a_{-1}\cdots a_{n-m})_2$$

3. 二进制的运算

1）二进制的算术运算

算术运算包括加、减、乘、除四则运算。

加法：$00+00=00,00+01=01,01+00=01,01+01=10$

减法：$0-0=0,1-0=1,1-1=0,10-1=01$

乘法：$0\times0=0,0\times1=0,1\times0=0,1\times1=1$

除法：$0\div1=0,1\div1=1$

2）二进制的幂运算

$$2^0=1=01$$
$$2^1=2=10$$
$$2^2=4=100$$
$$2^3=8=1000$$
$$2^4=16=10000$$
$$2^5=32=100000$$
$$2^6=64=1000000$$
$$2^7=128=10000000$$

注意：2有多少次方，转换成二进制后，1后面就有多少个0。

3）二进制的逻辑运算

逻辑运算：0→假，1→真。

计算机能够进行逻辑判断的基础是二进制具有逻辑运算的功能。二进制中的0和1在逻辑运算上可以表示"真（True）"与"假（False）"。二进制的逻辑运算包括逻辑与、逻辑或、逻辑非和逻辑异或等。习惯上，1表示"真（True）"，0表示"假（False）"。在电路中，1为"开"，0为"关"。

逻辑与运算（AND）：$0\wedge0=0;0\wedge1=0;1\wedge0=0;1\wedge1=1$

逻辑或运算（OR）：$0\vee0=0;0\vee1=1;1\vee0=1;1\vee1=1$

逻辑非运算（NOT）：$1!=0;0!=1$

逻辑异或运算（XOR）：$0\oplus0=0;0\oplus1=1;1\oplus0=1;1\oplus1=0$（注意：理解的小窍门是先做或运算，得出结果后再做异运算）

带负数的二进制运算的第一步是将上面一行中的0换成1,1换成0;第二步是在转换后+1，如图1-72所示。

4. 八进制和十六进制

数据在计算机中的表示最终以二进制的形式存在，但有时二进制数太长了，例如int类型占用4字节，共32位，100用int类型的二进制数表达将是：

0000　0000　0000　0000　0110　0100

所以有时在计算和表达时，会用八进制或十六进制代替二进制。八进制1位可以表示3位二进制数，十六进制1位可以表示4位二进制数。

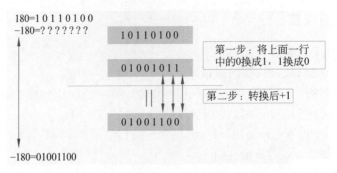

图 1-72　带负数的二进制运算方法

八进制：8 个数字，逢 8 进 1；一些编程语言常常从数字 0 开始表明该数字是八进制。

十六进制：由 0~9、A~F 组成，字母不区分大小写；与十进制的对应关系是 0~9 对应 0~9；A~F 对应 10~15。

十进制、二进制、八进制和十六进制的对照表如表 1-7 所示。

表 1-7　十进制、二进制、八进制和十六进制的对照

十进制	0	1	2	3	4	5	6	7	8	9	10	11	12	13	14	15
二进制	0	1	10	11	100	101	110	111	1000	1001	1010	1011	1100	1101	1110	1111
八进制	0	1	2	3	4	5	6	7	10	11	12	13	14	15	16	17
十六进制	0	1	2	3	4	5	6	7	8	9	A	B	C	D	E	F

1.5.2　进制之间的转换

1. 十进制和二进制的转换

二进制和十进制的转换对照如表 1-8 所示。

表 1-8　二进制和十进制的转换对照

十进制	0	1	2	3	4	5	6	7	8	9	10
二进制	0	1	10	11	100	101	110	111	1000	1001	1010

1）十进制转换为二进制

第一种方法：把一个十进制数用 2 的次方表示出来，进而相加或相减。

例如：

$$(120)_{10} = 2^7 - 2^3 = (10000000)_2 - (1000)_2 = (01111000)_2$$

$$(120)_{10} = 2^6 + 2^5 + 2^4 + 2^3 = (1000000)_2 + (100000)_2 + (10000)_2 + (1000)_2$$

$$= (1111000)_2$$

第二种方法：除 2 取余，逆序排列。

例如：

$$89 \div 2 \cdots \cdots 1$$
$$44 \div 2 \cdots \cdots 0$$
$$22 \div 2 \cdots \cdots 0$$
$$11 \div 2 \cdots \cdots 1$$
$$5 \div 2 \cdots \cdots 1$$
$$2 \div 2 \cdots \cdots 0$$
$$1$$

即

$$(89)_{10} = (1011001)_2$$

2）二进制转换为十进制

方法：将一个二进制数按位权展开成一个多项式，然后按十进制的运算规则求和，即可得到二进制数值的十进制数。

$$10110100 = 1 * 2^7 + 0 * 2^6 + 1 * 2^5 + 1 * 2^4 + 0 * 2^3 + 1 * 2^2 + 0 * 2^1 + 0 * 2^0$$
$$= 128 + 32 + 16 + 4 = (180)_{10}$$

2. 八进制和二进制的转换

1）八进制转换为二进制

方法：按照顺序，将每位八进制数改写成等值的 3 位二进制数，次序不变，如图 1-73 所示。

$$(17.36)_8 = (001\ 111\ .011\ 110)_2 = (1111.01111)_2$$

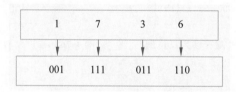

图 1-73　八进制转换为二进制

注意：整串数字最前面的 0 和最后面的 0 可以舍弃。

2）二进制转换为八进制

方法：从小数点向两边将二进制每 3 位分为一组，不够 3 位的一组往前补 0，把每 3 位转换成一位八进制数（0～7）即可，如图 1-74 所示。

$$(101110111)_2 = (101\ 110\ 111)_2 = (5\ 6\ 7)_2 = (567)_2$$
$$(111101100)_2 = (111\ 101\ 100)_2 = (7\ 5\ 3)_2 = (753)_2$$

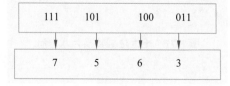

图 1-74　二进制转换为八进制

3. 十六进制和二进制的转换

1）十六进制转换为二进制

规则：按照顺序,将每位十六进制数改写成等值的4位二进制数,次序不变。

例如：将61.E转换成二进制数,如图1-75所示。

$$6 \quad 1 \quad . \quad E$$
$$0110 \; 0001. \; 1110$$

即

$$(61.E)_{16} = (1100001.111)_2$$

2）二进制转换为十六进制

方法：二进制转换成十六进制时,只要从小数点开始向左或向右将每4位二进制划分为一组(不足4位的组可补0),然后写出每组二进制数对应的十六进制数即可。

例如：将二进制数1100001.111转换成十六进制数,如图1-76所示。

$$0110 \; 0001. \; 1110$$
$$6 \quad \quad 1. \quad E$$

即

$$(1100001.111)_2 = (61.E)_{16}$$

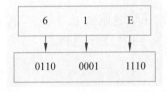

图1-75 十六进制转换为二进制

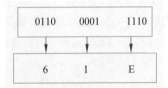

图1-76 二进制转换为十六进制

4. 十六进制和八进制的转换

方法：将十六进制转换为二进制,再将二进制转换为八进制。

例如：将十六进制数79.AF转换成八进制数,如图1-77所示。

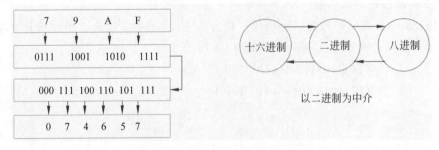

图1-77 十六进制转换为八进制

1.5.3 信息存储单位

在学习信息存储单位之前,需要先了解信息的两种存储方式,即磁盘存储和内存存储。磁盘存储是不需要持续供电的永久存储;内存存储则需要持续供电才可以保存信息。

计算机常采用二进制数存储数据信息,常用的单位是 bit(位)和 Byte(字节),其中,8bit=1Byte。存储容量单位还有千字节(KB)、兆字节(MB)、吉字节(GB)。其中:

$$1PB=1024TB$$
$$1TB=1024GB$$
$$1GB=1024MB$$
$$1MB=1024KB$$
$$1KB=1024B$$
$$1B=8bit$$

关于信息存储单位的一些实例如下。

32 位处理器一次可以处理 32 位,也就是 4 字节的数据,64 位处理器一次可以处理 64 位,也就是 8 字节的数据。

一个英文字母(不区分大小写)占 1 字节的存储空间,一个中文汉字占 2 字节的存储空间。

符号、英文标点占 1 字节的存储空间。

中文标点占 2 字节的存储空间。

1.5.4 字符编码

字符编码是指规定用怎样的二进制码表示字母、数字以及一些专用符号。字符编码包括英文编码、中文编码、Unicode 编码等。

1. 英文编码

字符编码的方式有很多,现今国际上最通用的单字节编码系统是美国信息交换标准代码(American Standard Code for Information Interchange,ASCII)。ASCII 码已被国际标准组织(ISO)认定为国际标准,并在世界范围内通用。ASCII 码定义了 128 个字符,其中通用控制符 34 个,阿拉伯数字有 10 个,大小写英文字母有 52 个,各种标点符号和运算符号有 32 个,具体如表 1-9 所示。

表 1-9　ASCII 码表

ASCII 码值 Bin（二进制）	ASCII 码值 Oct（八进制）	ASCII 码值 Dec（十进制）	ASCII 码值 Hex（十六进制）	缩写/控制字符	解释
0000 0000	00	0	0x00	NUL(null)	空字符
0000 0001	01	1	0x01	SOH(start of headline)	标题开始

ASCII 码值 Bin （二进制）	ASCII 码值 Oct （八进制）	ASCII 码值 Dec （十进制）	ASCII 码值 Hex （十六进制）	缩写/控制字符	解释
0000 0010	02	2	0x02	STX（start of text）	正文开始
0000 0011	03	3	0x03	ETX（end of text）	正文结束
0000 0100	04	4	0x04	EOT（end of transmission）	传输结束
0000 0101	05	5	0x05	ENQ（enquiry）	请求
0000 0110	06	6	0x06	ACK（acknowledge）	收到通知
0000 0111	07	7	0x07	BEL（bell）	响铃
0000 1000	010	8	0x08	BS（backspace）	退格
0000 1001	011	9	0x09	HT（horizontal tab）	水平制表符
0000 1010	012	10	0x0A	LF（NL，line feed，new line）	换行键
0000 1011	013	11	0x0B	VT（vertical tab）	垂直制表符
0000 1100	014	12	0x0C	FF（NP form feed，new page）	换页键
0000 1101	015	13	0x0D	CR（carriage return）	回车键
0000 1110	016	14	0x0E	SO（shift out）	不用切换
0000 1111	017	15	0x0F	SI（shift in）	启用切换
0001 0000	020	16	0x10	DLE（data link escape）	数据链路转义
0001 0001	021	17	0x11	DC1（device control 1）	设备控制 1
0001 0010	022	18	0x12	DC2（device control 2）	设备控制 2
0001 0011	023	19	0x13	DC3（device control 3）	设备控制 3
0001 0100	024	20	0x14	DC4（device control 4）	设备控制 4
0001 0101	025	21	0x15	NAK（negative acknowledge）	拒绝接收
0001 0110	026	22	0x16	SYN（synchronous idle）	同步空闲
0001 0111	027	23	0x17	ETB（end of trans. block）	结束传输块
0001 1000	030	24	0x18	CAN（cancel）	取消
0001 1001	031	25	0x19	EM（end of medium）	媒介结束
0001 1010	032	26	0x1A	SUB（substitute）	代替
0001 1011	033	27	0x1B	ESC（escape）	换码(溢出)
0001 1100	034	28	0x1C	FS（file separator）	文件分隔符
0001 1101	035	29	0x1D	GS（group separator）	分组符
0001 1110	036	30	0x1E	RS（record separator）	记录分隔符

ASCII 码值 Bin （二进制）	ASCII 码值 Oct （八进制）	ASCII 码值 Dec （十进制）	ASCII 码值 Hex （十六进制）	缩写/控制字符	解释
0001 1111	037	31	0x1F	US（unit separator）	单元分隔符
0010 0000	040	32	0x20	（space）	空格
0010 0001	041	33	0x21	!	叹号
0010 0010	042	34	0x22	"	双引号
0010 0011	043	35	0x23	#	井号
0010 0100	044	36	0x24	$	美元符号
0010 0101	045	37	0x25	%	百分号
0010 0110	046	38	0x26	&	和
0010 0111	047	39	0x27	'	闭单引号
0010 1000	050	40	0x28	(	开括号
0010 1001	051	41	0x29	)	闭括号
0010 1010	052	42	0x2A	*	星号
0010 1011	053	43	0x2B	+	加号
0010 1100	054	44	0x2C	,	逗号
0010 1101	055	45	0x2D	—	减号/破折号
0010 1110	056	46	0x2E	.	句号
0010 1111	057	47	0x2F	/	斜杠
0011 0000	060	48	0x30	0	字符 0
0011 0001	061	49	0x31	1	字符 1
0011 0010	062	50	0x32	2	字符 2
0011 0011	063	51	0x33	3	字符 3
0011 0100	064	52	0x34	4	字符 4
0011 0101	065	53	0x35	5	字符 5
0011 0110	066	54	0x36	6	字符 6
0011 0111	067	55	0x37	7	字符 7
0011 1000	070	56	0x38	8	字符 8
0011 1001	071	57	0x39	9	字符 9
0011 1010	072	58	0x3A	:	冒号
0011 1011	073	59	0x3B	;	分号

ASCII 码值 Bin （二进制）	ASCII 码值 Oct （八进制）	ASCII 码值 Dec （十进制）	ASCII 码值 Hex （十六进制）	缩写/控制字符	解释
0011 1100	074	60	0x3C	<	小于
0011 1101	075	61	0x3D	=	等号
0011 1110	076	62	0x3E	>	大于
0011 1111	077	63	0x3F	?	问号
0100 0000	0100	64	0x40	@	电子邮件符号
0100 0001	0101	65	0x41	A	大写字母 A
0100 0010	0102	66	0x42	B	大写字母 B
0100 0011	0103	67	0x43	C	大写字母 C
0100 0100	0104	68	0x44	D	大写字母 D
0100 0101	0105	69	0x45	E	大写字母 E
0100 0110	0106	70	0x46	F	大写字母 F
0100 0111	0107	71	0x47	G	大写字母 G
0100 1000	0110	72	0x48	H	大写字母 H
0100 1001	0111	73	0x49	I	大写字母 I
01001010	0112	74	0x4A	J	大写字母 J
0100 1011	0113	75	0x4B	K	大写字母 K
0100 1100	0114	76	0x4C	L	大写字母 L
0100 1101	0115	77	0x4D	M	大写字母 M
0100 1110	0116	78	0x4E	N	大写字母 N
0100 1111	0117	79	0x4F	O	大写字母 O
0101 0000	0120	80	0x50	P	大写字母 P
0101 0001	0121	81	0x51	Q	大写字母 Q
0101 0010	0122	82	0x52	R	大写字母 R
0101 0011	0123	83	0x53	S	大写字母 S
0101 0100	0124	84	0x54	T	大写字母 T
0101 0101	0125	85	0x55	U	大写字母 U
0101 0110	0126	86	0x56	V	大写字母 V
0101 0111	0127	87	0x57	W	大写字母 W
0101 1000	0130	88	0x58	X	大写字母 X

ASCII 码值 Bin （二进制）	ASCII 码值 Oct （八进制）	ASCII 码值 Dec （十进制）	ASCII 码值 Hex （十六进制）	缩写/控制字符	解释
0101 1001	0131	89	0x59	Y	大写字母 Y
0101 1010	0132	90	0x5A	Z	大写字母 Z
0101 1011	0133	91	0x5B	[	开方括号
0101 1100	0134	92	0x5C	\	反斜杠
0101 1101	0135	93	0x5D	]	闭方括号
0101 1110	0136	94	0x5E	^	脱字符
0101 1111	0137	95	0x5F	_	下画线
0110 0000	0140	96	0x60	`	开单引号
0110 0001	0141	97	0x61	a	小写字母 a
0110 0010	0142	98	0x62	b	小写字母 b
0110 0011	0143	99	0x63	c	小写字母 c
0110 0100	0144	100	0x64	d	小写字母 d
0110 0101	0145	101	0x65	e	小写字母 e
0110 0110	0146	102	0x66	f	小写字母 f
0110 0111	0147	103	0x67	g	小写字母 g
0110 1000	0150	104	0x68	h	小写字母 h
0110 1001	0151	105	0x69	i	小写字母 i
0110 1010	0152	106	0x6A	j	小写字母 j
0110 1011	0153	107	0x6B	k	小写字母 k
0110 1100	0154	108	0x6C	l	小写字母 l
0110 1101	0155	109	0x6D	m	小写字母 m
0110 1110	0156	110	0x6E	n	小写字母 n
0110 1111	0157	111	0x6F	o	小写字母 o
0111 0000	0160	112	0x70	p	小写字母 p
0111 0001	0161	113	0x71	q	小写字母 q
0111 0010	0162	114	0x72	r	小写字母 r
0111 0011	0163	115	0x73	s	小写字母 s
0111 0100	0164	116	0x74	t	小写字母 t
0111 0101	0165	117	0x75	u	小写字母 u

ASCII 码值 Bin （二进制）	ASCII 码值 Oct （八进制）	ASCII 码值 Dec （十进制）	ASCII 码值 Hex （十六进制）	缩写/控制字符	解释
0111 0110	0166	118	0x76	v	小写字母 v
0111 0111	0167	119	0x77	w	小写字母 w
0111 1000	0170	120	0x78	x	小写字母 x
0111 1001	0171	121	0x79	y	小写字母 y
0111 1010	0172	122	0x7A	z	小写字母 z
0111 1011	0173	123	0x7B	{	开花括号
0111 1100	0174	124	0x7C	|	垂线
0111 1101	0175	125	0x7D	}	闭花括号
0111 1110	0176	126	0x7E	~	波浪号
0111 1111	0177	127	0x7F	DEL（delete）	删除

ASCII 码用 7 位二进制数表示一个字符。由于 $2^7=128$，所以共有 128 种不同的组合，可以表示 128 个不同的字符。通过查阅 ASCII 码表可以得到每个字符的 ASCII 码值。例如，A 的 ASCII 码值为 10000001，转换成十进制为 65。在计算机内，每个字符的 ASCII 码用 1 字节（8 位）存放，字节的最高位为校验位，通常用 0 填充，后 7 位为编码值。例如，A 在计算机内存储时的代码（机内码）为 01000001。

2. 中文编码

ASCII 码只对英文字母、数字和标点符号进行编码。为了在计算机内表示和处理汉字，同样也需要对汉字进行编码。这些编码主要包括汉字输入码、汉字内码、汉字信息交换码、汉字字形码、汉字地址码等。

3. Unicode 编码

扩展的 ASCII 码可提供 256 个字符，但用来表示世界各地的文字编码还显得不够，还需要表示更多的字符和意义，因此又出现了 Unicode 编码。

Unicode 是一种 16 位编码，能够表示 65000 多个字符或符号。世界上的各种语言一般使用的字母或符号都在 3400 个左右，所以 Unicode 编码可以用于任何一种语言。Unicode 编码与扩展的 ASCII 码完全兼容，二者的前 256 个符号是一样的。

1.6 计 算 思 维

随着信息化的全面深入，计算思维已成为人们认识和解决问题的重要基本能力。在信息化社会，一个人若不具备计算思维的能力，则会在竞争激烈的环境中处于劣势，因此计算思维已不仅是计算机专业人员应该具备的能力,也是所有受教育者应该具备的能力,它蕴含着一整套解决一般问题的方法与技术。

1.6.1 计算思维的定义与特征

1. 计算思维的定义

计算思维的概念由美国卡内基-梅隆大学计算机科学系系主任周以真教授(如图 1-78 所示)于 2006 年提出。她认为,计算思维是指运用计算机科学的基础概念进行问题求解、系统设计以及人类行为理解等涵盖计算机科学之广度的一系列思维活动。也就是说,计算思维是基于计算的思想和方法,它不属于理论分析,也不属于实验操作和观察。

图 1-78　周以真教授

2. 计算思维的特征

1) 概念化,不是程序化

计算机科学是计算机编程。像计算机科学家那样思考意味着远不止能为计算机编程,还能够在抽象的多个层次上思考。

2) 基础的,不是机械的技能

基础的技能是每个人为了在现代社会中发挥职能所必须掌握的。

3) 是人的,不是计算机的思维方式

计算机思维是人类求解问题的一条途径,计算思维是指像计算机科学家而不是计算机那样去思考。计算机枯燥且沉闷,人类聪颖且富有想象力。人类赋予计算机激情,并配置了计算设备,人们能用自己的智慧解决那些计算时代之前不敢尝试的问题,实现"只有想不到,没有做不到"的境界。

4) 数学和工程思维的互补与整合

计算机科学在本质上源自数学思维,因为像所有科学一样,其形式化基础建筑于数学之上。计算机科学又从本质上源自工程思维,因为人们建造的是能够与实际世界互动的系统,基本计算设备的限制迫使计算机科学家必须计算性地思考,不能只是数学性地思考。

5) 它是思想,不是人造物

不只是人们生产的软件、硬件等人造物将以物理形式到处呈现并时刻触及人们的生活,更重要的是还有人们用来接近和求解问题、管理日常生活、与他人交流和互动的计算概念,而且是面向所有人、所有地方的。当计算思维真正融入人类活动的整体,以致不再表现为一种显式之哲学的时候,它就将成为一种现实。

1.6.2 计算、计算机与计算思维

周以真教授认为,计算思维是研究计算的。因此要想理解计算思维,首先要理解计

算。这是因为计算思维在本质上还是研究计算的,研究在解决问题的过程中哪些问题是可以被计算的,以及如何设计这些算法,如何用计算机完成这些计算。

1. 计算

计算是指基于规则的符号集的变换过程,即从一个按照规则组织的符号集合开始,再按照既定的规则一步步地改变这些符号集合,经过有限步骤之后得到一个确定的结果。

广义的计算是指执行信息变换,即对信息进行加工和处理。许多自然的、人工的和社会的系统中的过程变化自然而然是计算的,如财务系统、搜索引擎等。

2. 计算机

计算机是一种用于高速计算的电子计算机器,既可以进行数值计算,又可以进行逻辑计算,还具有存储功能,是能够按照程序运行,并自动、高速处理海量数据的现代化智能电子设备。

3. 计算思维

计算思维作为抽象的思维能力不能被直接观察到。计算思维能力整合在解决问题的过程中,具体的表现形式有以下两种。

① 计算思维是运用或模拟计算机科学与技术(信息科学与技术)的基本概念、设计原理,模仿计算机专家(科学家、工程师)处理问题的思维方式,在计算系统中将实际问题转化(抽象)为计算机能够处理的形式(模型),进行问题求解的思维活动。计算思维在计算系统中的抽象过程如图1-79所示。

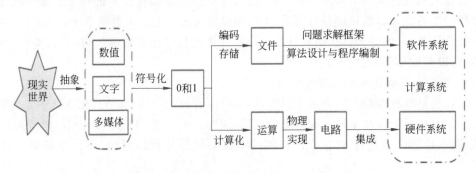

图 1-79　计算思维在计算系统中的抽象过程

② 计算思维是问题求解的过程。这一认识是对计算思维被人掌握之后,在行动或思维过程中表现出的形式化的描述,这一过程不仅能够体现在编程过程中,还能体现在更广泛的情境中。计算机进行问题求解的计算思维过程如图1-80所示。

计算思维是从具体算法设计规范入手,通过算法过程的构造与实施解决某一问题的一种思维方法。计算思维与计算机科学紧密相关。计算机科学学科知识图谱如图1-81所示。

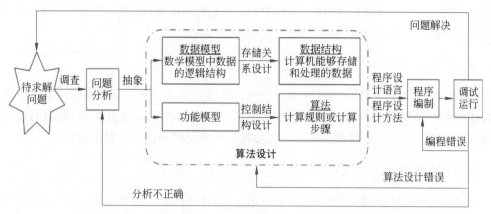

图 1-80 计算机进行问题求解的计算思维过程

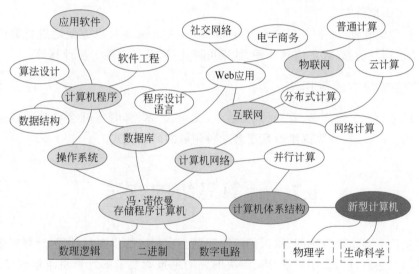

图 1-81 计算机科学学科知识图谱

1.6.3 计算思维的应用领域

计算思维是每个人都应具备的基本技能,同时也是创新人才的基本要求和专业素质,代表着一种普遍的认识和一类普适性的技能。计算思维已渗透到各个学科、各个领域,并在潜移默化地影响和推动着各领域的发展,成为一种发展趋势。

1. 计算生物学中的应用

霰弹枪算法大幅降低了人类基因组测序的成本,提高了测序的速度;利用绳结模拟蛋白质结构,用计算过程模拟蛋白质动力学,并运用数据挖掘与聚类分析的方法进行蛋白质结构的预测;开发了生物数据处理分析方法和知识库,帮助人们从分子层次上认识生命的本质及其进化规律。DNA 计算机已研制成功。在医学领域,机器人手术、借助于计算机的分析诊断及可视化系统在临床中已广泛应用。

2. 计算化学中的应用

数值计算:对化学各专业的数学模型进行数值计算或方程求解;化学模拟:数值模拟、过程模拟和实验模拟;在有机分析中根据图谱数据库进行图谱检索等;利用原子计算探索化学现象;用优化和搜索算法寻找优化化学反应条件和提高产量的物质。

3. 计算数学与统计学中的应用

计算数学研究用计算机进行数值计算的方法;计算代数用计算机进行代数演算;计算几何学用计算机研究几何问题等,这些应用大幅提高了数学家的计算能力。

现在,数学家利用计算机寻找传统数学难题的答案,如四色定理的证明、寻找最大的梅森素数、密码学研究等。

计算机数学软件,如 MATLAB、Mathematica、Maple 等可以方便地进行数值计算与分析、系统建模与仿真、数字信号处理、数据可视化、财务与金融工程计算等。

4. 其他学科中的应用

计算思维影响了经济学、管理科学、法学、文学、艺术、体育等社会科学领域采用的主要研究方法。可以说,计算思维改变了各学科领域的研究模式。

1.7 计算思维的方法

现实生活中会出现各种问题,人们解决问题会有相应的步骤与过程,计算机解决问题有其自身的方法与过程。学习计算机解决问题的思想就要了解计算机求解问题的过程,理解计算机程序的组成并利用计算机程序解决问题,这是学习计算机编程的基本方法与途径。

1.7.1 借助计算机的问题求解过程

计算思维关注的核心问题是人的思维方式及问题求解能力的培养。利用计算机求解一个问题时,与一般问题的求解有着相似的过程。人类解决问题的思维过程如图 1-82 所示。

图 1-82 人类解决问题的思维过程

计算机的问题求解过程如图 1-83 所示。

图 1-83   计算机编程求解问题的一般过程

【例】   给定一个年份,判断其是否为闰年。

【解】   判断闰年的条件是:如果该年份能被 4 整除且不能被 100 整除,或者能被 400 整除,则该年为闰年,如图 1-84 所示。

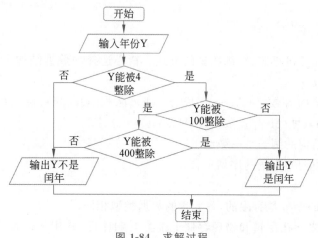

图 1-84   求解过程

1. 提取分析数据,建立数学模型——问题的抽象表示

数学模型:用数学语言和方法对各种实际对象做出抽象或模仿而形成的一种数学结构。

数学建模:对现实世界中的原型进行具体构造数学模型的过程。

抽象(abstraction):从众多的事物中抽出与问题相关的最本质的属性,忽略或隐藏与认识问题、求解问题无关的非本质的属性,如图 1-85 所示。

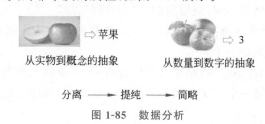

图 1-85   数据分析

建立模型(简称建模)是计算机解题中的难点,也是计算机解题成败的关键。对于数值型问题,可以先建立数学模型,直接通过数学模型描述问题。对于非数值型问题,可以先建立一个过程或者仿真模型,通过过程模型描述问题,再设计算法解决。

【例】 哥尼斯堡七桥问题。数学家欧拉把实际生活中的哥尼斯堡七桥问题抽象成了简单的数学模型图案,如图 1-86 所示。

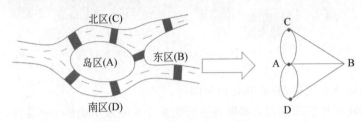

图 1-86 哥尼斯堡七桥问题

2. 设计数据结构

数据结构是计算机存储、组织数据的方式。精心选择的数据结构可以带来更高的运行效率或者存储效率。

常见的数据结构有数组(Array)、栈(Stack)、队列(Queue)、链表(Linked List)、树(Tree)、图(Graph)、堆(Heap)、散列表(Hash)。

常用的数据结构的例子——数组。

数组是相同类型的变量的序列集合。

数组的特点如下。

① 数组元素的个数是有限的,各元素的数据类型相同。

② 数组元素之间在逻辑和物理存储上都具有顺序性,并用下标表达这种顺序关系。例如,定义整型数组 a[20],它由数组元素 a[1],a[2],a[3],…,a[20]组成。

③ 一个数组中的所有元素在内存中是连续存储的。

④ 可以使用下标变量随机访问数组中的任一元素,例如对其赋值或引用。

数组在解决问题中的实际应用如下。

【例】 输入 n 个整数,并输出它们的平均值、大于平均值的数及其个数。

【解】 如图 1-87 所示。

【例】 某班有 30 名学生,已将他们的数学考试成绩存放在整型数组 a 中,并且他们的学号正好对应着数组的下标值。要求找出成绩大于或等于 90 的学生,如果找到,则输出相应学生的学号;如果找不到,则输出信息"未找到"。

【解】 此例是一个顺序查找的问题,特点是将数据元素从头到尾逐一与关键字进行比较,直到查找成功或失败为止。

实现顺序查找可用枚举法,枚举结束条件有两种,一是找出所有与关键字相等的元素才结束,二是只要找出第一个与关键字相等的元素就结束,如图 1-88 所示。

3. 设计算法

有了数学模型或者公式,就需要将数学的思维方式转化为离散计算的模式。算法是求解问题的方法和步骤,通过设计算法,根据给定的输入即可得到期望的输出。

算法(algorithm)是指解题方案的准确且完整的描述,是一系列解决问题的清晰指

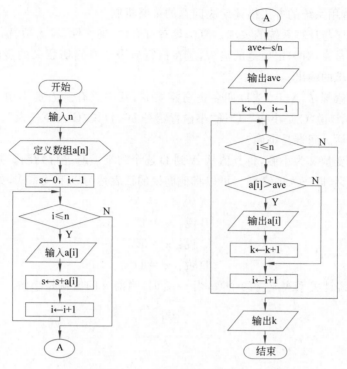

图 1-87 问题的解决过程(1)

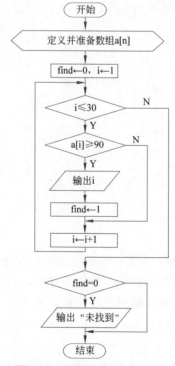

图 1-88 问题的解决过程(2)

令,算法代表着用系统的方法描述解决问题的策略机制。

算法是程序与计算系统的灵魂。算法具有有穷性、确切性、输入项、输出项、可行性五个特征。也就是说,对一定规范的输入,应在执行有限个有确切意义的步骤之后,在有限时间内获得要求的输出。

【例】 警察抓了 A、B、C、D 四名盗窃嫌疑犯,其中只有一人是小偷。审问中,A 说"我不是小偷",B 说"C 是小偷",C 说"小偷肯定是 D",D 说"C 在冤枉人"。他们之中只有一人说的是假话。问谁是小偷?

【解】 设变量 x 为小偷,将其值从 A 到 D 逐个列举一遍进行判断。判断条件:四人中有一人说假话,即三人说真话。可以将他们说的话表达为以下关系式,如图 1-89 所示。

$$A 说: x \neq 'A'$$
$$B 说: x = 'C'$$
$$C 说: x = 'D'$$
$$D 说: x \neq 'D'$$

用变量 t 统计关系式成立的个数,当 t=3 时,当前 x 的值就是小偷。

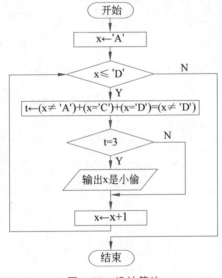

图 1-89 设计算法

4. 编写程序

算法设计完成后,需要选用一种程序设计语言编写程序以实现算法的功能,从而达到使用计算机解决实际问题的目的。程序就是按照算法,用指定的计算机语言编写的一组用于解决问题的指令的集合。程序编写过程就是通常所说的"编程",它根据需要解决的问题的特点,选用程序设计语言(C、C++、Java、Python)表达算法,并采取一定的程序控制结构实现问题的自动求解。

【例】 下列是输入 3 个数,输出其中最大值的 C 语言程序代码,如图 1-90 所示。

```
#include <stdio.h>
main()
{
  int x,y,z,max;
  scanf("%d,%d,%d",&x,&y,&z);
  if(x>y)
     max=x;
  else
     max=y;
   if(z>max)
     max=z;
  printf("最大值为:%d\n",max);
}
```

图 1-90　编写程序

5. 调试测试程序

　　编写程序的过程中需要不断上机调试程序。证明和验证程序的正确性是一个极为困难的问题,比较实用的方法是对程序进行测试,看看运行结果是否符合预先的期望,如果不符合,则要进行判断,找出出现问题的地方,对算法或程序进行修正,直到得到正确的结果,如图 1-91 所示。

图 1-91　调试测试程序

1.7.2　计算思维的逻辑基础

　　在计算机中,逻辑运算是计算思维的逻辑基础。

1. 逻辑运算的起源

　　布尔用数学方法研究逻辑问题,成功建立了逻辑演算。他用等式表示判断,把推理看作等式的变换。这种变换的有效性不依赖人们对符号的解释,只依赖于符号的组合规律。这一逻辑理论称为布尔代数。20 世纪 30 年代,逻辑代数在电路系统上获得应用;随后,由于电子技术与计算机的发展,出现了各种复杂的大系统,它们的变换规律也遵守布尔所揭示的规律。

2. 逻辑运算的相关概念

逻辑运算:在逻辑代数中,有与、或、非3种基本逻辑运算。

逻辑常量与变量:逻辑常量只有两个,即0和1,用来表示两个对立的逻辑状态。逻辑变量与普通代数一样,也可以用字母、符号、数字及其组合表示。

逻辑函数:逻辑函数是由逻辑变量、常量通过运算符连接起来的代数式,也可以用表格和图形的形式表示。

3. 逻辑运算的表示方法

基本运算符有非($\neg$)、与($\wedge$)、或($\vee$)、异或($\oplus$)、蕴涵($\rightarrow$)。

运算规律:设P、Q为逻辑值,如表1-10所示。

表1-10 逻辑运算的运算规律

P	Q	$\neg P$	$P \wedge Q$	$P \vee Q$	$P \oplus Q$	$P \rightarrow Q$
T	T	F	T	T	F	T
T	F	F	F	T	T	F
F	T	T	F	T	T	T
F	F	T	F	F	F	T

4. 逻辑运算的性质

互补律:$A \wedge (\neg A) = 0, A \vee (\neg A) = 1$。

交换律:$A \wedge B = B \wedge A, A \vee B = B \vee A$。

结合律:$(A \wedge B) \wedge C = A \wedge (B \wedge C), (A \vee B) \vee C = A \vee (B \vee C)$。

分配律:$A \wedge (B \vee C) = (A \wedge B) \vee (A \wedge C), A \vee (B \wedge C) = (A \vee B) \wedge (A \vee C)$。

吸收律:$A \vee (A \wedge B) = A, A \wedge (A \vee B) = A$。

5. 逻辑推理

逻辑推理是指由一个或几个已知的判断推导出另一个新的判断的思维形式。一切推理都必须由前提和结论两部分组成。一般来说,将作为推理依据的已知判断称为前提,推导出的新的判断则称为结论。

逻辑包括3种基本的推理方式:演绎、归纳、溯因。

演绎:使用规则和前提推导出结论(数学家的方法)。例:若下雨,则草地会变湿。今天下雨了,所以今天草地是湿的。

归纳:借由大量的前提和结论所组成的例子学习规则(科学家的方法)。例:每次下雨,草地都是湿的。因此若明天下雨,草地就会变湿。

溯因：借由结论和规则支援前提以解释结论（侦探的方法）。例：若下雨，草地会变湿。因为草地是湿的，所以曾下过雨。

1.7.3 计算思维的算法设计

1. 算法的基本运算和操作

通常，计算机可以执行的基本操作是以指令的形式描述的。一个计算机系统能执行的所有指令的集合称为该计算机系统的指令系统。计算机程序就是按解题要求从计算机指令系统中选择合适的指令而组成的指令序列。在一般的计算机系统中，算法的基本运算和操作有如下四类。

- 算术运算：加、减、乘、除等运算。
- 逻辑运算：或、与、非等运算。
- 关系运算：大于、小于、等于、不等于等运算。
- 数据传输：输入、输出、赋值等运算。

2. 算法的基本控制结构

算法的功能不仅取决于选用的操作，还与各操作之间的顺序有关。在算法中，各操作之间的执行顺序又称算法的控制结构。算法的控制结构给出了算法的基本框架，它不仅决定了算法中各操作的执行顺序，也直接反映了算法的设计是否符合结构化原则。

一般的算法控制结构有 3 种：顺序结构、选择结构、循环结构。

1) 顺序结构

顺序结构是算法中最简单的结构。使用顺序结构的算法使求解问题的过程按照顺序由上至下执行。顺序结构的特点是每条语句都执行且只执行一次。事实上，无论是哪一类程序，它的主结构都是顺序结构，即从一个入口开始，到一个出口结束。

【例】 已知圆的半径，求圆的周长和面积。求解过程如图 1-92 所示。

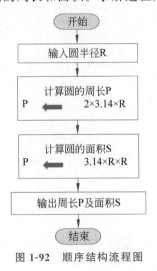

图 1-92 顺序结构流程图

2）选择结构

选择结构又称条件结构、分支结构或判断结构。在程序执行过程中,可能会出现对某门功课的成绩的判断,大于或等于 60 分为"及格",否则为"不及格",这时就必须采用选择结构实现。选择结构的特点是并非每条语句都被执行,而是根据条件选择语句的执行。

【例】 从键盘输入一个整数,判断其是否为偶数,若是,则输出 yes,否则输出 NO。如图 1-93 所示。

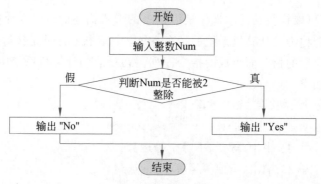

图 1-93　选择结构流程图

3）循环结构

程序中有许多重复的工作,因此没有必要重复编写一组相同的命令。此时,可以通过循环结构让计算机重复执行这一组命令。循环结构的特点是循环体内的语句能被重复执行多次,直到条件为假时结束。

【例】 计算 s＝1＋2＋3＋…＋100,解题流程如图 1-94 所示。

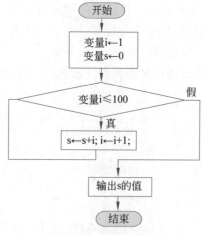

图 1-94　循环结构流程图

3. 算法的表示方法

算法表示(描述)是指把求解问题的方法和思路用一种规范、可读性强、容易转换成程序的形式(语言)描述出来。

算法的 4 种表示方法分别是自然语言、计算机语言、图形化工具、伪代码。

1) 自然语言

自然语言是指人们日常使用的语言,是人类交流信息的工具,因此最常用的表达问题的方法也是自然语言。

【例】 输入一个大于 1 的正整数,求出该数的所有因数并输出。

【解】 算法用自然语言描述如下。

第一步:输入一个大于 1 的正整数 n。

第二步:依次以 1、2、3、4、…、n−1、n 为除数去除 n。

第三步:依次检查余数是否为 0,若为 0,则是 n 的因数;若不为 0,则不是 n 的因数。

第四步:输出 n 的所有因数。

自然语言描述算法的缺点如下。

- 易产生歧义,往往要根据上下文才能判别其含义,书写没有严格的标准。
- 语句比较烦琐冗长,并且很难清楚地表达算法的逻辑流程。
- 自然语言表示的算法不易翻译成计算机程序设计语言。

2) 计算机语言

计算机语言是一种人工语言,即人为设计的语言,如 Python、Java、C、C++ 等。

【例】 求 3 个数中最大的数。

【解】 用 C 语言描述算法如下。

```c
#include <stdio.h>
main()
{
    int x,y,z,max;
    scanf("%d,%d,%d",&x,&y,&z);
    if(x>y)
        max=x;
    else
        max=y;
    if(z>max)
        max=z;
    printf("最大值为:%d\n",max);
}
```

3) 图形化工具

算法的图形化表示方法包括流程图、N-S 图两种。流程图是使用最早的算法和程序描述工具,其符号简单,表现直观、灵活,不依赖于任何具体的计算机和计算机程序设计语言。

N-S 图是完全去掉流程线,将全部算法均写在一个矩形框内,在框内还可以包含其他框的流程图形式。

【例】 计算 10!。

【解】

$10! = 1 \times 2 \times 3 \times 4 \times 5 \times 6 \times 7 \times 8 \times 9 \times 10$

算法分别用流程图和 N-S 图描述,如图 1-95 和图 1-96 所示。

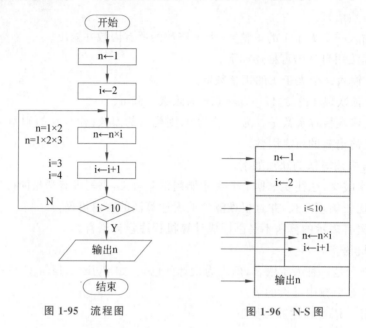

图 1-95　流程图　　　　　　　图 1-96　N-S 图

4) 伪代码

伪代码是一种介于自然语言和程序设计语言之间的类计算机语言。

使用伪代码可以将程序设计语言中与算法关联度较小的部分省略(变量的定义等),而更关注于算法本身的描述。相比于程序设计语言,伪代码更类似于自然语言,可以将整个算法运行过程的结构用接近自然语言的形式描述出来。

【例】 输入一个年份,判断其是否为闰年,并输出结果。

【解】 算法主体用伪代码描述如下。

```
scanf ( y );
if (((y mod 4==0) and (y mod 100!=0)) or (y mod 400==0))
    printf (y"是闰年");
else
    printf (y"不是闰年");
```

【例】 输入 3 个数,判断能否构成三角形。

【解】 算法主体用伪代码描述如下。

```
scanf ( a,b,c);
if (a<=0 or b<=0 or c<=0)
```

```
    printf ("输入不合法,无法构成三角形!");
else
    if ((a+b>c) and (a+c>b) and (b+c>a))
        printf ("可以构成三角形");
    else
        printf ("无法构成三角形!");
```

4. 算法设计与基本方法

针对一个给定的实际问题,要想找出行之有效的算法,就需要掌握算法设计的策略和基本方法。算法设计是一个难度较大的工作,初学者在短时间内很难掌握。但幸运的是,前人通过长期的实践和研究已总结出一些算法设计的基本策略和方法,例如枚举法、递归法、二分法、分治法、排序法、贪心法、回溯法和动态规则法等。下面简单介绍其中几种。

1）回溯法

回溯法实际上是一个类似枚举的搜索尝试过程,主要是在搜索尝试过程中寻找问题的解,当发现已不满足求解条件时,就回溯返回,尝试其他路径。

基本特征:

- 针对所给问题,确定问题的解空间,首先明确定义问题的解空间,问题的解空间应至少包含问题的一个(最优)解;
- 确定结点的扩展搜索规则;
- 以深度优先的方式搜索解空间,并在搜索过程中用剪枝函数避免无效搜索。

2）贪心法

在求解问题时,贪心法总是做出当前最好的选择。也就是说,贪心法不从整体最优上加以考虑,当前做出的仅是某种意义上的局部最优解。

基本步骤:

- 建立数学模型以描述问题;
- 把求解的问题分成若干子问题;
- 对每一子问题进行求解,得到子问题的局部最优解;
- 把子问题的局部最优解合成原来问题的一个解。

3）分治法

分治法将一个难以直接解决的大问题分割成一些规模较小的相同问题,以便各个击破,分而治之。

基本步骤:

- 分解,将原问题分解为若干规模较小、相互独立、与原问题形式相同的子问题;
- 解决,若子问题规模较小且容易被解决,则直接解,否则递归地解各个子问题;
- 合并,将各个子问题的解合并为原问题的解。

5. 算法的分析与评价

要想解决一个问题,总是要付出一定的代价,如人力、物力、财力、时间等,人们也往往会通过对这些付出的评估衡量与评价这个解决问题的方法是否可行、合理、高效。

对于计算机算法而言,通过编制计算机程序解决问题所消耗的主要资源有:编写程序和维护程序的复杂度、程序运行的时间、程序运行占用的内存空间等。

计算机的一个很重要的特点就是运算速度快,但即便如此,算法好坏的一个重要标志仍然是运算的次数。如果一个算法在理论上需要超出计算机允许范围内的运算次数,那么这样的算法就只能是一个理论算法。

1.7.4 计算机思维训练典型案例

汉诺塔问题是用递归方法求解的一个典型问题。递归是指一个过程(或函数)直接或者间接地调用自己本身。递归过程一般通过函数或子过程实现,递归能使程序变得清晰。

汉诺塔问题的主要材料包括 3 根高度相同的柱子和一些大小及颜色不同的圆盘,3 根柱子分别为起始柱 A、辅助柱 B 及目标柱 C,如图 1-97 所示。

相传在古印度圣庙中,有一种被称为汉诺塔的游戏,该游戏是在一块铜板装置上有 3 根杆(编号 A、B、C),A 杆自下而上、由大到小按顺序放置了 64 个金盘(如图 1-98 所示)。游戏的目标是把 A 杆上的金盘全部移到 C 杆上,并仍保持原有顺序。

图 1-97 汉诺塔问题

操作规则是每次只能移动一个盘子,并且在移动过程中要在 3 根杆上始终保持大盘在下、小盘在上,操作过程中,盘子可以置于 A、B、C 任一杆上。

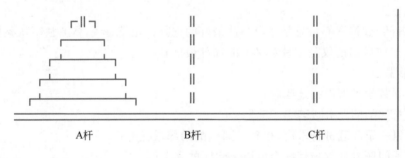

A杆　　　　　B杆　　　　　C杆

图 1-98 汉诺塔图例

解决汉诺塔问题的多种观点如下。

(1) 计划能力决定圆盘移动顺序。

目前,关于解决汉诺塔问题的一个主要观点认为,完成任务时要对圆盘的移动顺序进行预先计划和回顾性计划。这种计划能力的作用可能会受到问题难度的影响。

(2) 抑制能力参与汉诺塔问题。

有研究者认为,不是计划能力而是抑制能力参与汉诺塔问题的解决过程。

(3) 对圆盘位置的记忆。

有研究发现汉诺塔问题与工作记忆没有关系;但另有研究发现汉诺塔问题与空间工作记忆明显相关,只是与词语工作记忆关系不大。

第2章

操作系统基础

操作系统(Operating System,OS)是计算机软件系统的核心,也是最基本的系统软件,可以将其看成计算机硬件和应用软件的接口。

学习计算机首先要学习操作系统的使用,微软公司出品的 Windows 10 是目前使用广泛的一种操作系统,它不但功能强大,而且界面美观、操作简便。

本章主要介绍 Windows 10 操作系统的概念、功能及分类,以及 Windows 10 操作系统的常用操作。

2.1 操作系统的概念、功能及分类

2.1.1 操作系统的概念

所谓操作系统,就是指控制和管理整个计算机系统的硬件和软件资源,合理地组织调试计算机的工作和资源分配,并提供给用户和其他软件方便的接口和环境的软件与程序的集合。操作系统能够最大限度地提高资源利用率,为用户提供全方位的使用功能和方便友好的使用环境,如图 2-1 和图 2-2 所示。

图 2-1 操作系统概念

图 2-2　操作系统结构

2.1.2　操作系统的基本功能

操作系统控制和管理着计算机的全部资源。按照资源的类型,操作系统分为五大功能模块,如图 2-3 所示。

图 2-3　操作系统的五大功能模块

1. CPU 管理

为了让 CPU 充分发挥作用,使 CPU 按一定策略轮流为某些程序或外设服务,其主要任务是对 CPU 资源进行分配,并对其运行状态进行有效的控制和管理。

2. 存储管理

存储管理的主要任务是为程序运行提供良好的存储环境,方便用户使用存储器,提高各类存储器的利用率。存储管理具有存储分配、内存保护、内存回收、地址映射和内存扩充等功能。

3. 输入/输出管理

输入/输出(Input/Output,I/O)指一切操作、程序或设备与计算机之间发生的数据传输过程。输入/输出管理的基本任务是按照程序的需要或用户的要求,根据特定的算法分配、管理及回收各类输入/输出设备,以保证系统有条不紊地工作。

4. 作业管理

作业指用户在一次运算过程中要求计算机系统所做工作的集合。作业管理包括作业调度和作业控制。良好的作业管理能够有效提高系统的运行效率。

5. 文件管理

计算机中的信息是以文件的形式存储在外存中的。文件管理的主要任务是对用户文件和系统文件进行管理,以方便用户使用,并保证文件的安全可靠。文件管理的常规操作包括新建或打开、重命名、复制或移动、删除或还原、压缩或解压、修改属性设置等,如图 2-4 所示。

图 2-4　管理文件和文件夹

2.1.3　操作系统的分类

随着计算机技术的迅速发展和计算机在各行各业的广泛应用,人们对操作系统的功能、应用环境和使用方式等都提出了不同的要求,从而逐渐形成了不同类型的操作系统。根据操作系统的使用环境和提供的功能的不同,可将操作系统分为批处理系统、分时系统、实时系统、网络操作系统、分布式操作系统和个人计算机操作系统。

1. 批处理系统

批处理系统(batch processing operating system)又称批处理操作系统,分为单道批处理系统和多道批处理系统。批处理是指用户在将一批作业提交给操作系统后就不再干预,由操作系统控制它们自动运行。采用这种批量处理作业技术的操作系统就称为批处理系统。批处理系统不具有交互性,它是为了提高 CPU 的利用率而提出的一种操作系统。

单道批处理系统采用脱机输入/输出技术,即将一批作业按序输入外存,主机在监督程序的控制下将作业逐个读入内存,对作业进程一个接一个地进行自动处理。

多道批处理系统是指在计算机内存中同时存放几道相互独立的程序,分时共用一台计算机,即多道程序轮流地使用部件,交替执行。

多道批处理系统能够极大地提高计算机系统的工作效率：多道作业并行工作减少了处理器的空闲时间；作业调度可以合理选择装入内存的作业，充分利用计算机系统的资源；作业执行过程不再访问低速设备，而是直接访问调整的磁盘设备，缩短了执行时间；作业被成批输入，减少了从操作到作业的交接时间。

2. 分时系统

分时系统(Time Sharing Operating System)是指在一台主机上连接多个终端，多个用户共用一台主机，即多用户系统。分时系统把 CPU 及计算机的其他资源从时间上分割成一个个"时间片"，分给不同的用户轮流使用。由于时间片很短，因此 CPU 在用户之间转换得非常快，用户会觉得计算机只是在为自己服务。

分时系统的基本特征如下。

- 多路性：多个用户能同时或基本上同时使用计算机系统。
- 独立性：用户可以彼此独立操作，互不干扰。
- 交互性：用户能与系统进行人机对话。
- 及时性：用户的请求会在很短的时间内得到系统响应。

3. 实时系统

实时系统(Real Time Operating System)以加快响应时间为目标，可以对随机发生的外部事件做出及时的响应和处理。实时系统首先考虑的是实时性，然后才是效率。

实时系统的基本特征如下。

- 及时性：指对外部事件的响应要十分及时、迅速，要求计算机在最短的时间内启动相关数据的处理。
- 高可靠性：实时系统用于现场控制处理，任何差错都可能带来巨大损失，因此对可靠性的要求相当高。
- 有限的交互能力：实时系统一般为专用系统，用于实时控制台和实时处理；与分时系统相比，其交互能力比较简单。

4. 网络操作系统

网络操作系统(Network Operating System，NOS)是为网络用户提供各种服务的软件和有关规程的集合，目的是让网络上的各计算机能方便、有效地相互通信和共享资源。

网络操作系统的功能有：

- 高效、可靠的网络通信；
- 对网络中共享资源的有效管理；
- 提供电子邮件、文件传输、远程登录等服务；
- 网络安全管理，提供交互操作能力。

5. 分布式操作系统

分布式操作系统(Distributed Operating System)是为分布式计算系统配置的操作系

统,其中的大量计算机通过网络连接在一起,可以获得极高的运算能力及广泛的数据共享。分布式操作系统是网络操作系统的高级形式,它保持了网络操作系统的全部功能,还具有透明性、可靠性和高性能等优势。

网络操作系统和分布式操作系统虽然都用于管理分布在不同地理位置的计算机,但二者最大的区别是:网络操作系统知道确切的网址,而分布式系统则不知道计算机的确切地址;分布式操作系统负责整个资源的分配,能很好地隐藏系统内部的实现细节,如对象的物理位置等,这些都是对用户透明的。

6. 个人计算机操作系统

个人计算机操作系统是一种人机交互的多用户、多任务操作系统,用户管理和控制计算机的全部资源,且允许切换用户。Windows 10 就属于这类操作系统,Windows 10 也是本书的重点介绍对象,因为它是目前使用最广泛的操作系统。

随着技术的发展,这类操作系统提供的用户接口越来越方便,功能越来越强大,目前包含了网络操作系统的功能。几种典型的个人计算机操作系统的简要描述如图 2-5 所示。

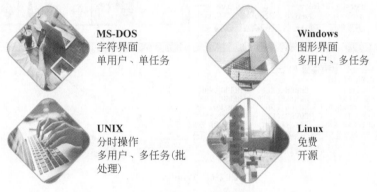

MS-DOS
字符界面
单用户、单任务

Windows
图形界面
多用户、多任务

UNIX
分时操作
多用户、多任务(批处理)

Linux
免费
开源

图 2-5　个人计算机操作系统

2.1.4　Windows 操作系统的发展

Windows 是由美国微软公司(Microsoft)研发的操作系统,问世于 1985 年。起初是 MS-DOS 模拟环境,后续由于微软公司对其不断进行更新升级,以提升易用性,使得 Windows 成为应用最广泛的操作系统。

Windows 采用了图形用户界面(GUI),比 MS-DOS 需要输入指令使用的方式更为人性化。随着计算机硬件和软件的不断升级,Windows 也在不断升级,从架构的 16 位、32 位再到 64 位,系统版本从最初的 Windows 1.0 到大家熟知的 Windows 95、Windows 98、Windows 2000、Windows XP、Windows Vista、Windows 7、Windows 8、Windows 8.1、Windows 10、Windows 11 和 Windows Server 服务器企业级操作系统,发展历时 30 多年,微软公司一直致力于 Windows 操作系统的开发和完善。Windows 各版本的发布时间如表 2-1 所示,Windows 各版本的操作界面如图 2-6 至图 2-17 所示。

表 2-1   Windows 各版本的发布时间

时　间	版　　本	时　间	版　　本
1985 年	Windows 1.0	2003 年	Windows 2003
1987 年	Windows 2.0	2006 年	Windows Vista
1990 年	Windows 3.0	2008 年	Windows 2008
1995 年	Windows 95	2009 年	Windows 7
1998 年	Windows 98	2012 年	Windows 8(又称 Windows 2013)
2000 年	Windows 2000	2015 年	Windows 10
2001 年	Windows XP	2021 年	Windows 11

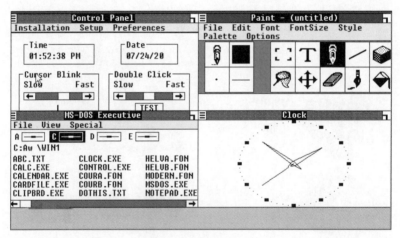

图 2-6   Windows 1.0

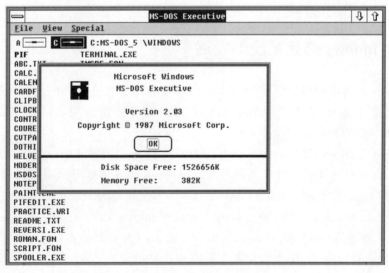

图 2-7   Windows 2.0

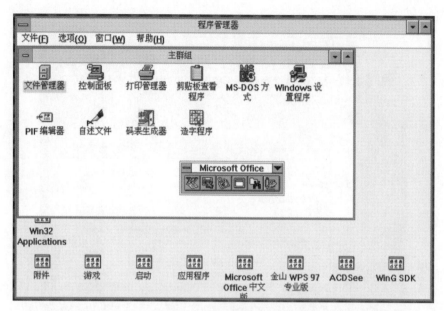

图 2-8　Windows 3.0

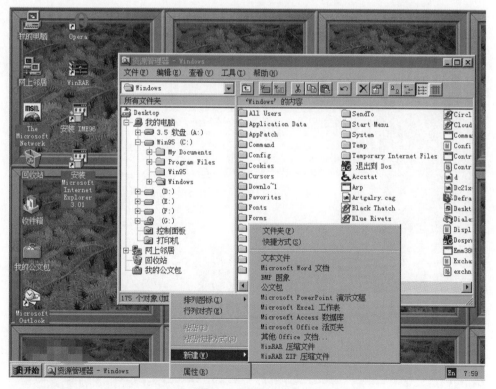

图 2-9　Windows 95

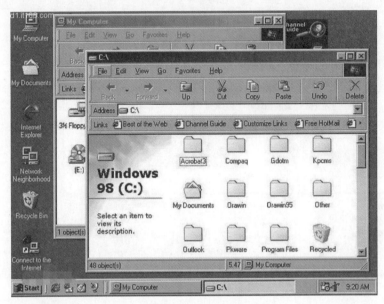

图 2-10　Windows 98

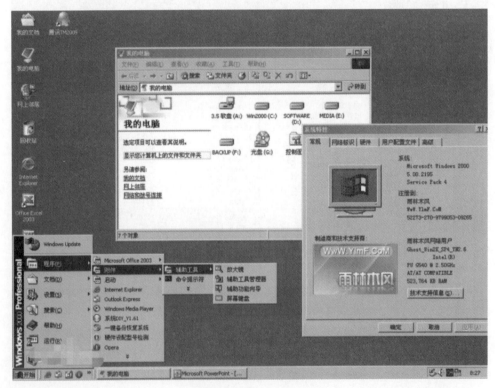

图 2-11　Windows 2000

图 2-12　Windows XP

图 2-13　Windows Vista

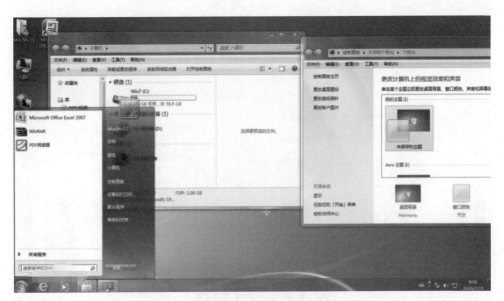

图 2-14　Windows 7

图 2-15　Windows 8

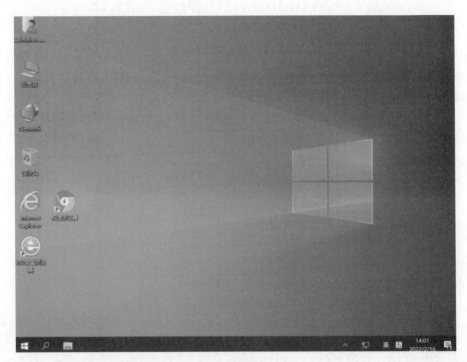

图 2-16　Windows 10

图 2-17　Windows 11

2.2 Windows 10 的基本操作

计算机要在接通电源后才能工作,在开机过程中,要经过测试和一系列的初始化操作。而关机时也会进行一些数据保存等工作,只有完成了这些工作才能正常关机,否则可能造成数据丢失。

在计算机中安装 Windows 10 后,打开显示器,按下主机的电源开关后,系统首先进行自检,随后装载驱动程序以控制基本硬件。屏幕左上方的一系列数字标明了 POST 过程,接着显示硬件状态的报告,并将系统盘的核心程序文件装入内存。如果计算机中安装有多个操作系统,则启动时就会出现选择操作系统的界面。

2.2.1 实训项目: 退出 Windows 10

启动 Windows 10 后,可以随时退出,操作步骤如下。

单击"开始"按钮,选择"电源"|"关机"选项,如图 2-18 所示。

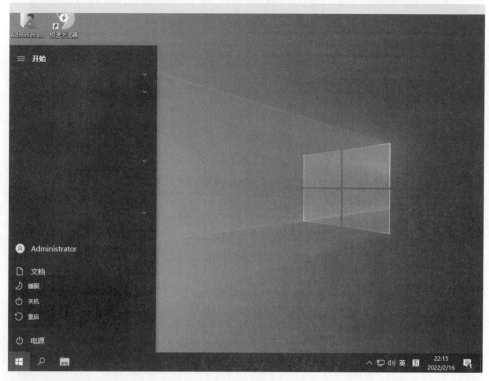

图 2-18 关机

2.2.2 实训项目：启动 Windows 10 应用程序

Windows 10 只是一个操作系统，要想在计算机中做一项工作，就必须启动相应的应用程序。启动应用程序的方法有多种，如果在桌面上建立了某个程序的快捷方式，那么只需要双击该快捷方式即可启动该程序；如果没有建立快捷方式，则可以从"开始"菜单中启动相应的程序（一般安装某个程序时都会在"开始"菜单中添加相应的程序菜单）。下面以启动 Windows 10 内置的"计算器"程序为例，实训启动应用程序的方法。

单击"开始"按钮，选择"计算器"选项，即可启动"计算器"程序，如图 2-19 和图 2-20 所示。

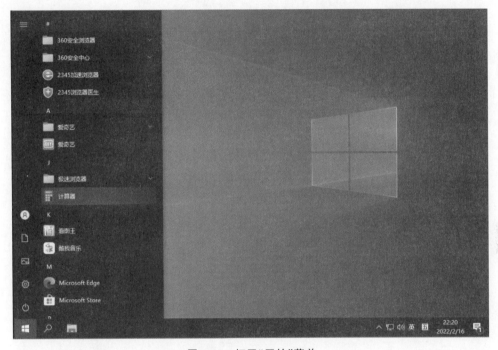

图 2-19　打开"开始"菜单

2.2.3 实训项目：开机运行（不运行）应用程序

Windows 10 系统在安装应用程序后，有些应用程序一开机就可以自动运行，有些应用程序一开机不能运行，可以根据需要添加或禁用开机时自动运行的应用程序，具体操作如下。

单击"开始"按钮，依次选择"设置"|"应用"|"启动"进入"启动应用"选项，找到相应的应用程序并设置开或关，以完成开机运行（不运行）应用程序，如图 2-21 至图 2-23 所示。

图 2-20 打开"计算器"程序

图 2-21 "开始" | "设置"

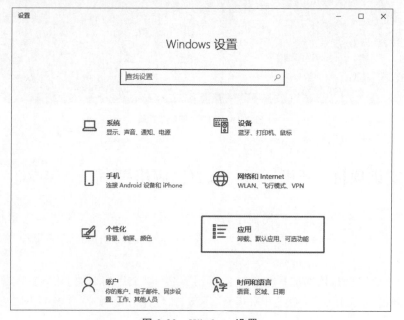

图 2-22 Windows 设置

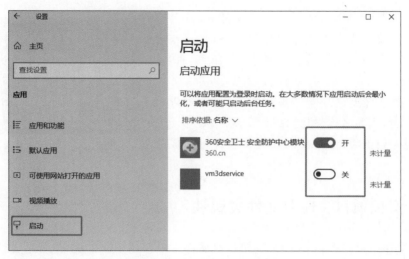

图 2-23　开机启动应用程序

2.2.4　实训项目：创建文件夹并命名

在计算机系统中，文件是最小的数据组织单位。文件中可以存放文本、图像和数值数据等信息。而硬盘则是存储文件的大容量存储设备，其中可以存储很多文件。但为了便于管理文件，还可以把文件组织到目录和子目录中。目录就是文件夹，而子目录则是文件夹中的文件夹或子文件夹。在 Windows 10 中，既然文件夹如此重要，那么下面就在桌面创建一个文件夹。

① 在桌面空白处右击，在弹出的菜单中选择"新建"|"文件夹"选项，如图 2-24 所示。

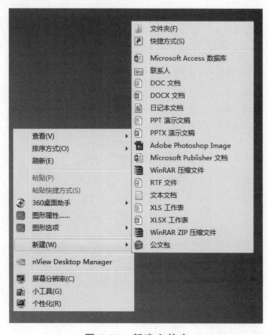

图 2-24　新建文件夹

② 此时桌面上会出现一个新的文件夹,其名称默认为"新建文件夹",并处于可编辑状态(如果错过了编辑状态,则可以右击该文件夹名,选择"重命名"选项即可)。

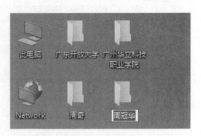

③ 因为文件夹名处于可编辑状态,所以可以直接输入一个恰当的名称,如图 2-25 所示。

④ 输入完毕后,单击桌面任意位置即可完成命名操作。

图 2-25　文件夹重命名

2.2.5　实训项目:查看文件夹属性

文件夹中可以存放很多文件,还可以在文件夹中创建子文件夹,但如果文件多了,则不可能每个都查看,那么可以查看文件的属性,以查看相应的属性信息,不过,对于不同的文件类型,其"属性"对话框中的信息也各不相同,查看文件夹的属性方法如下。

① 右击要查看文件属性的文件夹,在弹出的菜单中选择"属性"选项。

② 打开该文件夹的属性对话框,在这里就可以看到文件夹的类型、路径、占用空间和创建时间等,如图 2-26 所示。

图 2-26　查看文件夹的属性

2.2.6　实训项目：文件显示方式

文件夹中的文件多了，显示起来就比较杂乱，所以必须对文件的显示方式进行处理，其操作如下。

① 打开要进行显示方式管理的文件夹。

② 右击文件夹内的空白处，在弹出的菜单中选择"查看"|"详细资料"选项。

③ 切换到"详细信息"的查看方式，如图 2-27 所示。

④ 单击"类型"按钮，还可以按文件的类型排列文件。

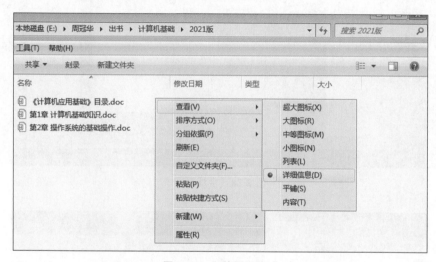

图 2-27　文件显示方式

2.2.7　实训项目：Windows 10 截图应用

要想获取图片信息，可以通过各种截图软件进行操作，Windows 10 也自带了截图功能，可以满足一般的操作，而无须安装第三方截图软件。Windows 10 截图操作具体如下。

Windows 10 截图分为两种操作，一是截取全屏，二是截取当前活动窗口。

① 截取全屏图片：以截取桌面为例进行操作。回到桌面，按下键盘左上角的 Print Screen 键。

② 打开一个应用程序，如画图或 Word 文件，右击后选择"粘贴"选项，刚才截取的整个桌面就能以图片的格式粘贴在画图软件或 Word 文件的编辑区域中了，如图 2-28 所示。

③ 截取当前活动窗口图片：在图 2-28 中，桌面上有一个活动窗口，现在只截取此图，首先选中当前图片。

④ 按 Alt＋Print Screen 键。

⑤ 打开一个应用程序，右击后选择"粘贴"选项，刚才截取的当前图片已成功，如图 2-29 所示。

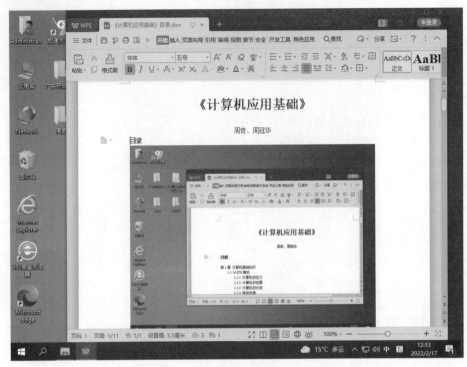

图 2-28 全屏截图

图 2-29 截取当前活动窗口

计算机应用基础与信息处理教程

2.2.8 实训项目：文件和文件夹的复制和移动

1）使用鼠标操作

使用鼠标右键操作。鼠标右键拖曳已选择的对象至目的地，释放按键后，弹出菜单供用户选择。用户在"移动到当前位置"或"复制到当前位置"两个选项中选择其一。

使用鼠标左键操作。如果源文件和目标文件在同一磁盘上，则直接拖曳已选定的对象至目的地即可完成对象的移动；若按下 Ctrl 键再拖曳，则完成对象的复制。如果源文件和目标文件不在同一磁盘上，则从一个磁盘拖曳已选择的对象至另一个磁盘即可完成对象的复制；若按下 Shift 键再拖曳，则完成对象的移动。

一般来说，鼠标操作简单快捷，适用于近距离（对象的目的地在窗口中可以看见）使用；如果距离较远，则可以借助剪贴板完成。

2）使用剪贴板

剪贴板是内存中临时开辟的一个特殊存储区域，用户可以使用它在同一窗口的不同位置或不同窗口之间传递信息。在使用剪贴板进行操作时，总是通过"剪切"或"复制"选项将选中的对象送入剪贴板，然后在目标位置通过"粘贴"选项从剪贴板中取出信息。对剪贴板可进行如下操作。

- 剪切：将选择的信息转移到剪贴板上，原位置的信息被删除。
- 复制：将选择的信息复制一份放到剪贴板上，原位置的信息仍保留。
- 粘贴：将剪贴板上的信息复制到目的位置，剪贴板上的信息保留。

由此可见，可以通过"先剪切，再粘贴"实现文件的转移，通过"先复制，再粘贴"实现文件的复制。

由于剪贴板是内存中临时开辟的一个特殊存储区域，所以在退出系统时，剪贴板上的信息将丢失。如果不希望剪贴板上的信息丢失，则在退出系统之前应先做保存处理。另外，当向剪贴板放入剪切或复制的新内容时，剪贴板上原有的信息将被覆盖。

提示：复制快捷键 Ctrl+C；剪切快捷键 Ctrl+X；粘贴快捷键 Ctrl+V。

2.3　Windows 10 的提高操作

在安装 Windows 10 的时候，只是安装和设置了系统最常用的默认程序和设置方式，所以在安装系统之后，大部分的系统设置都是在"设置"中进行的。

选择"开始"|"设置"选项，即可打开 Windows 10 的"设置"窗口。打开后可看到"设置"中的多项设置，主要分为以下几个不同的组。

- 系统：主要设置显示、声音、通知、电源等功能。
- 设备：主要设置蓝牙、打印机、鼠标等功能。
- 手机：主要连接 Android 设备和 iPhone 等功能。
- 网络和 Internet：主要设置 WLAN、飞行模式、VPN 等。

- 个性化：主要设置背景、锁屏、颜色等。
- 应用：主要有卸载、默认应用、可选功能等。
- 账户：主要有账户、电子邮件、同步设置、工作、其他人员等。
- 时间和语言：主要有语言、区域、日期等。
- 还有游戏、轻松使用、搜索、隐私、更新和安全等功能选项。

下面就一些常见的基本操作进行讲解。

2.3.1 实训项目：安装/删除应用程序

安装好 Windows 10 后，只是安装和设置了系统最常用的默认程序和设置内容，大部分应用程序必须通过用户自行安装，才可以使用。

① 安装应用程序：准备好要安装的应用程序，以安装 WinRAR 为例，如图 2-30 所示（如是压缩包，先进行解压）。

② 双击 WinRAR 安装程序，出现如图 2-31 所示的安装界面，勾选同意协议，单击"下一步"按钮，直至最后安装完成。

说明：如果安装 Word 等应用程序，则在安装过程中还要提供产品 ID 等信息。

③ 删除应用程序：程序安装成功或运行一段时间后，如果不再需要这些程序，可以删除此程序。

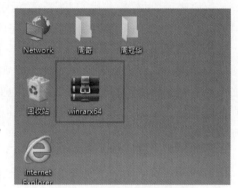

图 2-30　WinRAR 安装程序

图 2-31　WinRAR 安装界面

④ 删除应用程序的方法：通过"控制面板"删除应用程序，在很多情况下，这种方法更有效；通过"开始"|"设置"|"应用和功能"选中要删除的应用程序，单击"卸载"按钮即可，如图 2-32 所示。

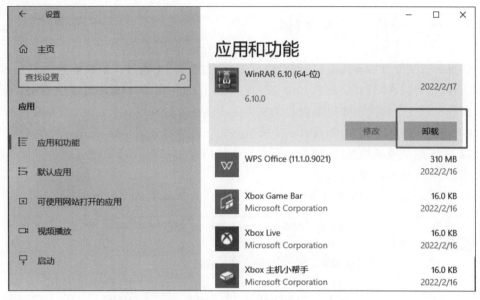

图 2-32　卸载程序

卸载程序还可以通过安装路径下的自带卸载程序进行，也可以借助第三方软件进行，例如 360 安全卫士、金山卫士等。这里不再详细介绍，请读者自行学习。

2.3.2　实训项目：快速切换输入法

Windows 10 的输入法切换非常方便，只需要单击任务栏中的输入法（一般在屏幕右下角）选择需要使用的输入法即可，如图 2-33 所示。

图 2-33　输入法切换

还可以使用快捷键切换输入法,Ctrl+Shift 组合键是各输入法的顺序切换(键盘左边的 Ctrl+Shift 组合键和键盘右边的 Ctrl+Shift 组合键是相反的顺序),Ctrl+Space 组合键是中英文输入法的切换,Shift+Space 组合键是全角和半角的切换。

2.3.3　实训项目：查找文件

如果知道该文件所在的路径,则可以直接在"此电脑"中通过相应的盘符和路径找到目标文件,也可以在"资源管理器"(快捷键是 Win+E)左边的文件夹窗口中逐个打开查找所需的文件夹。如果不知道要查找的文件的全名或文件夹所在的位置,则需要使用"查找"的方法进行查找。例如,假设有一个文件名为《计算机应用基础》周冠华"的文件存放于硬盘,由于时间或其他原因,现在记不起该文件的全名和存放路径,但记住了"计算机"三个字,那么查找方法如下。

打开"此电脑",在搜索栏中输入"计算机",等待查找结果,如图 2-34 所示。

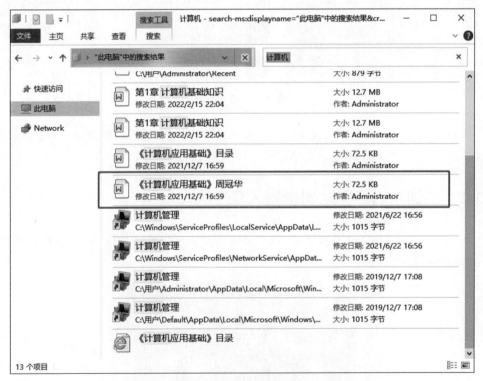

图 2-34　查找文件及结果

提示:更多的查找技巧请了解"通配符"。

2.3.4　实训项目：安装字体

一般来讲,系统安装好后,已经默认安装了常用的基本字体,如果在以后的文字处理排版时需要安装一些其他字体,则此操作就显得非常重要。安装字体和安装一般程序不一样,下面以安装"白舟印相体"为例进行实训操作(安装之前要准备好相应的字体,笔者已从网上下载好"白舟印相体"并放在桌面)。

① 方法一:打开 Windows 10 的字体安装文件夹,可以双击打开"此电脑"|"C 盘"|Windows|Fonts;也可先打开计算机,在计算机地址栏上直接输入地址"C:\Windows\Fonts",按 Enter 键打开 Windows 10 的字体文件夹,如图 2-35 所示。然后将准备好的字体复制到 C:\Windows\Fonts 目录下,粘贴后会自动安装字体,安装完成后即可看到已安装的字体在该目录下显示,如图 2-36 和图 2-37 所示。

图 2-35　打开字体文件夹

② 方法二:也可以直接右击选择"安装"选项,与方法一效果是一样的,安装完成后可以进入 C:\Windows\Fonts 目录下查看已安装的字体,检查是否安装成功,如图 2-37 所示。

2.3.5　实训项目:操作系统的更新、重置

1. Windows 更新设置

定期检查 Windows 最新的更新,包括新功能和重要的安全改进。下载并安装 Windows 更新,就是常说的"打补丁",也可以通过 360 安全卫士或金山安全卫士等第三方软件打补丁,如图 2-38 所示。

图 2-36　安装字体

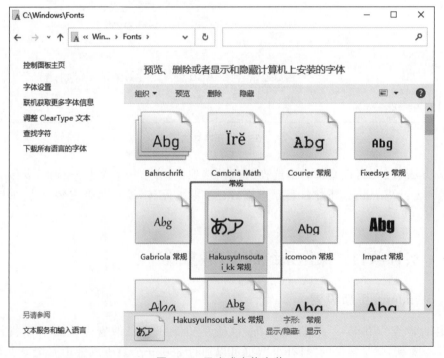

图 2-37　已完成字体安装

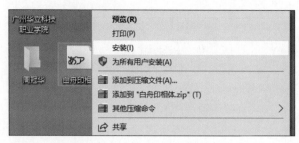

图 2-38　安装字体方法

图 2-39　Windows 更新设置

2. 重置此电脑

如果计算机无法正常运行,重置(重新安装)Windows 可能会解决问题。重置时,可以选择保留或删除个人文件,然后重新安装 Windows,如图 2-40 所示。"重置此电脑"意味着操作系统重新安装,后续扩展的一系列应用软件也必须重新安装。重新安装的系统建议做好备份,方便以后出现故障时用于系统还原。

图 2-40　"重置此电脑"和"备份设置"

2.4　Windows 10 的高级操作

2.4.1　实训项目:管理用户账户

在 Windows 10 中,可以多个用户共用一台计算机,并且可以使共用一台计算机的多个用户拥有各自不同的桌面、"开始"菜单等环境配置,用户之间不会互相影响。因此,当多人共用一台计算机时,设置多账户就显得非常重要。

不同的用户拥有自己的账号和密码登录系统,也可以有不同的管理权限,桌面、收藏夹等都可以实现个性化设置管理。

1. 账户信息

打开"开始"|"设置"|"账户",并进入"账户信息"窗口,显示当前激活的 Windows 10 的管理员账户信息,如图 2-41 和图 2-42 所示。

2. 添加新账户

添加新账户的操作步骤如下。

图 2-41　账户

图 2-42　账户信息

① 打开"开始"|"运行"或按组合键 Ctrl＋R。

② 在"运行"中输入"control userpasswords 2"并按 Enter 键,可以看到"用户账户"已存在的用户。

③ 单击"添加"按钮,执行"不使用 Microsoft 账户登录"|"下一步"|"本地账户"|"添加用户账号信息、密码和提示"|"添加用户成功"|"完成"。

④ 重启计算机,用新账户登录 Windows 10。

3. 删除账户

用户可以删除本地用户账户,但是不建议删除 Microsoft 账户。

4. 设置账户属性

用户可以在相应的属性对话框中设置本地账户的属性,其中,标准用户(User 组)和管理员（Administrator 组）的访问权限不同。

2.4.2 实训项目：设置个性化桌面

设置个性化桌面的操作方法为：右击桌面空白处，在快捷菜单中选择"个性化"选项，打开个性化设置界面。在这里可以设置桌面背景，包括 3 个选项：图片、纯色或幻灯片放映以及动画。选择"图片"或"纯色"作为桌面，都是静态背景；而"幻灯片放映"是动态背景，需要额外设置幻灯片图片的播放频率、播放顺序等信息；契合度可选填充、适应、拉伸、平铺、居中或跨区，如图 2-43 和图 2-44 所示。

图 2-43　个性化设置

图 2-44　个性化设置背景

2.4.3　实训项目：调整屏幕分辨率

屏幕分辨率是指显卡能在显示器上描绘点数的最大数量，通常以横向点数×纵向点数表示。屏幕分辨率设置得越高，显示的内容就越多。目前的显示器一般都能支持800×600以上的分辨率。设置屏幕分辨率的操作如下。

方法：在桌面右击，选择"显示设置"选项，在弹出的选项框中选择"显示"选项，在右侧选择"分辨率"选项，完成设置，如图2-45和图2-46所示。

图 2-45　显示设置

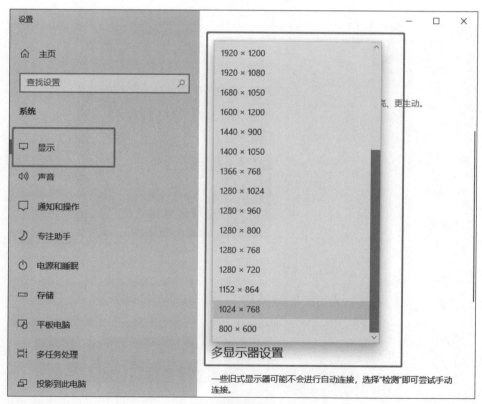

图 2-46　调整屏幕分辨率

2.4.4　实训项目：调整显示器刷新频率

刷新频率是指图像在屏幕上更新的速度，即屏幕上的图像每秒出现的次数，它的单位是赫兹（Hz）。一般人眼不容易察觉75Hz以上的刷新频率带来的闪烁感，因此如果符合这种要求，最好能将显示器的刷新频率调到75Hz以上。

屏幕刷新频率设置得越高，屏幕闪动的次数就越少，对眼睛也就越有好处。同样，屏幕刷新频率也会受到显示器等硬件的限制。调整显示器刷新频率的操作步骤如下。

方法：在桌面右击，选择"显示设置"选项，在弹出的选项框中选择"显示"选项，在右侧选择"高级显示设置"选项，在弹出的选项框选择"刷新率"选项进行刷新率的设置，如图2-47和图2-48所示。

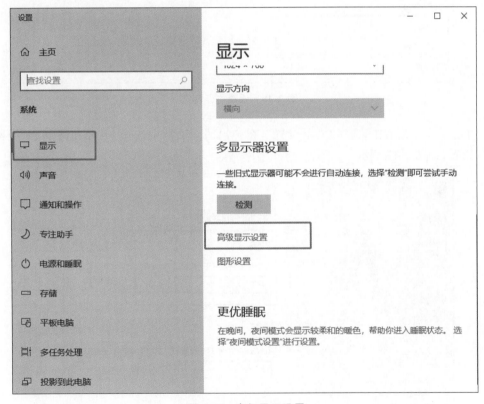

图 2-47　高级显示设置

2.4.5　实训项目：设置屏幕保护程序

在实际使用中，若彩色屏幕的内容一直固定不变，间隔时间较长后可能会造成屏幕的损坏，因此若在一段时间内不使用计算机，则可以设置屏幕保护程序自动启动，以动态的画面显示屏幕，保护屏幕不受损坏。设置图片作为屏幕保护程序的操作步骤如下。

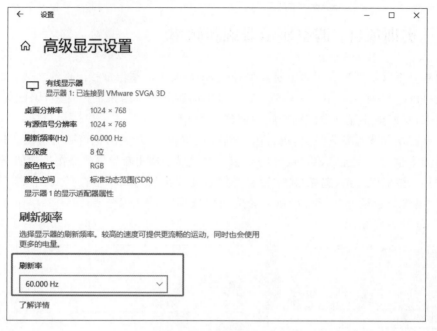

图 2-48　设置刷新率

方法：在桌面右击，选择"显示设置"，在弹出的选项框中选择"电源和睡眠"|"屏幕"进行设置，如图 2-49 所示。

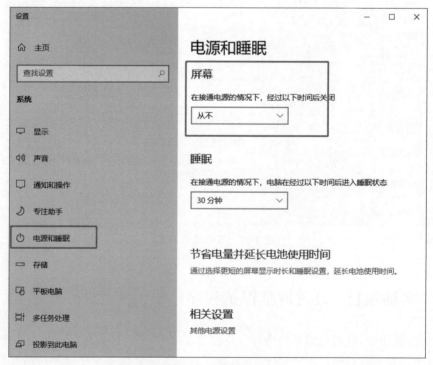

图 2-49　设置屏幕保护程序

2.4.6　实训项目：安装、设置和使用打印机

　　打印机是常用的办公外设，也是用户经常要接触的设备。当打印机与计算机连接之后，先打开打印机的电源，一般在安装 Windows 系统后都能自动检测到新硬件，然后用户指定打印机的驱动软件，就可以完成打印机的安装了。

　　无论使用何种型号、品牌、类型的打印机，其安装配置方法都非常类似，都可以在安装向导的指导下进行。

　　① 使用数据线连接打印机，并开启打印机

　　② 依次打开"开始"|"设置"|"设备"|"打印机和扫描仪"，单击"添加打印机或扫描仪"，这时系统会自动扫描已连接的打印机，并自动安装打印机，如图 2-50 和图 2-51 所示。

图 2-50　打开设备选项

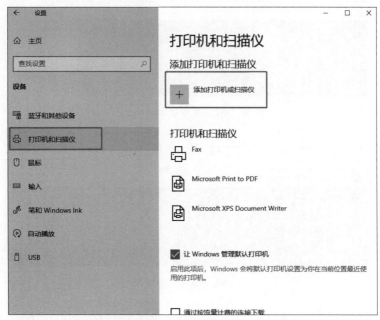

图 2-51　添加打印机

2.5　DOS操作系统相关实训

DOS操作系统通过众多的命令为用户提供高效的人机接口。DOS命令有很多,掌握一定的DOS命令是有必要的,下面选择其中较为常用的命令进行讲解。

2.5.1　实训项目：cd命令的使用

cd命令是改变当前目录的命令,例如把当前路径切换为C盘根目录的操作如下。

① 按组合键 Win+R,弹出"运行",输入"cmd"命令,按 Enter 键,弹出"命令提示符框",如图 2-52 和 2-53 所示。

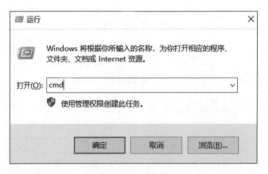

图 2-52　运行

图 2-53　命令提示符框

② 在">"提示符下输入"cd\"命令,按 Enter 键,如图 2-54 所示。

图 2-54　cd命令的使用

说明:"cd"也可以切换到某一个目录,假设C盘下有一个文件夹名为"aa",此时可以

计算机应用基础与信息处理教程

用"cd aa"命令进入该文件夹。

2.5.2 实训项目：dir 命令的使用

dir 命令的作用是列出指定目录下的文件、目录信息。

该命令不但可以给出指定目录下属文件及子目录的有关信息，还可以列出文件数和磁盘剩余空间数(字节)。每个文件(或目录)的信息包括：文件名、字节数(十进制)、最近修改日期和时间等。其中，标有<DIR>的项代表目录信息。dir 经常使用的可选项参数有以下两个。

- "/P"表示分屏显示，当列表显示的信息超过一个屏幕时，每显示满一屏将暂停，按下任一键，则继续显示下一屏的内容。
- "/W"表示只显示文件名或目录名(简短格式)，每行可容纳 5 个文件(目录)名。

① 在">"后面输入"dir c:"命令，按 Enter 键就可以查看到"C"下的相关信息了，如图 2-55 所示。

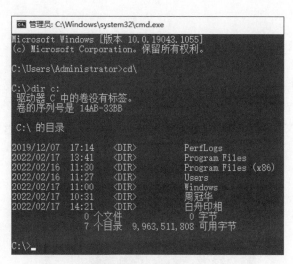

图 2-55 dir 命令的使用

② 接着输入"dir c：/p"命令和"dir c：/w"命令，分别按 Enter 键，可以显示不同的排列效果，请读者自行操作。

2.5.3 实训项目：md 命令的使用

md 是建立目录的命令，即在指定目录下建立一个子目录。新建的目录是一个空目录，下面是实训操作。

在 C 目录下输入"md zgh"命令(即在 C 盘下新建一个文件名为 zgh 的文件夹)，如图 2-56 所示，再输入 dir 命令查看，可以看到已经增加了一个名为 tool 的文件夹。

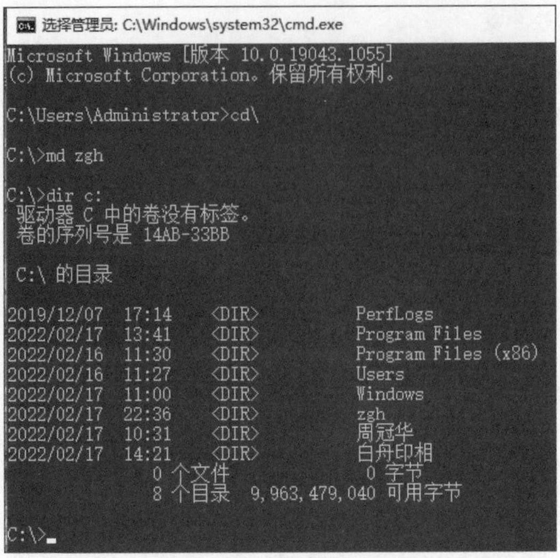

图 2-56 md 命令的使用

2.5.4 实训项目: copy 命令的使用

cpy 是复制文件的命令,功能是对一个文件或一组文件进行复制,操作如下。

方法:在 C 盘提示符下输入"copy c:\zgh\01.txt c:\zq"命令,其意思是将 C 盘 zgh 文件夹下的 01.txt 文件复制到 C 盘 zq 文件夹下,如图 2-57 所示,表示一个文件复制成功。再用"dir zq"命令查看 zq 文件下的文件,此时 01.txt 已复制成功。

图 2-57 copy 命令的使用

2.5.5 实训项目: del 命令的使用

del 命令的功能是删除一个或多个文件,下面是实训操作。

方法：在"C:\＞"提示符下输入"del zgh\＊.＊"命令，即删除 zgh 文件夹下的所有文件，并用"dir zgh"命令查看，文件已成功删除，如图 2-58 所示。

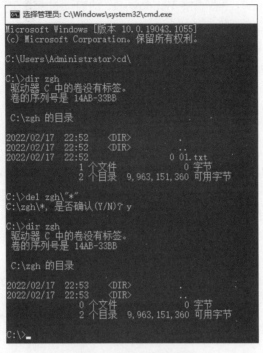

图 2-58　del 命令的使用

2.6　本　章　小　结

本章通过对 Windows 10 的基本操作进行讲解，帮助读者学习 Windows 10 的一些基本操作应用，这些基本操作看似简单，但对于应用和操作 Windows 10 来讲是非常必要的，读者必须熟练掌握这些操作。

2.7　本　章　实　训

实训一：Windows 10 的启动与退出

1. 实训内容

① 启动 Windows 10，注意观察 Windows 10 的启动过程。
② 安全退出 Windows 10。

2. 实训过程

① 启动 Windows 10,注意观察 Windows 10 的启动过程。

提示：实际上就是开机进入 Windows 10,关机退出 Windows 10。

② 安全退出 Windows 10。

提示：实际上就是关机退出 Windows 10 系统。

实训二：练习 Windows 10 的基本操作

① 启动 Windows 10,双击桌面上的"此电脑"图标,打开"此电脑"窗口,了解 Windows 10 窗口的组成元素,并进行下面的窗口操作：移动、最小化、还原、最大化和关闭窗口。

② 桌面上图标的操作演练。

- 移动桌面上"我的文档""此电脑""回收站"的图标位置,然后按"名称"重新排列桌面上的图标。
- 重命名桌面上的图标。例如：把"我的文档"重命名为"My Documents",然后再改回为"我的文档"。

③ 改变桌面的背景、设置屏幕保护程序,把屏幕的分辨率设为 800×600,再改回原设置。

④ 启动"画图"应用程序和"写字板"应用程序。

实训三：练习文件和文件夹的搜索

① 搜索整个 C 盘中文件名第 2 个字母为 b 的所有文件,然后将其中的两个文件删除,再将它们从回收站中还原到原来的位置。

② 搜索 C:\ Documents and Settings\Administrator\My Documents 文件夹及其子文件夹中所有在 2022 年 1 月 1 日至 2022 年 2 月 1 日修改的文件,再将其中的 3 个文件删除,然后再将它们还原到原来的位置。

③ 搜索 C:\ Documents and Settings\Administrator\My Documents 文件夹及其子文件夹中所有大小不超过 1KB 的文件,并将其中所有扩展名为 doc 和 txt 的文件复制到 D:\ 下。

④ 把刚才复制的一个 doc 文件的名称改为"我的文件.doc",并将其改为只读属性。双击此文件,查看此文件中的内容是否可以修改。

实训四：练习画图和记事本应用程序的使用

① 利用记事本应用程序创建一个名为 myjsb.txt 的文本文件,内容为：这是我的第一个记事本,存放在 D 盘根目录下。

② 利用画图应用程序创建一个名为 myth.bmp 的图片文件。在该图片文件中，自己设计内容，然后将该图片设置为桌面背景。

实训五：练习快捷方式的创建

① 在桌面上创建启动画图和计算器应用程序的快捷方式。
② 在任务栏的快速启动区建立启动画图应用程序的快捷方式。

第**3**章

Word 2016 操作应用

3.1　文档处理的基本流程

在办公业务实践中,文档处理操作有其规范的操作流程。一般来说,文档处理都要遵循图 3-1 所示的操作流程。

图 3-1　文档操作流程

实训项目：Word 2016 文档操作流程

1. 文档录入

文档录入是文字处理工作的第一步,包括文字录入、符号录入以及图片、声音等多媒体对象的导入。文字录入包括中文和英文的录入,符号录入包括标点符号、特殊符号的录入,它们主要通过键盘、鼠标录入;而图片、声音等多媒体对象的获取需要依靠素材库或者通过专门的设备导入。

2. 文本编辑

文档录入完成后,出于排查错误、提高效率或者其他目的,必须对文档内容进行编辑。对于文字内容,主要包括选取、复制、移动、添加、修改、删除、查找、替换、定位、校对等。对于多媒体对象,还有专门的编辑方法。

3. 格式排版

文本经编辑后,如果内容无误,则下一步就是排版,包括字体、段落格式设置,分页、分节、分栏排版,边框和底纹设置,文字方向,首字下沉,图文混排设置,多媒体对象排版等。

4. 页面设置

文档排版完成后,在正式打印之前必须根据打印的需要进行页面设置,主要包括纸张大小设置,页面边界设置,装订线位置以及宽度设置,每页行数、每行字数设置,页眉、页脚设置等。

5. 打印预览

在正式打印文档之前,最好先进行打印预览操作,即先在屏幕上模拟文档的打印效果。如果效果符合要求,就可以进行打印操作;如果感觉某些方面不合适,则可以回到编辑状态重新进行编辑,或者通过相关设置在预览状态下直接编辑。

6. 打印输出

利用文字处理软件制作的文档最终有两个输出方向:一个是打印到纸张上,形成纸质文档,进行传递或存档;另一个是制作成网页或电子文档,用来通过网络发布。如果是前一方向,则必须进行打印操作,主要包括打印机选择、打印范围确定、打印份数设置以及文档的缩放打印设置等。

3.2 简单文档的处理

在工作和学习中,经常要用计算机处理一些基本的文档,例如公文、海报、招聘启事、合同等。利用 Word 软件制作和处理这些文档是最合适的。

3.2.1 实训项目:简单文档制作

本项目是制作一份学校内部下发的通知。实例效果如图 3-2 所示。

本项目主要解决如下问题:

- 录入文本内容;
- 修改文本字体和段落格式;
- 为文本添加编号。

操作步骤如下。

1. 新建一个 Word 文档并保存

启动 Word 软件后,系统会自动建立一个空白文档,为了方便文档打开和防止以后文档内容丢失,应先将文档进行更名保存。

操作步骤如下:选择"文件"|"另存为"选项,此时会弹出一个"另存为"对话框,如图 3-3 所示。在"文件名"文本框中输入"关于教职工乒乓球比赛的通知",单击"保存"按钮即可新建一个文档名为"关于教职工乒乓球比赛的通知.doc"的文档。

说明:对于 Word 这类经常使用的程序,最好在桌面上建立它的快捷方式,启动时可节约很多时间。

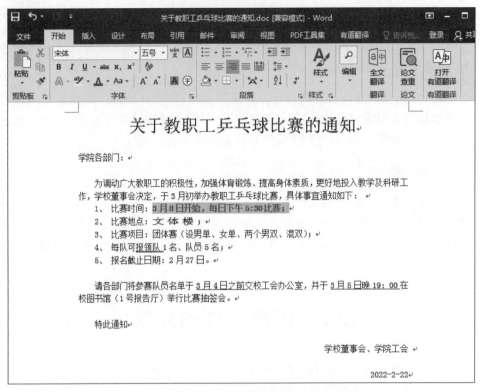

图 3-2　比赛通知的效果

图 3-3　文件另存为

2. 文本的录入与编辑

① 设置输入法。在文本录入之前，最好先设置使用的中文输入法，使用快捷键 Ctrl＋Shift 选择一种中文输入法，如果文本中需要交替录入英文和中文，则使用快捷键 Ctrl＋Space 可以快速进行中英文输入法的切换（具体操作见第 2 章的相关部分）。

② 录入通知的文本内容。文件建立之后，文档上有一个闪动的光标，这就是"插入点"，也就是文本的输入位置。选择输入法后，直接输入文字即可，如图 3-4 所示。

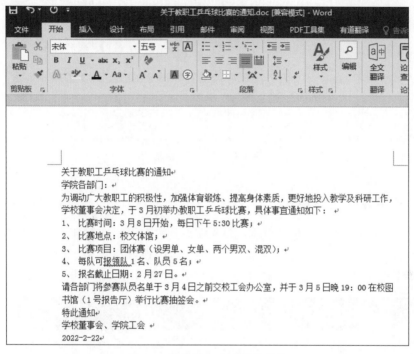

图 3-4　单纯录入文本后的效果

由于目前的办公软件都具有强大的排版功能，因此在文字和符号的录入过程中，原则上首先应进行单纯录入，然后运用排版功能进行有效排版。基本录入的原则是：不要随便按 Enter 键和 Space 键，即

- 不要用 Space 键进行字间距的调整以及标题居中、段落首行缩进的设置。
- 不要用 Enter 键进行段落间距的排版，当一个段落结束时才按 Enter 键。不要用连续按 Enter 键以产生空行的方法进行内容分页的设置。

说明：录入文本时有"插入"和"改写"两种状态。状态栏上的"改写"两个字如果呈灰色，则说明目前是比较常用的插入状态；如果字体颜色变黑，则表示目前为改写状态。此时，输入字符会将后面的字符覆盖。在"插入"和"改写"两种状态之间进行切换可以按 Insert 键，或者双击状态栏上的改写标识。

- 特殊符号的录入。文档中除了文字外，有时还会根据内容需要输入各种标点和特殊符号（※、◎、冖乛、§ 等）。符号的输入方法有很多，通常使用"插入"|"符号"选

中需要的符号,单击"确定"按钮即可,如图 3-5 所示。

图 3-5 "符号"对话框

3. 设置字体和段落格式

文档中的字体格式主要包括字体、字号、字形、文字效果、字间距等的设置;段落格式主要包括段落对齐、缩进、段间距、段前距、段后距等的设置。基本设置通过格式工具栏即可实现,复杂设置可分别通过"开始"菜单下的"字体"和"段落"进行操作,如图 3-6 所示。

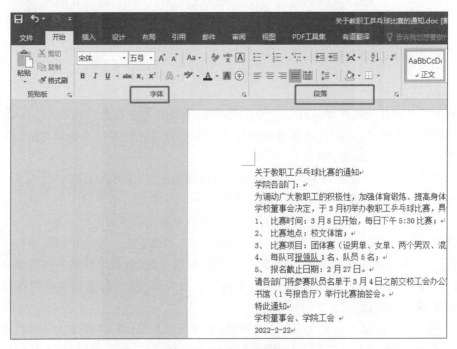

图 3-6 "字体"和"段落"

还可以使用光标选中需要设置的字体,右击后选择"字体"或者"段落",调出"字体"和"段落"对话框,如图 3-7 和图 3-8 所示。

图 3-7　"字体"对话框

图 3-8　"段落"对话框

本项目将按照下面的要求对文本进行字体和段落的格式设置。

① 标题为二号宋体字,居中,段后距为 1 行。正文为宋体五号字。

② 第 4 段"比赛时间"后面的时间为红色、加粗和底纹。第 5 段的"文体楼"字符缩放为150%,字间距加宽为 1.5 磅,如图 3-9 所示。其中,"底纹"在"开始"|"字体"选项的 A 中。

图 3-9　字体高级设置

③ 第 9 段的时间部分加下画线。

④ 第 3、9、10 段为首行缩进 2 个字符且段前距为 1 行,第 4~8 段左缩进 2 个字符。第 11、12 段设置为右对齐且段前距为 1 行。

按照以上要求进行字体和段落格式设置之后,该文档的效果如图 3-10 所示。

另外,当一篇文章中的某些字体和段落的格式相同时,为提高排版效率且达到风格一致的效果,可以使用"格式刷"工具复制文本格式。

具体操作步骤如下:首先选择要被复制格式的文本;然后单击常用工具栏上的"格式刷"按钮,这时光标变成刷子形状;最后用刷子形状的光标选择需要复制格式的文本,这样被选择文本的格式就与原文本的格式相同了。

说明:单击"格式刷"按钮只能复制一次,双击"格式刷"按钮可以复制多次,想要结束格式复制时,再次单击"格式刷"按钮即可。

4. 编号设置

选中第 4~8 段,选择"开始"|"段落"|"编号",打开"编号"对话框,如图 3-11 所示,在

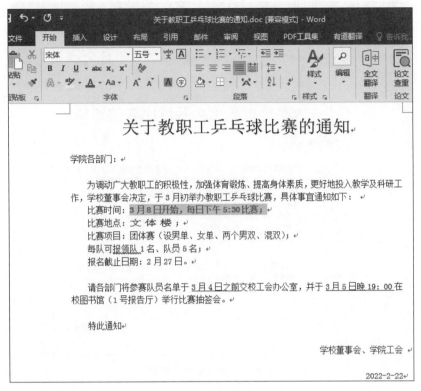

图 3-10　文档的效果

"编号"选项卡中发现没有符合要求的编号,此时可以先选择一种接近目标要求的编号,然后进行自定义设置,如图 3-12 所示。

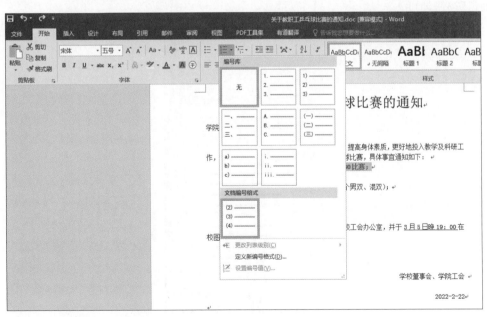

图 3-11　"编号"对话框

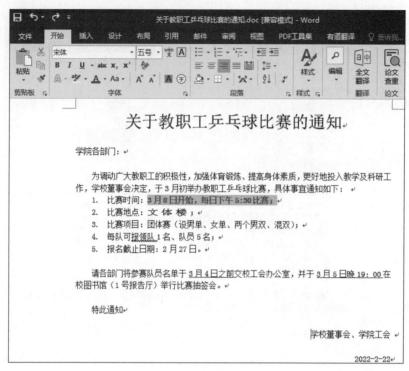

图 3-12 为段落设置编号

单击"自定义"按钮,在打开的"定义新编号格式"对话框中把"编号格式"文本框中"1."后的"."删除,输入一个"、"即可。注意:不要将带域的部分删除。此时在"预览"框中可以看到结果,如图 3-13 所示。单击"确定"按钮,回到"自定义编号列表"对话框,单击"确定"按钮即可。

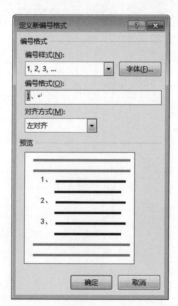

图 3-13 "定义新编号格式"对话框

此时,文本编辑和排版全部完成,效果如图 3-2 所示。

3.2.2　实训项目:根据模板创建公文

现代办公中,撰写公文是基本工作之一。一般来说,公文都有统一的规定格式和专门的使用范围。公文一般由文头、正文、文尾三部分组成。

文头一般包括发文机关标识、发文字号、公文标题和主送机关等,位于公文的上方。正文是公文最重要的主体部分,用来叙述公文的具体内容,位于文头的下方。文尾一般包括公文署名、用印和成文日期等,位于公文的右下角。

公文有统一的规定格式,但是如果直接编辑会比较烦琐,Word 提供了一系列的模板,可以帮助用户制作公文。下面以一个政府公文为例介绍利用模板制作公文的操作方法。

本项目主要解决如下问题:

- 利用模板制作公文;
- 对公文的保护。

项目操作步骤如下。

1. 制作公文

① 新建一个 Word 文档,如图 3-14 所示。

图 3-14　新建一个 Word 文档

② 在 Word 文档内输入表头内容,居中显示,调整字体大小和字体缩放比例,为了美观,表头只能占用一行,如图 3-15 所示。

③ 设置字体加粗,并设置字体颜色为红色,如图 3-16 所示。

④ 在表头下方添加日期和文件号,居中显示,如图 3-17 所示。

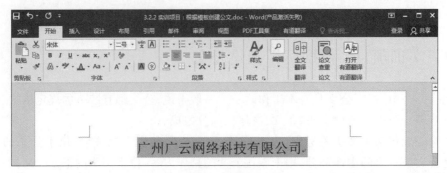

图 3-15　设置标题

图 3-16　设置字体颜色

图 3-17　字体居中

⑤ 使用"插入"下方的"形状"插入横线,调整横线的宽度和颜色,如图 3-18 所示。

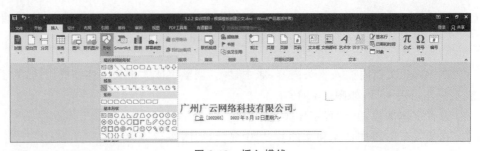

图 3-18　插入横线

⑥ 在文档内输入文件正文，即可完成红头文件的制作，如图 3-19 所示。

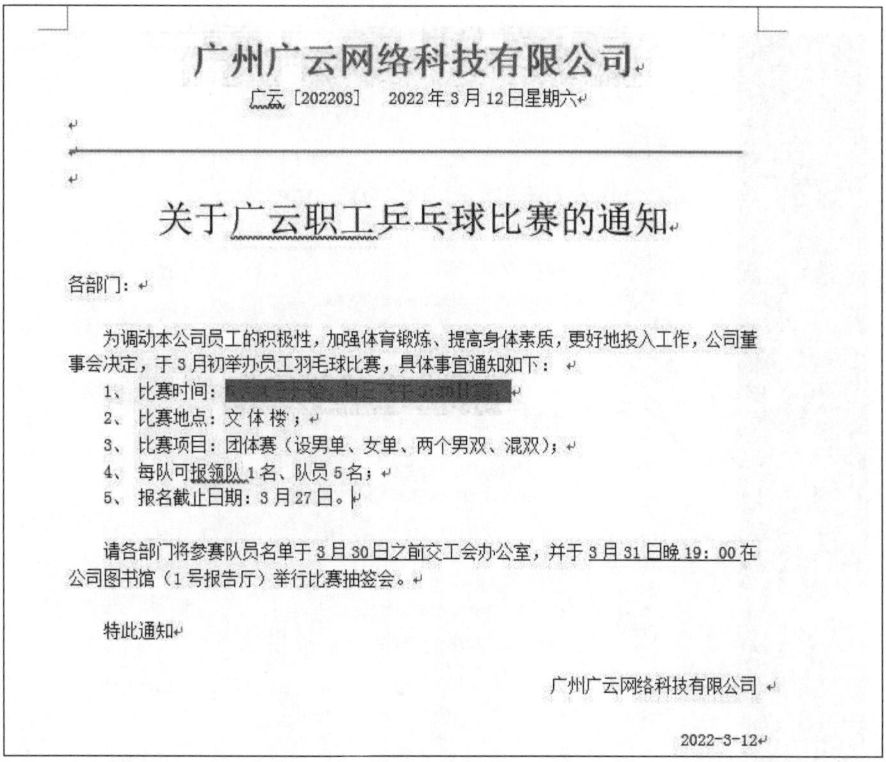

图 3-19　完成效果

2. 文档保护

当将制作完的公文下发到相应部门时，有时不希望被别人看到或修改，此时可以为该文档设置密码将其保护起来。

操作步骤如下，如图 3-20 至图 3-22 所示。

① 打开刚才制作的公文，依次打开"文件"|"信息"|"文件保护"。

② 在"打开文件时的密码"和"修改文件时的密码"后面的文本框中分别输入密码字符，这两个密码可以是相同的，也可以是不同的。单击"确定"按钮后再次输入密码进行确认。把刚才输入的密码再次输入一遍后，就完成了密码保护设置。

③ 再次打开文档时，需要输入打开密码才能打开。若想修改文档，则需要输入修改密码才能修改。若只打开、不修改文档，则文档将以只读的形式打开。

④ 如果需要取消密码，则重复步骤①的操作，将文本框中原有的密码删除即可。

说明：在设置密码时最好选择好记忆的字符串，若忘记密码，则无法打开文档。修改密码可以不设置，也可以和打开密码一致。

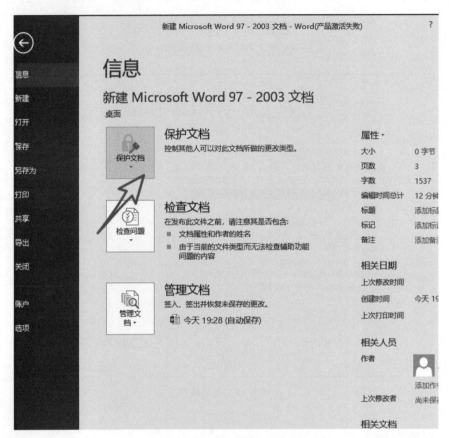

图 3-20 文档保护(1)

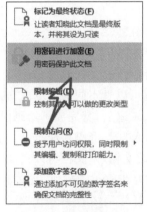

图 3-21 文档保护(2)

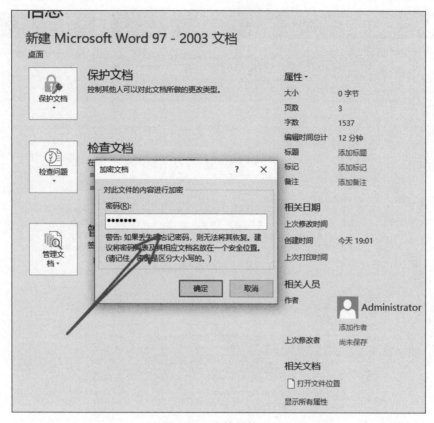

图 3-22　文档保护(3)

3.2.3　实训项目: 使用制表位制作调查问卷

通常情况下,用段落可以设置文本的对齐方式(前面已讲过),但在某些特殊的文档中,有时需要在一行中设置多种对齐方式,Word 中的制表位就是可以在一行内实现多种对齐方式的工具。制表位的设置方法通常有标尺法和菜单法两种。

本项目分别用标尺法和菜单法制作一份学校内部调查问卷。实例效果如图 3-23 所示。

本项目主要解决如下问题:
- 使用标尺法制作调查问卷;
- 使用菜单法制作调查问卷。

项目操作步骤如下。

(1) 标尺法

如果调查问卷中有选择题和判断题,则在制作调查问卷选择题答案选项时就往往需要对其多个答案选项进行纵向对齐。

具体操作步骤如下。

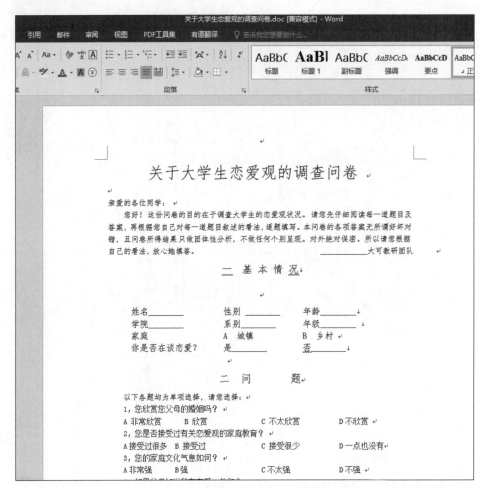

图 3-23　使用制表位对齐之后的调查问卷

① 选中"二 问题"部分 1～9 题的所有答案行,先将其设定为首行缩进 2 个字符,当标尺最左端出现左对齐制作符时,在标尺 10、20 和 30 字符处分别单击,这时会在标尺上出现 3 个左对齐的符号,如图 3-24 所示。

图 3-24　添加制表符后的标尺

② 在答案的 B、C 和 D 符号前面分别按 Tab 键即可出现如图 3-23 所示的效果。

(2)菜单法

除了标尺法以外,还可以使用菜单法。菜单法的优点是位置更准确,例如上例,选中所有的答案行,选择"开始"|"段落",打开"制表位"对话框,在"制表位位置"下分别输入 2、10、20、30 字符,对齐方式都选择"左对齐",前导符都选择"无",每输入一个都要单击"设置"按钮。

最后单击"确定"按钮,再重复标尺法的步骤②即可,如图 3-25 至图 3-27 所示。

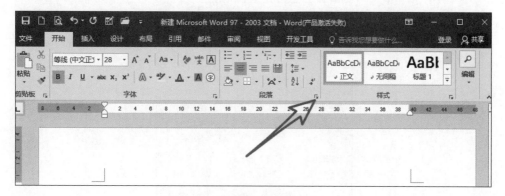

图 3-25 打开制表位(1)

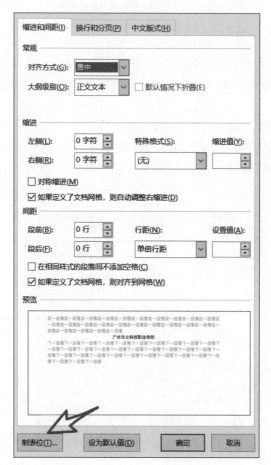

图 3-26 打开制表位(2)

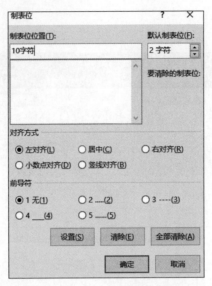

图 3-27 在"制表位"对话框中设置的前导符

实际上,菜单法包含了所有标尺上的对齐制表符,而且可以设置前导符,例如判断题中括号前面的省略号就可以用制表位中的前导符制作,而且可以先设置、后输入。

操作步骤如下。

① 将光标定位在需要输入判断题的行,选择"格式"|"制表位"选项,打开"制表位"对话框。在"制作位位置"下输入"40 字符",将对齐方式设置为"右对齐",前导符设置为"2……(2)",单击"设置"按钮后再单击"确定"按钮,如图 3-28 所示。

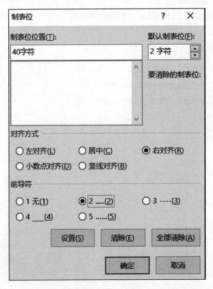

图 3-28 在"制表位"对话框中设置前导符

② 直接在文字后、括号前按 Tab 键,此时会出现"……"前导符,这样一道判断题就制

作完毕了，如图 3-29 所示。按 Enter 键后即可制作下一道题，后面的试题以此类推。

图 3-29　使用制表符后的试题

（3）删除制表符

若想删除制表符，可以直接在标尺上把对齐符号拖曳下来，也可以打开"制表位"对话框，选择需要删除的制表符，单击"清除"按钮即可。

说明：制表位有很多种，有左对齐、右对齐、居中式、竖线式和小数点式等，在标尺的左端单击就可以交替出现，读者可以在实训中多做几种以熟练掌握。

3.2.4　实训项目：设置和打印文档

本项目主要解决如下问题：

- 设置文档页面；
- 打印预览；
- 打印输出。

操作步骤如下。

1. 页面设置

在打印输出文档之前，必须先进行页面设置，这样打印出来的文档才能正确、美观。选择"布局"|"页面设置"，打开"页面设置"对话框，该对话框有几个选项卡，可分别实现不同的效果。首先在"纸张"选项卡中设置纸型；然后在"页边距"选项卡中设置上、下、左、右4个方向的页边距和打印方向。

双击标尺上的灰色区域，也可以打开"页面设置"对话框。如果文档需要装订，则可在"页边距"选项卡中设置装订线的位置和大小。在"版式"选项卡中可选择"奇偶页不同"或"首页不同"，可以对首页或奇偶页设置不同的页眉、页脚。在"垂直对齐方式"选项卡中选择"顶端""靠上"或"居中"可以设置一页中文字内容在垂直方向的不同对齐方式，如图 3-30 所示。

2. 打印预览

在打印文档之前，可以使用 Word 提供的打印预览功能查看整体效果，如果对预览效果不满意，则可以进行修改。打印预览是 Word"所见即所得"特点的体现。与"页面"窗口相比，"打印预览"窗口可以更真实地表现文档的外观。在"打印预览"窗口中，可任意缩放页面的显示比例，也可同时显示多个页面。操作步骤如下。

① 单击工具栏中的"打印预览"按钮，或者选择"文件"|"打印"选项，屏幕上会立即出现"打印预览"窗口。

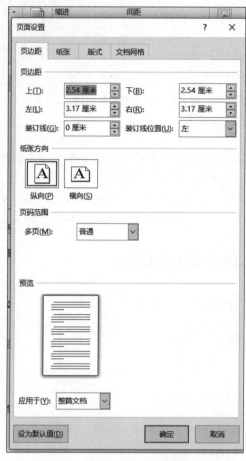

图 3-30　"页面设置"对话框

② 在"打印预览"窗口中可以使用"打印预览"工具栏上的工具对文档进行更详细的预览，也可以直接打印，如图 3-31 所示。

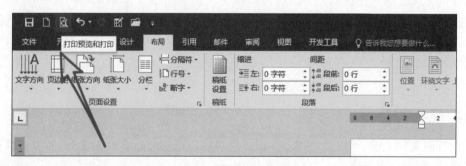

图 3-31　打印预览

3. 打印输出

用户在打印预览完成后就可以打印文档了，Word 中有多种打印方法，如果只打印一份文档,则直接单击工具栏上的"打印"按钮即可。如果打印多份或仅打印文档中的某几页,则用菜单法进行打印,具体操作步骤如下。

① 选择"文件"|"打印",打开如图 3-32 所示的"打印"对话框。

② 在"页面范围"选项组中选择相应的选项,在"份数"栏内输入打印份数。

③ 单击"确定"按钮,即可开始打印。

说明:在"页面范围"选项组中有 3 个选项:"全部"是指打印全部文档;"当前页"是指只打印光标所在的页面;"页码范围"是指打印部分页面,连续的页面用"-"连接,不连续的页面用","分开,如 2-6、9、11。

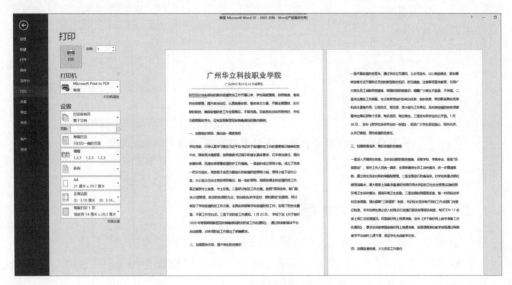

图 3-32 "打印"对话框

3.3 图文混排的文档制作

Word 还有一个强大的功能——图文混排。可以在文档中插入图形、图片、艺术字、文本框、页面边框等,还可以为文档分栏排版,真正做到图文并茂。

本项目以一篇"2010 广州亚运会火炬形象发布"文章为例,利用 Word 为它进行图文混排,使文章更加彰显艺术效果。文档排版后的效果如图 3-33 所示。

本项目主要解决如下问题:

- 为段落设置首字下沉、分栏、边框和底纹;
- 插入图片和艺术字,设置图片格式,将图片衬于文字下方与文本混排,设置艺术字格式和为为艺术字设置阴影等;
- 插入文本框,并为文本框内的文字添加项目符号;
- 设置页面边框;
- 设置页眉、页脚。

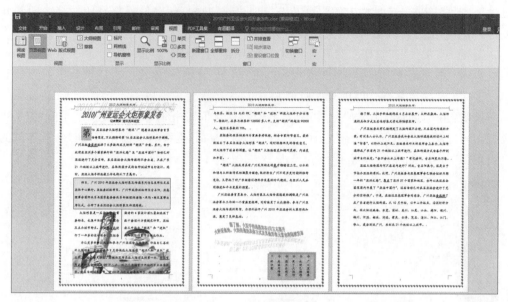

图 3-33 "2010 广州亚运会火炬形象发布"图文混排后的效果

操作步骤如下。

1. 录入文档并进行基本排版

根据前面章节介绍的知识把"2010 广州亚运会火炬形象发布"的原文录入,如图 3-34 所示。然后为每段设置首行缩进 2 个字符,将正文的字体设置为楷体、字号为 4 号,将作者一行的字体设置为黑体、小四号字、居中对齐。

2. 设置首字下沉

为正文的第 1 段设置首字下沉,将光标定位在第 1 段中,选择"插入"|"首字下沉",打开"首字下沉"对话框,如图 3-35 和图 3-36 所示,下沉的行数为 2,单击"确定"按钮,并将下沉字选中,设置为蓝色字体、加字符底纹,如图 3-37 所示。

3. 设置边框和底纹

① 为文章的第 2 段添加边框和底纹。选中第 2 段,选择"开始"|"边框和底纹"选项,打开"边框和底纹"对话框,如图 3-38 和图 3-39 所示,在"边框"选项卡中,先在设置区选择"方框",然后在颜色中选择"蓝色",在线型中选择"波浪线";在"底纹"选项卡中的填充区选择"浅绿",单击"确定"按钮,如图 3-40 所示。结果如图 3-41 所示。

② 插入横线。在"记者黄莹 通讯员亚组宣"的下面插入一条横线的方法如下:将光标定位在文本"记者黄莹 通讯员亚组宣"后,选择"开始"|"边框和底纹"选项,打开"边框和底纹"对话框,单击对话框底部的"横线"按钮,打开"横线"对话框,如图 3-42 所示,选择其中的一条横线,单击"确定"按钮即可插入一条横线,结果如图 3-43 所示。

③ 设置页面边框。为了使文章的艺术效果更加明显,可以为文章设置页面边框,方

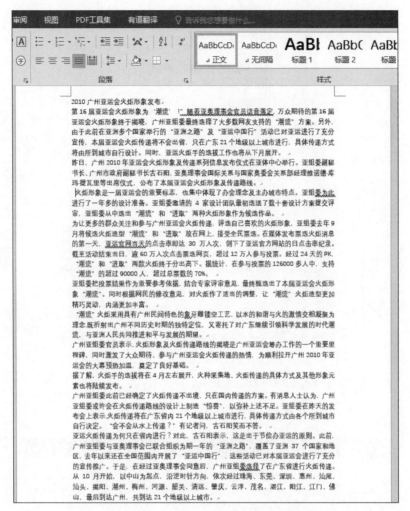

図 3-34　纯文字录入后的文本

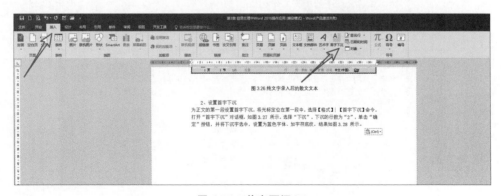

图 3-35　首字下沉(1)

图 3-36 首字下沉（2）

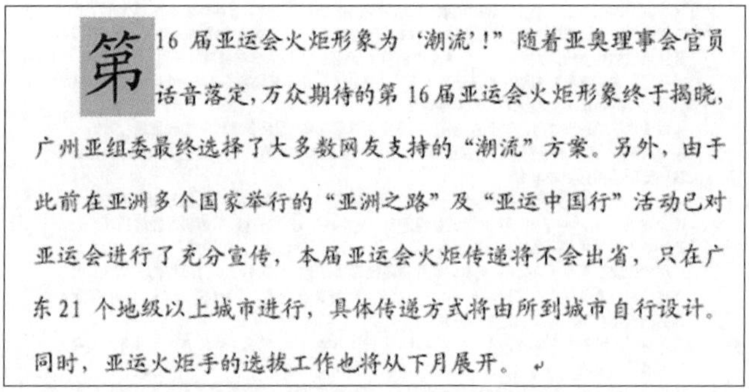

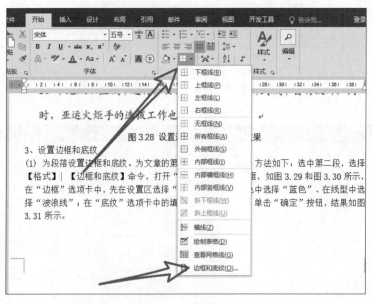

图 3-37 设置首字下沉的文本效果

图 3.28 设置边框和底纹

3、设置边框和底纹

(1) 为段落设置边框和底纹。为文章的第□□□□□□□□方法如下：选中第二段，选择【格式】|【边框和底纹】命令，打开"□□□□□□框，如图 3.29 和图 3.30 所示，在"边框"选项卡中，先在设置区选择"□□□□□□中选择"蓝色"、在线型中选择"波浪线"；在"底纹"选项卡中的填□□□□□单击"确定"按钮，结果如图3.31 所示。

图 3-38 边框和底纹

边框(B)
页面边框(P)
底纹(S)
设置:
无(N)
方框(X)
阴影(A)
三维(D)
自定义(U)
样式(Y):
颜色(C):
自动
宽度(W):
0.5 磅
预览
单击下方图示或使用按钮可
应用边框
微软卓越 AaB
应用于(L):
文字
选项(O)...

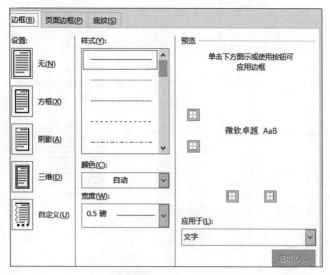

图 3-39 “边框”选项卡

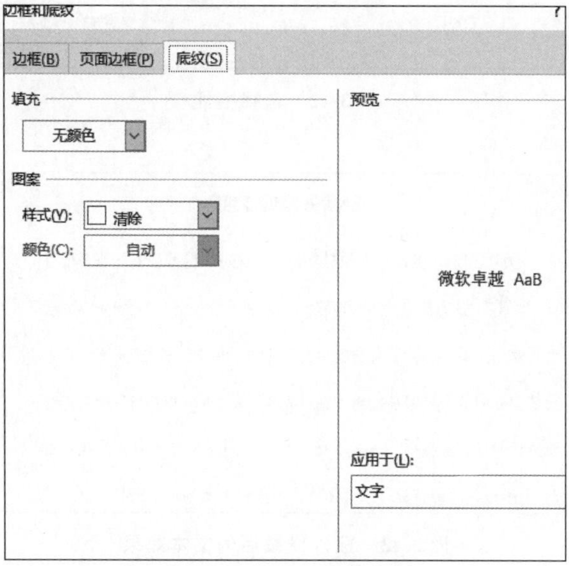

边框和底纹
?
边框(B)
页面边框(P)
底纹(S)
填充
无颜色
图案
样式(Y):
清除
颜色(C):
自动
预览
微软卓越 AaB
应用于(L):
文字

图 3-40 “底纹”选项卡

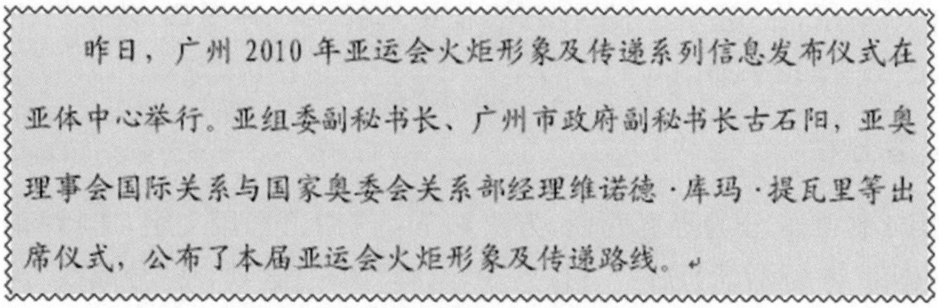

昨日，广州 2010 年亚运会火炬形象及传递系列信息发布仪式在亚体中心举行。亚组委副秘书长、广州市政府副秘书长古石阳，亚奥理事会国际关系与国家奥委会关系部经理维诺德·库玛·提瓦里等出席仪式，公布了本届亚运会火炬形象及传递路线。

图 3-41 设置边框和底纹后的段落效果

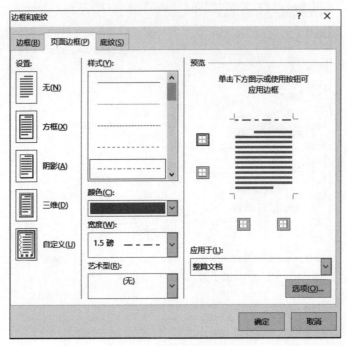

图 3-42　选择横线

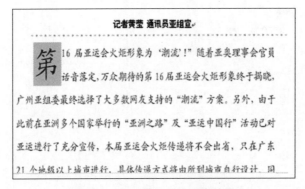

图 3-43　插入横线后的文本效果

法如下：选择"开始"|"边框和底纹"选项，打开"边框和底纹"对话框，选择"页面边框"选项卡，如图 3-44 所示，在"艺术型"下拉列表框中选择某一种图形，效果会出现在预览框中，单击"确定"按钮，结果如图 3-45 所示。

4. 为段落分栏

文章的第 3 段要求分为等宽两栏，方法如下：选中第 3 段文字，选择"布局"|"分栏"选项，打开如图 3-46 所示的"分栏"下拉列表，选择"两栏"选项，将"分隔线"前面的复选框选中，单击"确定"按钮，结果如图 3-47 所示。

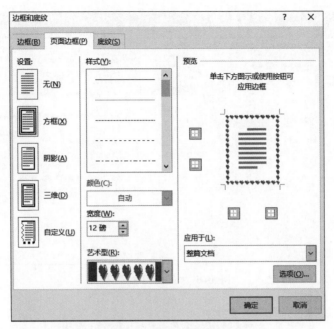

图 3-44　选择艺术型边框

2010广州亚运会火炬形象发布

记者黄莹 通讯员亚组宣

第16届亚运会火炬形象为‘潮流’!”随着亚奥理事会官员话音落定，万众期待的第16届亚运会火炬形象终于揭晓，广州亚组委最终选择了大多数网友支持的“潮流”方案。另外，由于此前在亚洲多个国家举行的“亚洲之路”及“亚运中国行”活动已对亚运进行了充分宣传，本届亚运会火炬传递将不会出省，只在广东21个地级以上城市进行，具体传递方式将由所到城市自行设计。同时，亚运火炬手的选拔工作也将从下月展开。

昨日，广州2010年亚运会火炬形象及传递系列信息发布仪式在亚体中心举行。亚组委副秘书长、广州市政府副秘书长古石阳，亚奥理事会国际关系与国家奥委会关系部经理维诺德·库玛·提瓦里等出席仪式，公布了本届亚运会火炬形象及传递路线。

火炬形象是一届亚运会的重要标志，也集中体现了办会理念及主办城市特点。亚组委为此进行了一年多的设计准备。亚组委邀请的4家设计团队最初选送了数十套设计方案提交评审，亚组委从中选出“潮流”和“进取”两种火炬形象作为候选作品。

为让更多的群众关注和参与广州亚运会火炬传递，评选自己喜欢的火炬形象，亚组委去年9月将候选火炬造型“潮流”和“进取”放在网上，接受全民票选。在媒体发布票选火炬消息的第一天，亚运官网当天的点击率即达30万人次，创下了亚运官方网站的日点击率纪录。截至活动结束当日，逾60万人次点击票选网页，超过12万人参

图 3-45　设置页面边框后的文本效果

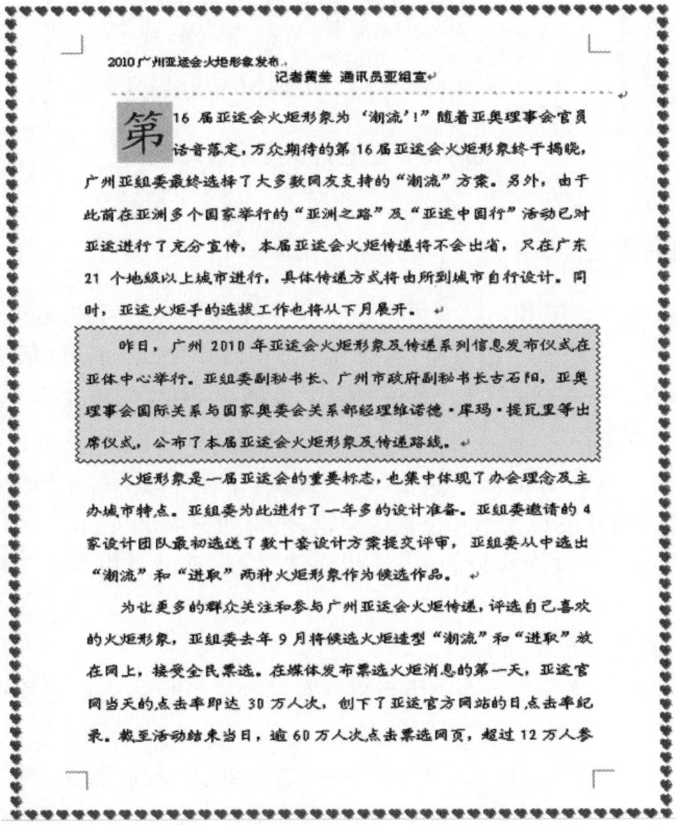

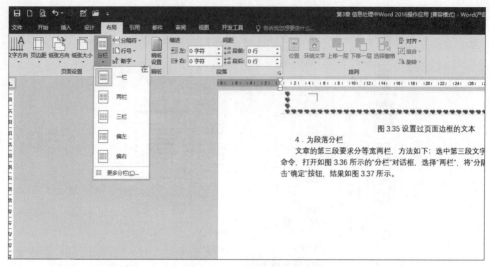

图 3-46 "分栏"下拉列表

4. 为段落分栏

文章的第三段要求分等宽两栏，方法如下：选中第三段文字命令，打开如图3.36所示的"分栏"对话框，选择"两栏"，将"分隔击"确定"按钮，结果如图3.37所示。

图 3.35 设置过页面边框的文本

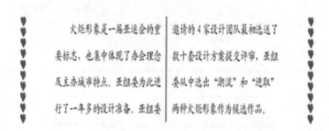

图 3-47 段落分两栏后的效果

5. 插入图片和艺术字

① 插入背景图片。在第 3 段和第 4 段的文字下方插入一个亚运火炬图片，方法如下：将光标定位在第 4 段文本的前面，选择"插入"|"图片"选项，打开"插入图片"对话框，如图 3-48 所示，查找到需要的文件，单击"插入"按钮，将图片插入文章。此时，图片是嵌入在文档里的，不方便移动，而且也没有起到背景的作用。插入图片的同时，"图片"工具栏也被打开，如图 3-49 所示，单击"文字环绕"按钮，在打开的下拉菜单中选择"衬于文字下方"选项，再拖曳图片进行大小和位置的调整，结果如图 3-50 所示。

② 插入艺术字。对文章标题和第 8 段设置艺术字，下面对这两种艺术字的插入方法进行介绍。

标题艺术字的操作步骤如下。

首先将标题"2010 广州亚运会火炬形象发布"删除，然后将光标定位在"记者黄莹 通讯员亚组宣"前面，选择"插入"|"艺术字"选项，打开"艺术字"下拉列表，如图 3-51 所示，选择其中一种字库（这里以选择第 3 排第 3 列为例），单击"确定"按钮。打开"编辑艺术字文字"对话框，如图 3-52 所示，在文本框中输入"广州华立科技职业学院"，将字号设置为36，单击"确定"按钮即可插入艺术字，结果如图 3-53 所示。

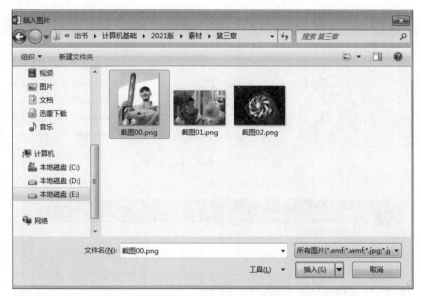

图 3-48 "插入图片"对话框

图 3-49 图片设置文字环绕方式后的效果

图 3-50 图片衬于文字下方后的效果

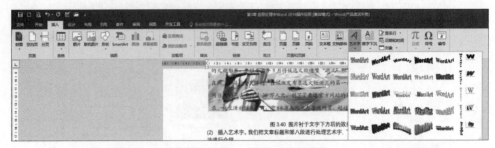

图 3-51 "艺术字"下拉列表

图 3-52 "编辑艺术字文字"对话框

广州华立科技职业学院

图 3-53 初步生成的艺术字

然后设置艺术格式。将艺术字的"版式"设置为"上下型环绕"(单击该艺术字,然后对图片工具栏进行设置),此时艺术字周围的控制点变为 8 个圆圈,拖曳下面的"扭曲"控制点可以使艺术字倾斜,结果如图 3-54 所示。

广州华立科技职业学院

图 3-54 设置格式后的艺术字

对第 8 段进行艺术字的操作步骤如下。

插入艺术字。首先将光标定位在第 8 段前面,选择"插入"|"艺术字"选项,在打开的"艺术字"下拉列表中选择一种艺术字样式(这里以选择第 3 排第 5 列为例),单击"确定"按钮。在打开的对话框的文本框中输入第 8 段的内容并将其分为两行,将字号设置为24,单击"确定"按钮即可插入艺术字。

为艺术字设置阴影。选择"绘图"选项打开"绘图"工具栏(绘图工具需要自行添加),单击工具栏上的"阴影样式"按钮,选择"阴影 20"选项,最后调整一下艺术字的大小和位置,结果如图 3-55 所示。

图 3-55　设置格式和阴影后的艺术字效果

说明:插入图片时,默认的版式是嵌入式,嵌入式将图片插入在光标之后,不容易移动,所以如果想做到真正的"图文混排",就要设置图片的版式。剪贴画、照片、艺术字、图形、组织结构图、图表等图片类型的对象在和文本混排时最好都进行版式设置。

6. 插入竖排文本框

在文档中插入竖排文本框的具体操作步骤如下。

① 插入文本框。把光标定位在文档结尾处,选择"插入"|"文本框"|"绘制竖排文本框"选择,拖曳鼠标,画一个文本框,向其中输入第 9 段的第一句的内容,每 5 个字为一段,设置字体为楷体、字号为小三、粗体、倾斜。

② 为文字添加项目符号。选中文本框里的文字,选择"开始"|"项目符号"选项,打开"项目符号"对话框,在"项目符号"选项卡中选择任意一种符号,单击"自定义"按钮,选择如图 3-56 所示的"定义新项目符号"选项。

图 3-56　项目符号

单击"图片"按钮,打开"项目符号字符"对话框,选择如图 3-57 所示的符号,单击"确定"按钮,结果如图 3-58 所示。

图 3-57 "项目符号字符"对话框

图 3-58 添加项目符号后的文本框

③ 为文本框设置边框和底纹。在文本框上右击,在弹出的快捷菜单中选择"设置文本框格式"选项,打开"设置文本框格式"对话框,选择"颜色与线条"选项卡,如图 3-59 所示,设置线条颜色为"天蓝色",粗细为"3 磅",填充颜色为"填充效果"中的某种纹理,单击"确定"按钮。最后将文本框的阴影设置为"阴影样式 2",结果如图 3-60 所示。

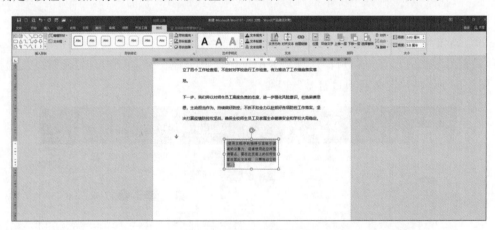

图 3-59 设置文本框格式

7. 设置页眉和页脚

页眉和页脚是文档中每个页面的顶部与底部的区域。可以在页眉和页脚中插入文本或图形,包括页码、日期、图标等。这些信息一般显示在文档每页的顶部或底部。在文档

图 3-60　文本框的最终效果

中插入页眉和页脚的操作步骤如下。

① 选择"插入"|"页眉"选项，进入页眉编辑状态，同时打开了"页眉"工具栏。当前光标处于页眉区，输入"2010 火炬形象发布"，并将其设置为隶书、四号字，效果如图 3-61 所示。

图 3-61　在页眉区输入文本内容

② 单击"页眉和页脚"工具栏上的"在页眉和页脚间切换"按钮，进入页脚编辑区。如图 3-62 所示，单击工具栏上的"插入页码"按钮，并将页码设置为居中。

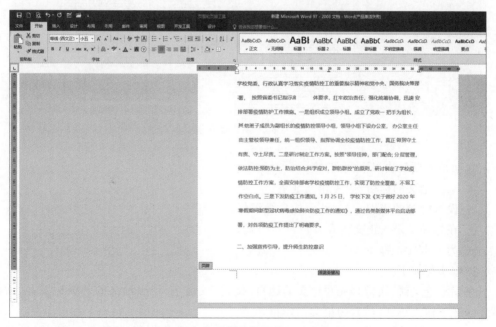

图 3-62　在页脚编辑区输入文本内容

单击工具栏上的"关闭"按钮，就完成了页眉和页脚的设置。

3.4　长文档的制作

在高级办公应用中,往往会遇到一些论文、课题以及著作等长文档的编排。长文档编排的复杂之处在于它要求的格式比较统一,而且还可能包含一些目录、公式和科研图表的制作等。

3.4.1　实训项目:制作长文档

本项目为一篇论文的制作,读者从这篇论文的制作过程中可以学习长文档的编排特点和制作方法。实例效果如图 3-63 所示。

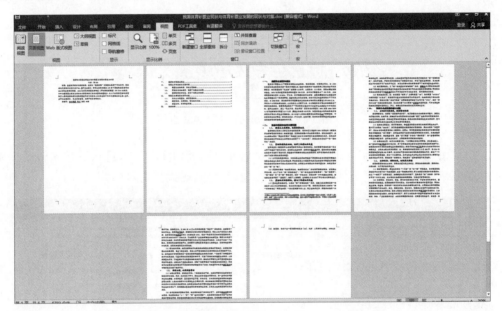

图 3-63　制作长文档

本项目主要解决以下问题:
- 录入论文的标题、摘要和关键字;
- 设置标题的级别,并为其添加多级编号;
- 在标题下录入正文内容并设置其格式;
- 为文本插入脚注。

操作步骤如下。

在编写论文时,通常是先写论文的题目、摘要、关键字,列出论文的各级标题,然后在各级标题下输入正文,最后为论文制作目录。

在本项目中,首先录入论文的题目、摘要、关键字和各级标题,如图 3-64 所示。

利用大纲视图设置小标题的多级编号。

通常情况下,论文内有许多不同级别的小标题,每个小标题必须有编号,这些编号逐

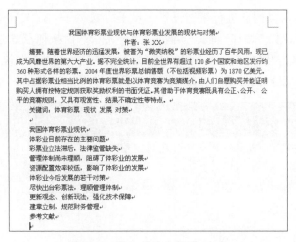

图 3-64 录入的论文标题、文本

个输入会比较麻烦,并且如果中途想修改论文内容而增删小标题,则后面的小标题编号也必须重新输入。如果能够自动进行多级编号,那么不管如何增减内容,编号都会自动调整,就能够大幅提高论文排版的效率。

1. 自动多级编号

Word 提供了自动多级编号的功能,为了准确地设置多级编号,应把视图切换到大纲视图,大纲视图可以将文件按标题的层次进行显示,它在长文档的组织和维护中非常方便。具体操作步骤如下。

① 选择"视图"|"大纲视图"选项,将文档切换到大纲视图下,此时页面上会出现一个"大纲"工具栏,如图 3-65 所示。

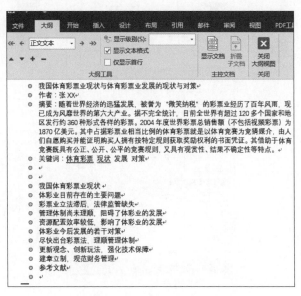

图 3-65 "大纲"工具栏

② 将各级标题从高到低进行级别设置。设置方法如下：首先选中所有标题，单击工具栏上的"提升到标题 1"按钮，将其全部设置为 1 级，然后按照层次选中要降级的标题，此处降级为 2 级，单击"降级"按钮逐级设置，最后在"显示级别"中选择"显示级别 2"选项，此时大纲视图中出现的是所有标题，设置完毕后如图 3-66 所示。

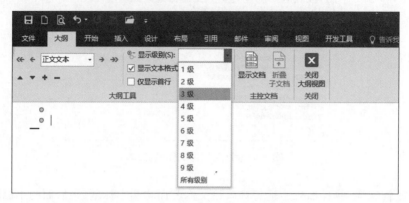

图 3-66　在大纲视图下为标题设置级别

③ 设置多级编号。论文中的标题共有两个级别，规定把第一级别设置为"一、二、…"，第二级别设置为"1.1、1.2、2.1、2.2、3.1、3.2、…"。选中所有标题，打开"开始"|"段落"|"编号"对话框中的"列表库"选项卡，如图 3-67 所示。

图 3-67　"列表库"选项卡

发现没有符合要求的编号,选择其中一种,选择"定义新的多级列表"选项,打开如图 3-68 所示的对话框。

如果没有符合要求的编号,则选择其中一种,单击"定义新的多级列表"按钮,打开如图 3-68 所示的对话框。首先设置级别为"1",在"编号格式"中选择"一,二,三…",此时在"编号格式"文本框中出现的"一"的后面输入"、",如图 3-69 所示。

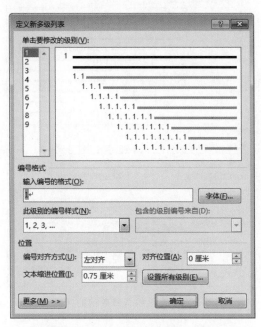

图 3-68　"定义新列表样式"对话框

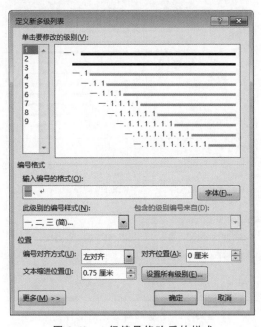

图 3-69　1 级编号修改后的样式

然后设置级别为 2，如图 3-70 所示，在"编号格式"中选择"1,2,3,…"，此时"编号格式"文本框中出现"一.1"，将"一"改为"1"，在"1"的后面输入"、"，如图 3-71 所示。

单击"确定"按钮，这时，多级编号就设置好了，如图 3-72 所示。

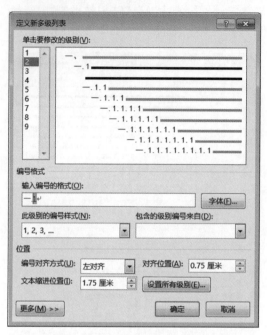

图 3-70   2 级编号修改前的样式

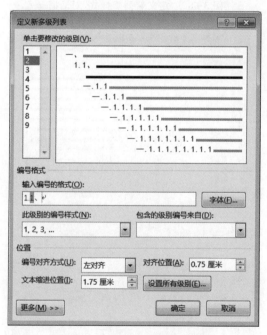

图 3-71   2 级编号修改后的样式

计算机应用基础与信息处理教程

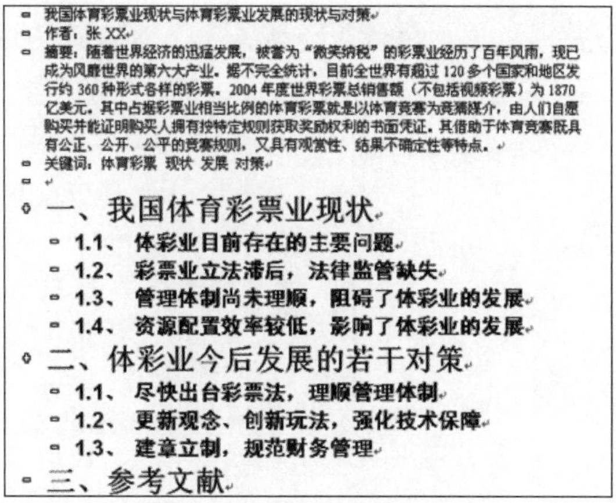

图 3-72　添加多级编号后的标题

④ 将文档切换到页面视图下

将文档切换到页面视图以后，会发现小标题的字体很大，与文章的格式不符。如果逐个设置会很麻烦，虽然用"格式刷"能提高效率，但"格式刷"中的格式不能保存，所以如果文档关闭，要想增加标题仍需要重新设置。

2. 套用样式

Word 提供了"样式"功能，设置一个样式后可以直接套用，还可永久保存。下面对论文中的标题样式进行修改，操作步骤如下。

① 选择"开始"|"样式"选项，打开"样式"任务窗格，如图 3-73～图 3-75 所示。此时格式列表里显示了该文档使用的所有格式。

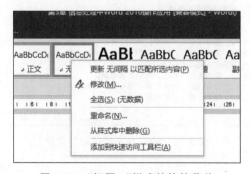

图 3-73　"样式"任务窗格

图 3-74　"标题 1"样式的快捷菜单

② 重复上面的操作，把标题 2 也修改一下，修改格式如下：楷体，小四号字，段落格式

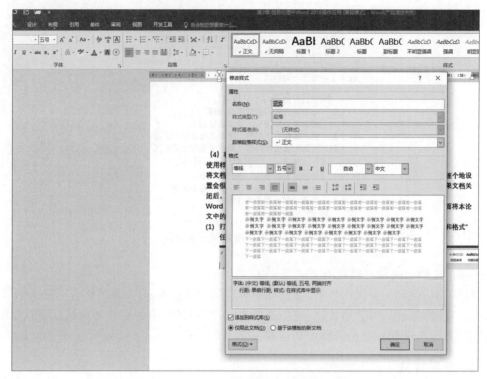

图 3-75 "修改样式"对话框

和标题 1 一样,其中把"特殊格式"设为"首行缩进"。至此,所有的标题格式修改完毕,效果如图 3-76 所示。

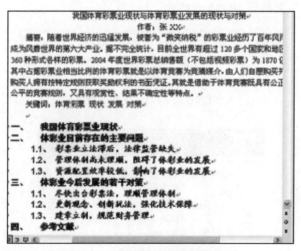

图 3-76 标题格式修改后的效果

3. 输入论文的内容

输入论文的题目和标题后,就可以输入论文的内容了。在论文的某个标题后按

Enter 键换行，一般情况下，会自动变成"正文"级别。输入文本内容后，默认情况下是宋体、五号字，如图 3-77 所示。

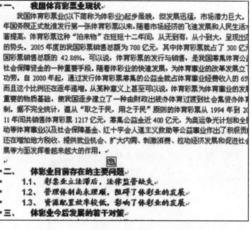

图 3-77　在标题下输入正文内容

使用上面的论文输入方法输入所有的论文内容。如果要改变正文内容的格式，例如将正文文本的字号改为小四号字，也要使用"样式"修改，方法和修改"标题 1"的一样，在此不再赘述。论文正文完全输入和修改后，如图 3-78 所示。

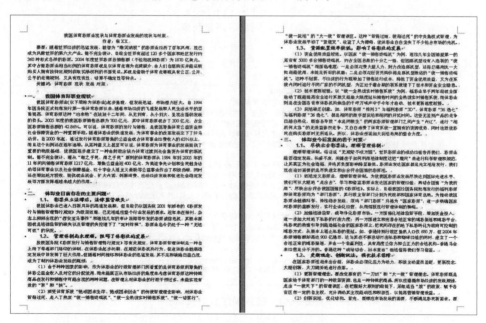

图 3-78　论文正文全部录入后的效果

4. 插入页码和脚注

为了方便论文内容的查阅和记录，一般的论文都要添加页码。选择"视图"｜"页眉和页脚"选项,切换到页脚区,插入页码即可。

5.脚注的操作

该论文中还出现了"红十字会",为了让读者更好地了解其含意,可以对"红十字会"添加文本脚注。

操作步骤为:首先将光标定位在"红十字会"的文本后面,选择"插入"|"引用"|"脚注和尾注"选项,打开如图 3-79 所示的下拉列表。选择"在此处插入"选项即可插入相应的脚注。

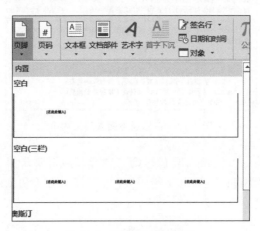

图 3-79 "页脚"下拉列表

其他脚注和上面的步骤相似,效果如图 3-80 所示。

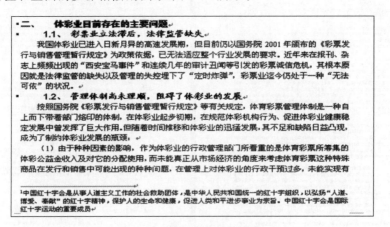

图 3-80 插入脚注后的页面

说明:如果想删除脚注或尾注,不要直接删除其内容,而是应该在脚注或尾注的插入处将编号删除。

6. 目录的制作

有的论文写得比较长,为了方便查阅,在正文前面应该有一个目录。Word 可以自动搜索文档中的标题,以建立一个非常规范的目录,操作时不仅快速方便,而且目录可以随着内容的变化自动更新。

目录的生成是建立在标题的文本样式上的,必须有标题级别才能够生成目录,也就是说,如果标题的样式是"标题 1、标题 2、……、标题 9"之外的样式,则生成的目录里不会出现该标题。

(1) 制作目录的方法

① 将光标定位在正文的最前面,选择"布局"|"页面设置"|"分隔符"|"分页符"选项,此时论文题目和正文之间多出一页空白页。

② 在空白页最上面输入"目录"两个字,设置段落居中。选择"引用"|"目录"选项,如图 3-81 所示。

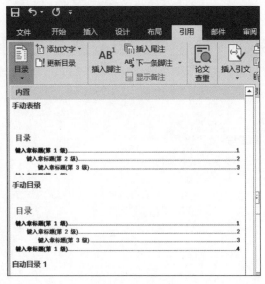

图 3-81　插入目录

③ 根据需要可以选择是否要页码、页码是否右对齐,并可以设置制表符前导符号、目录格式以及目录层次。通常情况下,论文要制作三级目录,没有特殊要求时,以上设置一般使用默认值即可,设置完毕后单击"确定"按钮。

说明:域是指 Word 文档中的内容发生变化的部分,或者文档(模板)中的占位符。最简单的域是文档中插入的页码,它可以显示文档共有几页、当前为第几页,并且会根据文档的情况自动进行调整。其他常用的域还有:文档创建日期、打印日期、保存日期、利用"插入"|"日期和时间"命令输入的日期等时间信息、文档作者与单位、文件名与保存路径等。

此时,系统会自动插入目录的内容。如图 3-82 所示,灰色的底纹效果表示目录是以

"域"的形式插入的,该底纹在打印预览和打印时不起作用。

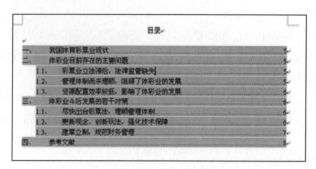

图 3-82　目录的制作效果

（2）目录的使用技巧

① 设置目录底纹不显示。如果不希望目录有底纹,可以通过选择"工具"|"选项"选项打开"Word 选项"对话框,在"高级"选项卡中将"域底纹"设置为"不显示"或"选取时显示",如图 3-83 所示。

图 3-83　目录底纹不显示

② 目录的使用。目录除了具有检索功能外,还具有超级链接功能。使用者在按 Ctrl 键的同时将光标移动到需要查看的标题上,光标将会成为小手状,此时单击即可自动跳转到指定位置。从这个意义上来讲,目录也起到了导航条的作用。

③ 目录的返回。从目录跳转到文档中的某个位置后,一般会自动出现"Web"工具栏。单击"Web"工具栏上的"返回"按钮,即可自动跳转到原来的位置。

④ 目录格式的设置。插入目录以后,其格式是可以再次设置的。选中目录的全部或

部分行后,就可以对其进行字体和段落排版,排版方法和普通文本一样。

⑤ 目录的更新。更新目录的最大好处是,当文章增删或修改内容时,会使页码或标题发生变化,不必手动重新修改页码,只要在目录区右击,选择"更新域"选项,然后在弹出的对话框中根据需要选择"只更新页码"或"更新整个目录"(选择此项,则当修改、删减标题时,不仅页码更新,目录内容也会随着文章的变化而变化)选项,最后单击"确定"按钮即可。

更方便的是,如果选择"工具"|"选项"选项,则在弹出的对话框中选择"打印"选项卡,并在"打印选项"中勾选"更新域"复选框,则系统会在每次打印时自动更新域,以保证输出的正确。

⑥ 目录的删除。选中目录后,按 Delete 键即可将目录删除。

至此,论文排版的操作就全部完成了,效果如图 3-84 所示。

图 3-84   目录效果

3.4.2   实训项目:公式的制作

论文中经常会出现各种数学、化学公式或表达式。公式常常会含有一些特殊符号,例如积分符号、根式符号等,有些符号不但键盘上没有,在 Word 的符号集中也找不到,并且公式中符号的位置变化也很复杂,仅用一般的字符和字符格式设置无法录入和编排复杂公式。利用 Word 提供的 Microsoft 公式 3.0 可以实现论文中各类复杂公式的编排。

本项目主要解决以下问题:

- 启动公式编辑器;
- 实例操作公式。

项目操作步骤如下。

在操作之前,首先要确保"插入"|"符号"中的"公式"可以使用,如果"公式"呈灰色不能使用,则可以选择"文件"|"信息""兼容模式"选项,单击"确定"按钮后,"公式"即可使用;或者使用以下方法启动公式编辑器。

(1)启动公式编辑器

在 Word 中,选择"插入"|"对象"选项,在打开的对话框的"对象类型"列表中选择"Microsoft 公式 3.0"选项,如图 3-85 所示,然后单击"确定"按钮,屏幕上会显示公式编辑窗口,窗口中显示"公式"工具栏,同时在文档中出现一个输入框,光标在其中闪动,如

图 3-86 所示。输入公式时,输入框随着公式的长短而发生变化,整个表达式都被放置在公式编辑框中。窗口处于公式编辑状态时,菜单栏也跟着发生改变。

图 3-85 插入 Microsoft 公式 3.0

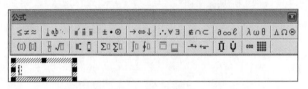

图 3-86 公式编辑窗口

公式编辑器启动后,Word 窗口将变为公式编辑窗口,菜单项将发生变化。同时,窗口中将显示"公式"工具栏,它可以细分为"符号"和"模板"两个工具栏。

① "符号"工具栏。"符号"工具栏位于"公式"工具栏的上方,它为用户提供了各种数学符号。"符号"工具栏包含 10 个功能按钮,每个按钮都可以提供一组同类型的符号。各按钮的名称如图 3-87 所示。

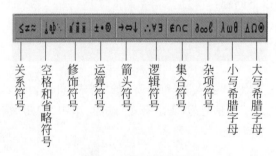

图 3-87 "符号"工具栏

② "模板"工具栏。"模板"工具栏是制作数学公式的工具栏,提供了百余种基本的数学公式模板,例如开方、求和、积分等,分别保存在 9 个模板子集中。当单击某个子集按钮

时,各种模板就会以微缩图标的形式显示出来。各按钮的名称如图 3-88 所示。

围栏模板　分式和根式模板　上标和下标模板　求和模板　积分模板　底线和顶线模板　标签箭头模板　连乘和集合模板　矩阵模板

图 3-88　"模板"工具栏

由于默认的公式符号尺寸比较小,所以通常情况下要先对公式的尺寸进行设置,设置方法如下:选择"尺寸"|"定义"选项,打开"尺寸"对话框,可以对公式的任何一个类型的符号进行字号设置。设置完毕后,单击"确定"按钮即可。

(2) 公式编辑实例

制作一个如图 3-89 所示的数学公式。

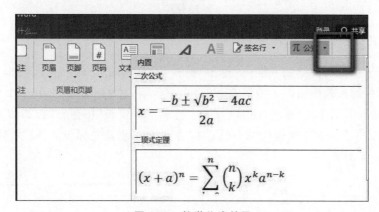

二次公式

$$x = \frac{-b \pm \sqrt{b^2 - 4ac}}{2a}$$

二项式定理

$$(x + a)^n = \sum_{k=0}^{n} \binom{n}{k} x^k a^{n-k}$$

图 3-89　数学公式效果

下面通过实例操作说明公式的编辑过程,操作步骤如下。

① 将插入点置于要插入公式的位置,按照前面介绍的方法启动公式编辑器,出现"公式"工具栏。

② 在输入框中输入"F(φ,k)=",其中"φ"是这样输入的:单击"符号"工具栏中的"小写希腊字母"按钮,选择其中的"φ",如图 3-90 所示。选择输入好的"F(φ,k)=",然后选择此时窗口主菜单中的"样式"|"变量"选项,即可将其设置为斜体效果,即"$F(\phi,k)=$"效果。以下变量的斜体效果均用该方法设置即可。

③ 单击"模板"工具栏中的"积分模板"按钮,单击"定积分"按钮,然后单击积分上限输入框,输入"φ";单击积分下限输入框,输入"0",再设置为斜体,效果如图 3-91 所示。

④ 将光标定位在被积函数输入框,单击"模板"工具栏的"分式和根式模板"按钮,选择如图 3-92 所示的分式按钮。这时,在输入框中出现了一个由分子、分母和分数线构成的分式结构。单击分子输入框,输入"dφ"。

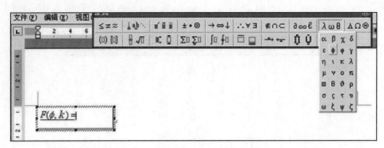

图 3-90　公式的输入

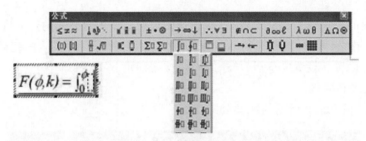

图 3-91　"积分模板"的使用

⑤ 将光标定位在分母输入框内,单击"模板"工具栏的"分式和根式模板"按钮,选择如图 3-93 所示的根式按钮。单击根式下的输入框,输入"1-k2sin2ϕ",其中 k 的平方是这样输入的:输入 k 后单击"模板"工具栏的"上标和下标模板"按钮,选择如图 3-93 所示的上标按钮。单击上标输入框输入"2";然后按方向键→使得光标位于 k2 之后,用同样的方法输入 sin2ϕ 即可。

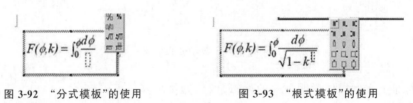

图 3-92　"分式模板"的使用　　　　　图 3-93　"根式模板"的使用

⑥ 输入完毕后,在空白区域单击即可退出公式编辑器。可以发现,单击公式时,周围有 8 个控制点,也就是公式本身也是一个图形对象。可使用调整图片大小的方法(拖曳四周的控制点)调整公式的大小。

3.5　邮件合并及域的使用

在办公过程中,办公人员有时要制作大量格式相同的信封或邀请函,如果逐个制作,既浪费时间,又容易出错。可以利用 Word 中的邮件合并功能制作多份格式相同的文件。下面通过项目实例说明邮件合并的使用方法。

实训项目：制作会议邀请函

本项目以"2022 广州广云网络科技有限公司户外休闲运动会"为例制作会议邀请函和相应的信封。邀请函和信封的效果如图 3-94 所示。

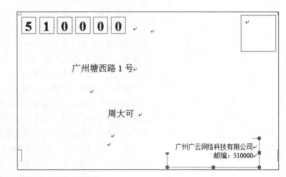

图 3-94　邀请函和信封的效果

本项目主要解决以下问题：
- 录入邀请函内容并设置其格式；
- 使用邮件合并工具栏制作称呼，最终生成多张邀请函；
- 使用中文信封向导制作信封模板，并生成多张信封。

操作步骤如下。

1. 创建数据源

批量制作邀请函的前提是有一个客户信息表，也就是数据源。利用 Word 或 Excel 制作数据源都是可以的，本例使用 Excel 制作一份客户信息表，如表 3-1 所示。

表 3-1　客户信息表

姓名	性别	单位名称	通信地址	邮政编码
周大可	男	广东开放大学	广州塘西路 1 号	510000
周冠华	男	广州华立科技职业学院	广州增城华立园 1 号	510000
周广云	女	广州广云网络科技有限公司	广州南沙	100054
李四明	女	山城体育用品公司	重庆洞桥路 17 号	510560
周奇奇	男	广东电速有限公司	广州中山路 234 号	510640

2. 制作邀请函

① 新建一个 Word 文档,输入邀请函的基本内容并进行基本排版,如图 3-95 所示。和效果图相比,没有输入"姓名"和"先生/女士"。

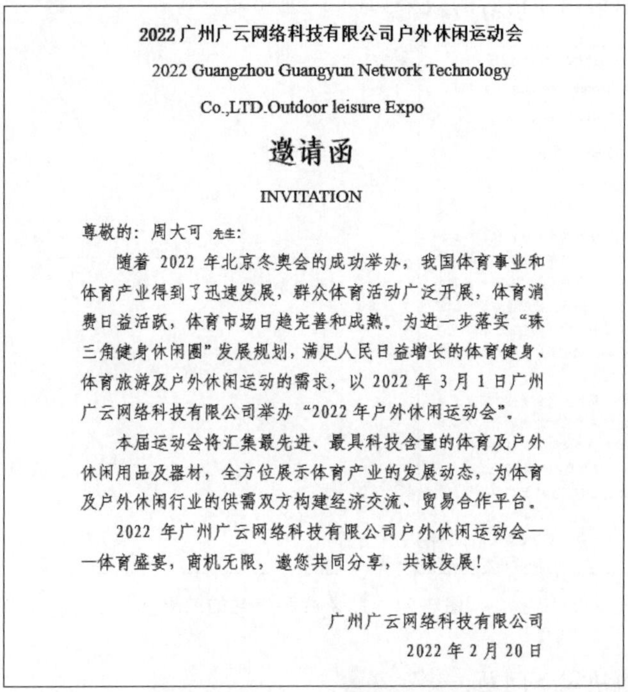

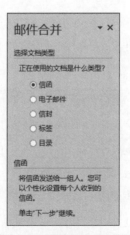

2022 广州广云网络科技有限公司户外休闲运动会
2022 Guangzhou Guangyun Network Technology
Co.,LTD.Outdoor leisure Expo

邀请函
INVITATION

尊敬的: 周大可 先生:

  随着 2022 年北京冬奥会的成功举办,我国体育事业和体育产业得到了迅速发展,群众体育活动广泛开展,体育消费日益活跃,体育市场日趋完善和成熟。为进一步落实"珠三角健身休闲圈"发展规划,满足人民日益增长的体育健身、体育旅游及户外休闲运动的需求,以 2022 年 3 月 1 日广州广云网络科技有限公司举办"2022年户外休闲运动会"。

  本届运动会将汇集最先进、最具科技含量的体育及户外休闲用品及器材,全方位展示体育产业的发展动态,为体育及户外休闲行业的供需双方构建经济交流、贸易合作平台。

  2022 年广州广云网络科技有限公司户外休闲运动会——体育盛宴,商机无限,邀您共同分享,共谋发展!

广州广云网络科技有限公司
2022 年 2 月 20 日

图 3-95   输入信函的文本内容

② 选择"邮件"|"开始邮件合并"|"邮件合并分步向导"选项,打开"邮件合并"工具栏,如图 3-96 所示,选择"信函"选项,单击"下一步"按钮,选择"使用当前文档"选项,单击"下一步"按钮,选择"使用现有列表"选项,选中表格,弹出"邮件合并收件人"对话框,全选后单击"确定"按钮,如图 3-97 所示。

图 3-96   "邮件合并"工具栏

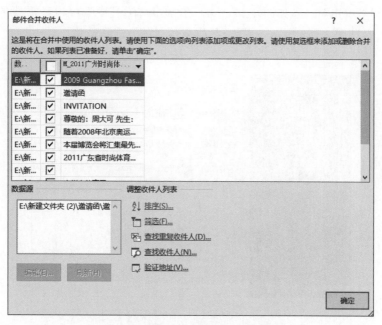

图 3-97 "邮件合并收件人"对话框

3. 使用中文向导制作信封

除了邮件合并工具栏以外，Word 还提供了一种更好的工具以专门制作信封，那就是中文信封向导。下面利用中文信封向导制作邀请函的信封，具体过程如下。

① 选择"邮件"|"中文信封"|"中文信封向导"选择，打开"信封制作向导"对话框，根据制作向导进行设置，如图 3-98 所示。

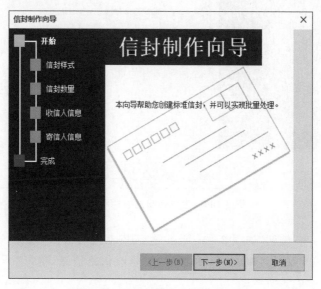

图 3-98 "信封制作向导"对话框

② 单击"下一步"按钮,如图 3-99 所示,在"信封样式"中选择一种需要的样式,单击"下一步"按钮,如图 3-100 所示,选择一种生成信封的方式和数量。

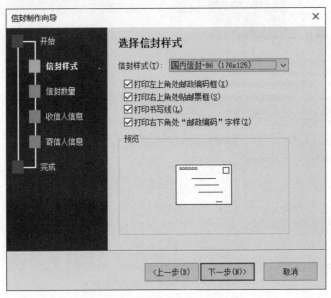

图 3-99　选择信封样式

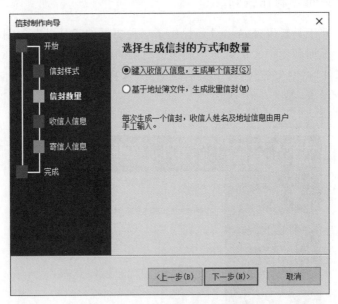

图 3-100　生成信封的方式和数量

③ 单击"下一步"按钮,如图 3-101 所示,输入寄信人信息。

④ 单击"下一步"按钮,如图 3-102 所示,输入收信人信息,单击"下一步"按钮,单击"完成"按钮,如图 3-103 所示。

图 3-101　寄信人信息

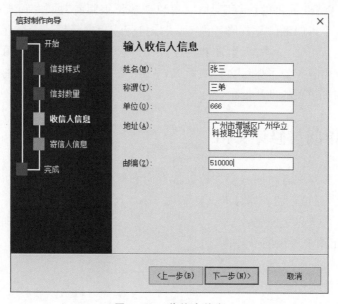

图 3-102　收信人信息

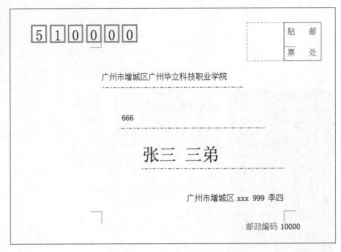

图 3-103　生成的信封模板

3.6　文档审阅与修订

　　在审阅别人的文档时,如果想对文档进行修订,但又不想破坏原文档的内容或者结构,则可以使用 Word 提供的修订工具,它可以使多位审阅者对同一篇文档进行修订,作者只需要浏览每个审阅者的每条修订内容,决定接受或拒绝修订的内容即可。

　　修订内容包括正文、文本框、脚注和尾注以及页眉和页脚等的格式,可以添加新内容,也可以删除原有内容。为了保留文档的版式,Word 在文本中只显示一些标记元素,而其他元素则显示在页边距的批注框中。

实训项目：审阅与修订文档

　　本项目是两位审阅者对同一篇文档进行审阅和修订,通过这个项目可以掌握文档审阅和修订的方法,经过审阅和修订的文档如图 3-104 所示。

　　本项目主要解决以下问题:

- 查看指定用户所做的修订;
- 插入批注;
- 接受/拒绝修订。

　　操作步骤如下。

　　① 打开"审阅"工具栏。选择"审阅"|"修订"选项,打开"审阅"工具栏。此时,文档并不处于修订状态,如图 3-105 所示,单击工具栏上的"修订"按钮,选择"修订"选项,文档才处于修订状态,此时状态栏上的"修订"二字由灰色变为黑色。

　　② 对文章进行修订和插入批注。当文档处于修订状态时,可以对文档直接进行修

北京冬季奥运吉祥物

冰墩墩（英文：Bing Dwen Dwen，汉语拼音：bīng dūn dūn），是 2022 年北京冬季奥运会的吉祥物。将熊猫形象与富有超能量的冰晶外壳相结合，头部外壳造型取自冰雪运动头盔，装饰彩色光环，整体形象酷似航天员。

2018 年 8 月 8 日，北京冬奥会和冬残奥会吉祥物全球征集启动仪式举行。2019 年 9 月 17 日晚，冰墩墩正式亮相。

冰墩墩寓意创造非凡、探索未来，体现了追求卓越、引领时代，以及面向未来的无限可能。

"冰"象征纯洁、坚强，是冬奥会的特点。"墩墩"意喻敦厚、敦实、可爱，契合熊猫的整体形象，象征着冬奥会运动员强壮有力的身体、坚韧不拔的意志和鼓舞人心的奥林匹克精神。

冰墩墩熊猫形象与冰晶外壳的结合将文化要素和冰雪运动融合并赋予了新的文化属性和特征，体现了冬季冰雪运动的特点。熊猫是世界公认的中国国宝，形象友好可爱、憨态可掬。这样设计既能代表举办冬奥的中国，又能代表中国味道的冬奥。头部彩色光环灵感源自于北京国家速滑馆——"冰丝带"，线条流动象征着冰雪运动的赛道和 5G 高科技。头部外壳造型取自冰雪运动头盔。熊猫整体造型像航天员，是一位来自未来的冰雪运动专家，寓意现代科技和冰雪运动的结合。冰墩墩抛弃了传统元素，充满未来感、时代感、速度感。

图 3-104　经过审阅和修订的文档效果

图 3-105　"审阅"工具栏

改，修改的结果就是修订的内容。插入批注的方法为先选中需要插入批注的文本，然后单击"审阅"工具栏上的"新建批注"按钮插入批注框，用户直接在批注框里输入批注内容即可。

本项目对文章按下面的要求进行修订。

- 标题修改为黑体三号字、蓝色。
- 将第 1 段中的"（英文：Bing Dwen Dwen，汉语拼音：bīng dūn dūn）"删除。
- 为第 2 段中的"冰墩墩"插入批注"设计者是：曹雪"。

此时，修订结果如图 3-106 所示。

③ 接受/拒绝修订。修订完毕后，作者要根据需要对修订进行接受或拒绝。本项目以接受第一处修订，拒绝第二处修订为例。将光标定位在需要接受的修订处，单击"接受"按钮，在打开的下拉菜单中选择"接受所有修订"选项即可接受修订，如图 3-107 所示；将光标定位在需要拒绝的修订处，单击"拒绝"按钮，在打开的下拉菜单中选择"拒绝所有修订/删除批注"选项即可拒绝修订。

图 3-106　对文章进行修订和插入批注

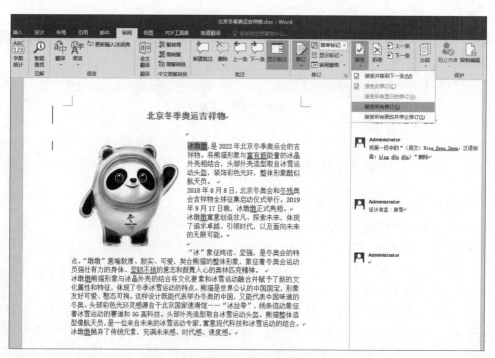

图 3-107　接受所有修订

3.7 本章小结

本章主要介绍了文字处理软件 Word 的基本编辑功能,使读者通过这一章的学习能够独立完成普通文档的创建、编辑和打印。

基本文档处理操作有其一定的操作流程,制作办公文档时最好按照录入→编辑→排版→页面设置→打印预览→打印的流程进行。其中,在录入时,要采用单纯文本录入原则,注意一些常用符号的录入方法,文字录入完成后,最好进行联机校对;编辑操作包括添加、删除、修改、移动、复制以及查找、替换等,进行编辑操作需要选取操作对象,为此必须掌握一些快捷操作和选取技巧;基本的文档排版包括字体格式、段落格式等,排版时要掌握格式刷的使用以及单击与双击的不同效果,制表位的使用;页面设置主要包括设置纸张、页边距大小以及其他内容,目的是保证文档的版心效果合适;在进行正式打印前需要先进行打印预览,以便确定效果是否满意;开始打印前需要进行打印设置,包括选取打印机、设置打印范围和打印份数等。

办公公文是现代办公中常用的文档格式。对于办公公文,应该能够利用向导快速建立。

通过本章的学习,读者应该能够熟练掌握办公事务处理中的文字处理工作,并能够对日常工作中的公告文件、工作计划、年度总结、调查报告等文档进行娴熟的输入、编辑、排版和打印等。

3.8 本章实训

实训一:制作一份劳动合同协议书

1. 实训目的

① 了解文档处理的基本流程。
② 掌握 Word 制表位的使用、页面设置的方法和打印预览的使用方法。
③ 熟练掌握文档中字体、段落格式的设置,项目符号和编号的添加等操作方法。

2. 实训内容及效果

本实训内容为一份简单的文档处理,即制作一份劳动合同协议书。实训的最终效果如图 3-108 所示(全部内容格式请参照配套资料)。

3. 实训要求

① 第 1 页:标题为华文中宋、40 号字、居中对齐。"编号"字体为方正楷体简体、四号

图 3-108　劳动合同效果

字、居左对齐,标题下面的内容字体为仿宋、四号字,最后一行为楷体、五号字。

② 第 2 页:"使用说明"为宋体、二号字、居中对齐,下面的内容为楷体、小四号字,正文上方和下方的"乙方"的签字部分使用制表位制作。

③ 正文全部为首行缩进 2 个字符,正文字体全部为仿宋、小三号字,所有标题全部加粗。正文括号里的部分为仿宋、小四号字。所有的填空部分均为下画线。所有的行间距均为单倍行距。

④ 页面设置:纸型为 A4 纸,页面上、下、左、右的边距为 2.5cm。

⑤ 打印预览:将打印预览设置为 3 页预览,效果如图 3-108 所示。

实训二:制作一个"回忆母校"散文的图文混排文档

1. 实训目的

① 熟练掌握 Word 中首字下沉和分栏的操作。

② 熟练掌握 Word 中图片、艺术字和文本框的插入及其格式设置等操作。

③ 熟练掌握 Word 中边框和底纹、页眉和页脚的设置。

2. 实训内容及效果

本实训内容是制作一篇图文混排的文档,最终效果如图 3-109 所示。

3. 实训要求

① 文本部分:标题为隶书、小初号字、蓝色;正文部分为宋体、小四号字,首行缩进 2 个字符。

② 第 1 段使用首字下沉,下沉 3 行,颜色为粉色。

③ 为第 2 段添加边框和底纹,边框为黑色、实线,底纹为淡蓝色,图案为黑色下斜线。

④ 将第 3 段分为两栏,有分隔线。在第 4 段中间插入一个竖排文本框,内容为"回忆母校",边框为绿色、3 磅实线,底纹为粉色,字体为三号字、隶书。

⑤ 在文本结束处插入一张图片,版式为"四周型",添加一段艺术字,内容为"回望母校,不尽依依",版式为"四周型",颜色为蓝色,阴影样式为 20。

⑥ 页眉、页脚的设置:页眉内容为"散文欣赏",居中;下边框内容为"母校——我永远的牵挂",居中、黑体、四号字。

⑦ 添加页面边框为图 3-109 所示的样式。

图 3-109　图文混排的文档效果

第4章

表格和数据的操作应用

4.1 电子表格概述

在日常的信息技术处理办公中,经常需要将各种复杂的信息以表格的形式进行简明、扼要、直观的表示,例如课程表、成绩表、简历表、工资表及各种报表等。

根据对办公业务中表格使用的调查分析,办公中的电子表格可以分为两大类:表格内容以文字为主的文字表格和以数据信息为主的数字表格,利用 Office 中的 Word 或 Excel 可以完成各类电子表格的制作。但是,为了提高工作效率,根据不同的表格类型选择最合适的制作软件可以起到事半功倍的效果。在选取制作软件时,有以下几点原则可供参考。

- 规则的文字表格和不参与运算的数字表格可以利用 Word 的"插入表格"方法,也可以直接利用 Excel 填表完成。
- 复杂的文字表格若单元格大小悬殊,则可利用 Word 的"绘制表格"方法制作。若大单元格由若干小单元格组成,则也可选取 Excel 的"合并居中"实现。
- 包含大量数字且需要进行公式、函数运算的数字表格建议使用 Excel 制作。
- 数据统计报表和数据关联表格建议使用 Excel 制作。

4.2 利用 Word 制作求职报名表

在日常的信息技术处理办公中有很多复杂的表格,例如个人简历表、申报表、考试报名表等,通常采用 Word 的表格制作功能实现。本项目介绍求职报名表的制作方法。

实训项目:制作求职报名表

求职是每个人都会经历的一种社会活动,而填写相应的求职报名表则是一个常见的工作,下面以此为例制作一张"求职报名表",效果如图 4-1 所示。

本项目主要解决以下问题:

求职报名表

姓名		性别		民族		
出生年月		政治面貌		学历（学位）		1寸免冠彩色近照
毕业院校						
所学专业						
现职务/职称						
外语能力		□CET-6　　□CET-4　　□CET-AB　　□其他				
现工作单位						
现住址			户口所在地			
身份证号			联系电话	手机：		
邮箱				家庭电话：		
其他联系方式			联系人			
学习经历		年　　月至　　　年　　　月：				
工作经历		年　　月至　　　年　　　月：				
资格条件审核情况						
				2022 年　　月　　日		

图 4-1　求职报名表效果

- 插入（绘制）表格并修改结构；
- 输入特殊符号和图片；
- 修饰表格。

操作步骤如下。

在制作求职报名表之前，首先要明确表格的行列布置，做到心中有数，然后再着手制作，以减少不必要的更改。本项目按建立表格框架→输入表格内容→修饰表格→设置表头的顺序进行操作。

1. 建立表格框架

建立表格框架的具体步骤如下。

① 启动 Word 程序，新建一个名为"求职报名表"的文档。

② 在当前文档中，在"表格"菜单下选择"插入"|"表格"选项，打开"插入表格"对话框，如图 4-2 所示。在对话框中将列数设置为"1"，将行数设置为"14"，单击"确定"按钮，即可插入一个 1×14 的表格，如图 4-3 所示。

图 4-2 "插入表格"对话框

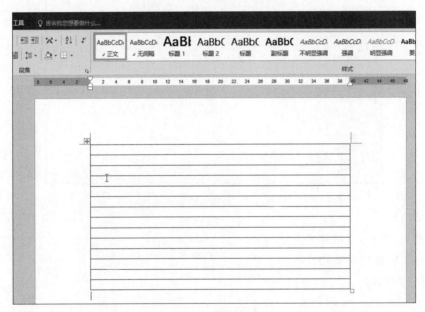

图 4-3 插入表格

③ 在插入的表格中按图 4-1 所示,适当调整每行的行高。调整方法为:将光标置于需要调整的行上,当光标呈 ⇕ 状时,拖曳鼠标进行调整。

④ 选中表格,选择"插入"|"表格"|"绘制表格"选项,打开"布局"工具栏,如图 4-4 所示。

⑤ 利用"绘制表格"工具按图 4-1 所示绘制出行、列数符合要求的表格,并对行高和列宽做适当调整,如图 4-5 所示。

⑥ 利用"橡皮擦"工具擦除表格,把图 4-5 中第 7 列的前 5 行擦除,变成 1 列 1 行,用于存放相片,如图 4-6 所示。

说明:擦除表格的效果也可以用合并表格操作方法实现,选中要合并的表格并右击,

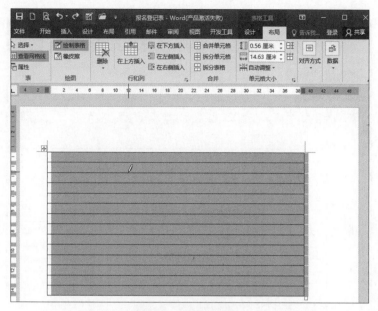

图 4-4　绘制表格（1）

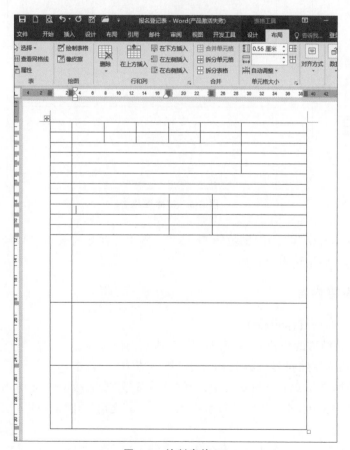

图 4-5　绘制表格（2）

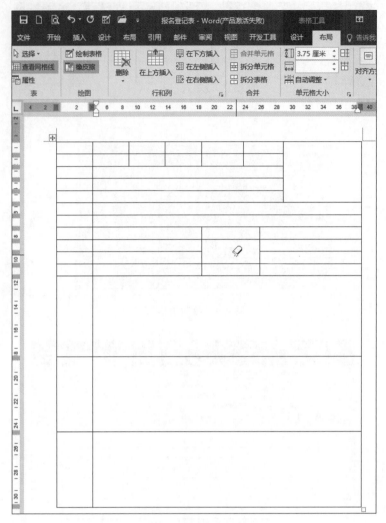

图 4-6　擦除表格

然后选择"合并单元格"(图 4.5 倒数第 5~6 行、第 3 列合并而成)选项,同时可以用相反的方法拆分单元格,请读者自行操作。

2. 输入表格内容

输入表格内容的具体步骤如下。

① 完成表格结构的创建后,输入如图 4-7 所示的内容。

在表格内输入特殊符号。将光标置于"外语能力"一行中的"CET-6"之前,选择"插入"|"符号"选项,在打开的下拉列表中选择"其他符号"选项,如图 4-8 所示。选择"□"符号后,单击"确定"按钮,即可将"□"符号插入"CET-6"之前。用同样的方法在其他项之前添加"□"符号。

② 插入图片(相片)。有时候,报名表需要贴上电子相片,此时可以将光标置于右边

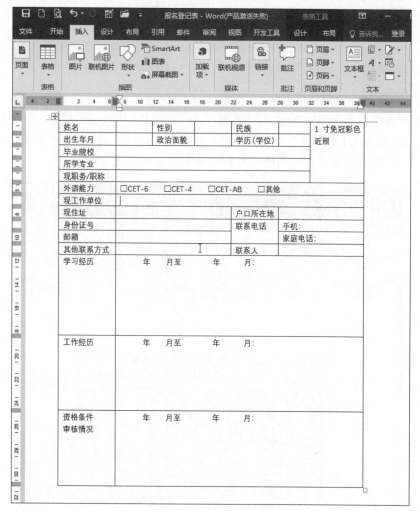

图 4-7　输入表格内容

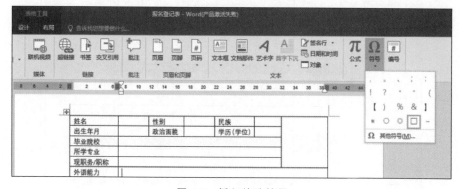

图 4-8　插入特殊符号

的照片单元格中,选择"插入"|"图片"选项,打开"插入图片"对话框。在"查找范围"列表中选择图片所在的位置,选择插入的图片,单击"插入"按钮,即可将图片添加到单元格中。对添加后的图片进行适当调整,使其适应于单元格大小。

3.修饰表格

修饰表格的具体步骤如下。

① 设置表格内的文本对齐方式:"表格工具"|"布局"|"对齐方式"。单击表格左上角的小方块("移动表格"控制点)全选表格,单击"对齐方式"工具栏中的"中部居中"按钮,如图4-9所示,所有文本均在表格中以垂直和水平居中的方式显示。

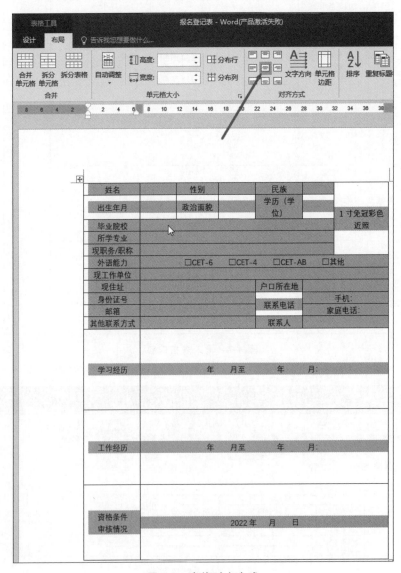

图 4-9 表格对齐方式

通过以上处理后，倒数第 2 行和第 3 行的第 2 列发生了变化，我们要求这些文字要对齐左上角，以便更好地录入信息，此时选中内容，单击第一个图标（靠上两端对齐）即可。最后一行设置为"右下对齐"。完成表格修饰后的效果如图 4-10 所示。

姓名		性别		民族		1寸免冠彩色近照
出生年月		政治面貌		学历（学位）		
毕业院校						
所学专业						
现职务/职称						
外语能力	□CET-6	□CET-4	□CET-AB	□其他		
现工作单位						
现住址			户口所在地			
身份证号			联系电话		手机：	
邮箱					家庭电话：	
其他联系方式			联系人			
学习经历		年　月至　年　月：				
工作经历		年　月至　年　月：				
资格条件审核情况					2022 年　月　日	

图 4-10　表格对齐效果

② 设置边框和底纹。设置表格外边框为黑色双线、0.5 磅，内边框为黑色实线、0.5 磅。

选中整个表格，双击表格左上角的小方块，然后选择"表格属性"|"边框和底纹"选项，如图 4-11 所示，在"边框"选项卡的"样式"列表中选择双线线型；单击"宽度"下拉按钮，宽度选择 0.5 磅；在"设置"下选择"方框"对表格外边框进行设置。使用相同的方法可以对内边框及有特殊要求的边框进行设置，或者选择"设置"下的"自定义"选项进行设置，如图 4-12 所示。

进行底纹设置。选择需要设置底纹的单元格，在"边框和底纹"对话框中选择"底纹"选项卡，在打开的颜色板上选择颜色，效果如图 4-13 所示。

说明：如果 Word 界面上没有出现"表格与边框"工具栏，则可以通过选择"视图"菜单下的"工具栏"选项调出"表格与边框"工具栏。在对单元格的边框进行设置前，需要首先选中欲设置边框的单元格区域。

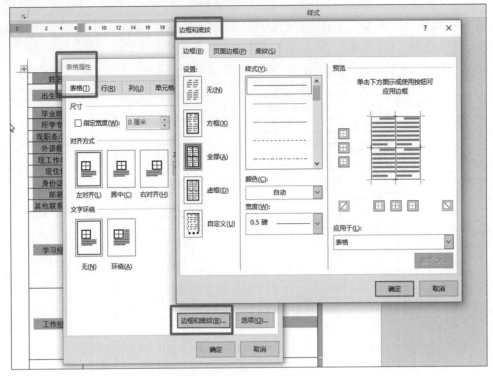

图 4-11 设置表格的边框和底纹（1）

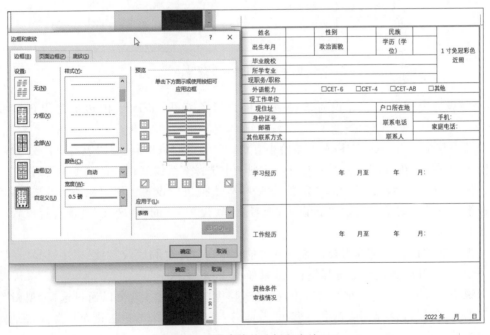

图 4-12 设置表格的边框和底纹（2）

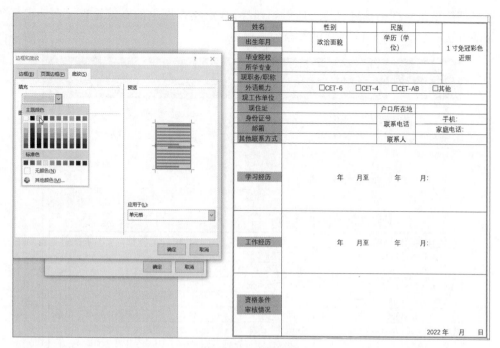

图 4-13　设置底纹

4. 设置表头

将光标置于表中第 1 行的第 1 个字符之前按 Enter 键,即可在表格之前插入一个空行。输入"求职报名表""报考职位"和"准考证号"进行字体、字号的适当设置,如图 4-1 所示。

也可以先选中表格的第 1 行,然后选择"表格"菜单下的"拆分表格"选项,实现在表格之前插入一个空行后输入表头文字。

至此,一份求职报名表已经制作好了,读者可根据不同专业的需要、不同应聘岗位的要求制作各种各样的报名表,也可以使用 Word 提供的模板。

4.3　利用 Excel 制作图书信息表

在日常工作中,经常会对大量数据进行统计和管理,电子表格软件 Excel 是处理此类问题的有效工具。本项目以图书信息表的制作为例,介绍 Excel 表的框架建立、数据录入、格式化工作表等操作。

实训项目:制作图书信息表

项目效果如图 4-14 所示。图书信息表一般包括编号、ISBN 号、书名、定价、出版社、出版日期等信息。图书信息要尽可能做到翔实，从而实现图书的有效管理。在此仅介绍制表的方法，只列出图 4-14 所示的部分信息内容。

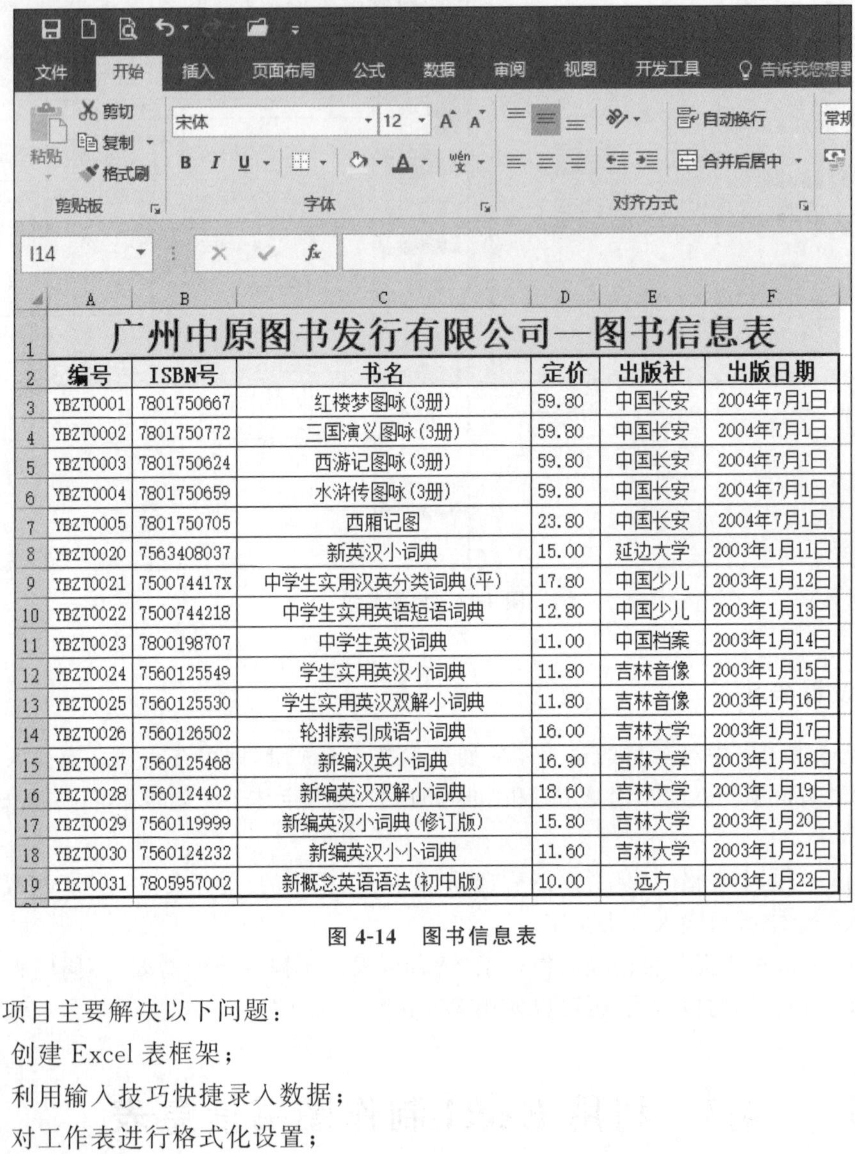

编号	ISBN号	书名	定价	出版社	出版日期
YBZT0001	7801750667	红楼梦图咏(3册)	59.80	中国长安	2004年7月1日
YBZT0002	7801750772	三国演义图咏(3册)	59.80	中国长安	2004年7月1日
YBZT0003	7801750624	西游记图咏(3册)	59.80	中国长安	2004年7月1日
YBZT0004	7801750659	水浒传图咏(3册)	59.80	中国长安	2004年7月1日
YBZT0005	7801750705	西厢记图	23.80	中国长安	2004年7月1日
YBZT0020	7563408037	新英汉小词典	15.00	延边大学	2003年1月11日
YBZT0021	750074417X	中学生实用汉英分类词典(平)	17.80	中国少儿	2003年1月12日
YBZT0022	7500744218	中学生实用英语短语词典	12.80	中国少儿	2003年1月13日
YBZT0023	7800198707	中学生英汉词典	11.00	中国档案	2003年1月14日
YBZT0024	7560125549	学生实用英汉小词典	11.80	吉林音像	2003年1月15日
YBZT0025	7560125530	学生实用英汉双解小词典	11.80	吉林音像	2003年1月16日
YBZT0026	7560126502	轮排索引成语小词典	16.00	吉林大学	2003年1月17日
YBZT0027	7560125468	新编汉英小词典	16.90	吉林大学	2003年1月18日
YBZT0028	7560124402	新编英汉双解小词典	18.60	吉林大学	2003年1月19日
YBZT0029	7560119999	新编英汉小词典(修订版)	15.80	吉林大学	2003年1月20日
YBZT0030	7560124232	新编英汉小小词典	11.60	吉林大学	2003年1月21日
YBZT0031	7805957002	新概念英语语法(初中版)	10.00	远方	2003年1月22日

广州中原图书发行有限公司—图书信息表

图 4-14　图书信息表

本项目主要解决以下问题：

- 创建 Excel 表框架；
- 利用输入技巧快捷录入数据；
- 对工作表进行格式化设置；
- 打印工作表。

在创建图书信息表之前，首先要考虑该表应包含的表头和各字段标题，然后再着手操作。制作过程主要包括设计图书信息表的整体框架、设计特殊单元格格式与数据有效性、输入图书基本信息、格式化工作表、打印工作表等。下面介绍具体的操作步骤。

1. 创建 Excel 工作表框架

创建 Excel 工作表框架的具体步骤如下。

① 打开 Excel，新建一个工作簿，命名为“图书信息表”，并将 Sheet1 工作表更名为

"图书信息"。

② 在 A1 单元格中输入"广州中原图书发行有限公司—图书信息表",在第 2 行的 A2、B2、…、F2 单元格中分别输入编号、ISBN 号、书名、定价、出版社、出版日期等相关字段。

说明：在输入标题时，由于开始时不知道表格有多少列，因此可先在 A1 单元格中输入，以后根据需要再单击"开始"工具栏上的"合并居中"按钮进行合并。如果知道需要合并到哪一列，则可以先选取单元格进行合并，再输入标题（把 A1～F1 进行合并）。

③ 调整行高和列宽。将光标定位到第 1 行和第 2 行的行标中间，当光标变成 形状后，拖曳鼠标调整到合适的高度。利用同样的方法调整字段行的行高。

按住 Ctrl 键或 Shift 键，选中 A～F 列，或其中某几列，选择"格式"|"列"|"列宽"选项，在打开的"列宽"对话框中输入列宽为"12"，单击"确定"按钮。使用"列宽"调整后，当个别列宽需要再次调整时（ISBN 号、出版日期等列），可以使用鼠标拖曳的方式实现（方法同行高的调整方式）。

④ 设置字体和对齐方式。

- 选中合并后的 A1 单元格，设置标题文字字体格式为宋体、24 号、黑色、加粗。
- 选中 A2～F2 单元格，设置其字体格式为新宋体、14 号、黑色、加粗。
- 选中 A～F 列，右击选择"设置单元格格式"选项，打开"设置单元格格式"对话框，如图 4-15 所示，在"对齐"选项卡中进行文本对齐方式的水平对齐和垂直对齐设置，在此均选择"居中"选项。

2. 设置特殊单元格格式与数据有效性

在表中，有些特定的数据需要在设置格式和数据有效性后才能正确和快速地输入，例如书号、出版日期等。

① 设置字段的数据格式。将编号、ISBN 号、书名、出版社列的单元格格式设置为"文本"型，出版日期列设置为"日期"型，定价列设置为"数字"型并精确到小数位数 2 位。

按住 Ctrl 键选择编号、ISBN 号、书名、出版社列，打开"设置单元格格式"对话框，选择"数字"选项卡，在"分类"列表框中选择"文本"选项，单击"确定"按钮，如图 4-16 所示。

将工作表中的出版日期列设置为"日期"型中的"2012 年 3 月 14 日"类型，如图 4-17 所示。当在单元格中输入"2022/2/1"时，会自动转换为"2022 年 2 月 1 日"。

定价列设置为"数字"型并精确到小数位数 2 位，如图 4-18 所示。

② 设置 ISBN 号列的数据验证（数据有效性）。选择"ISBN 号"项下的单元格区域，例如 B3：B30 单元格区域（假设表中有 30 条记录，实际操作时需要根据记录的具体数选取），选择"数据"|"数据验证"选项，打开"数据验证"对话框，如图 4-19 所示。在"设置"选项卡中设置"允许"为"文本长度"、"数据"为"等于"、"长度"为"10"。

在"输入信息"选项卡中，勾选"选定单元格时显示输入信息"项，在"标题"文本框中输入"提示："，在"输入信息"文本框中输入"请输入 10 位 ISBN 号码！"，如图 4-20 所示。单元格或单元格区域设置输入提示信息后，如果用户选择对应的单元格，系统就会出现提示信息，输入人员可以根据输入信息的提示向其中输入数据，避免数据超出范围。

图 4-15　设置单元格格式的对齐方式

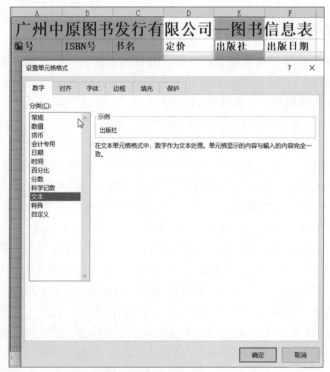

图 4-16　设置单元格格式为"文本"型

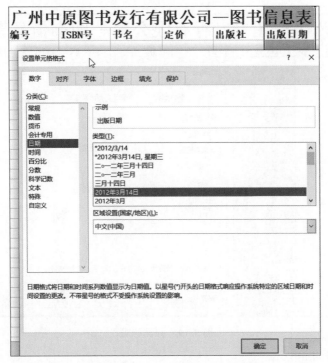

图 4-17　设置单元格格式为"日期"型

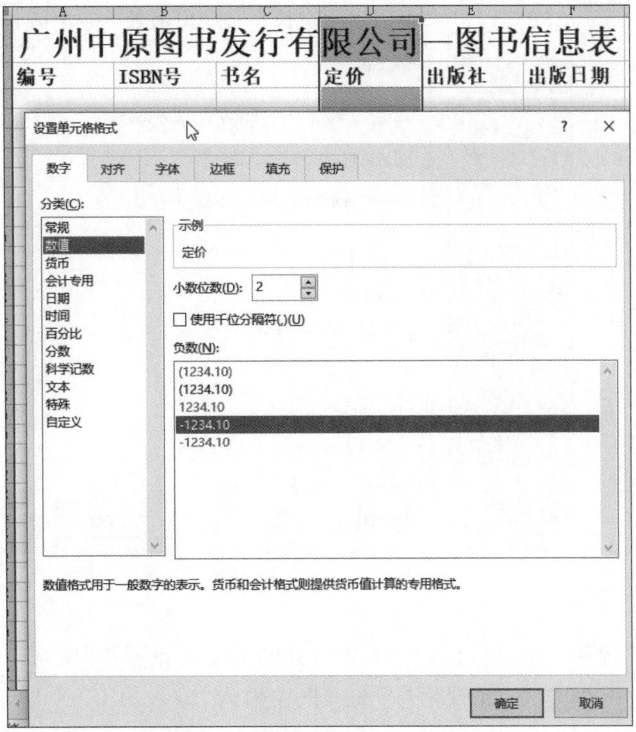

图 4-18　设置单元格格式为"数字"型

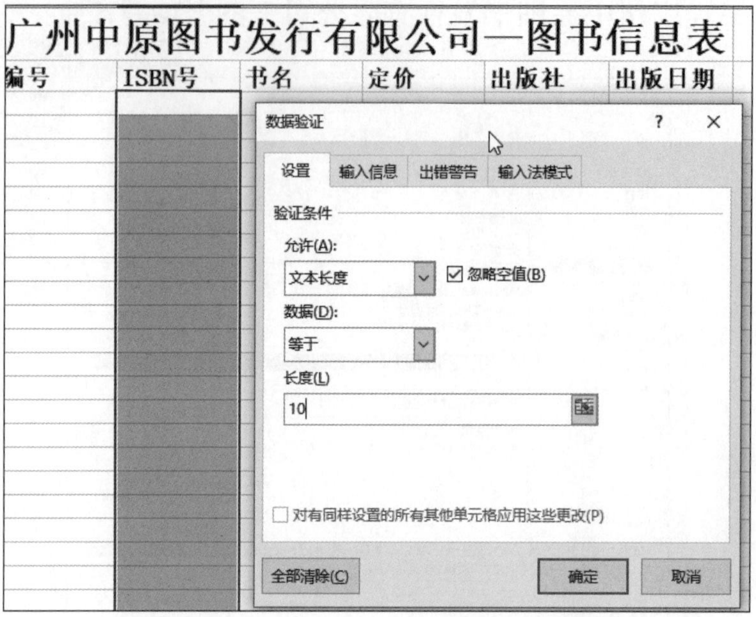

图 4-19　数据验证

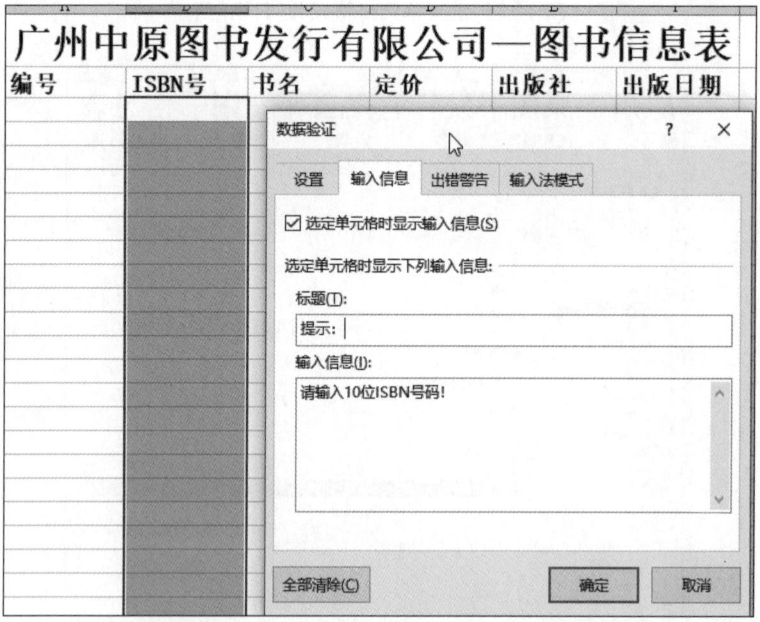

图 4-20　输入信息提示

在"出错警告"选项卡中，勾选"输入无效数据时显示出错警告"项，在"标题"文本框中输入"ISBN 号码位数不对！"，在"错误信息"文本框中输入"输入的 ISBN 号码不是 10 位，请重新输入！"，"样式"中共有 3 个选项：停止、警告、信息；一般设置为"停止"，如图 4-21 所示。

图 4-21　出错信息的设置

在单元格或单元格区域设置出错信息后,如果用户选择对应的单元格,输入超出范围的数据,系统就会发出警告,同时自动出现错误信息。

在"输入法模式"选项卡中有随意、打开和关闭(英文模式)3 种输入法模式。其中,选择"打开"将会使选择的单元格或区域在被选中时自动切换为中文输入状态,"关闭"与其相反,而"随意"则不受限制。本项目将其设置为"随意"。

设置完成后,单击"确定"按钮即可。当输入 ISBN 号码时,在鼠标右下角会出现相应的提示信息。

当输入的号码位数不正确时,会出现出错信息对话框,如图 4-22 所示。

图 4-22　出错信息

数据有效性的设置应该在数据输入之前完成,否则不会起作用。取消有效性设置的方法:先选中相应单元格,然后打开"数据验证"对话框,单击"全部清除"按钮,最后单击"确定"按钮即可。

3. 输入图书基本信息

完成以上设置后,可以将图书信息输入制作的表格中。在输入信息时,为了提高工作效率,可以利用 Excel 输入技巧快捷录入数据。在图书信息表中,编号字段可以按序列填充方式输入；书名、定价需要管理员自行录入；出版日期可以利用函数实现自动填充（说明：函数将在后面的章节中讲述）；出版社可以利用有效性设置完成。

① 利用数据填充功能输入图书编号。在 A3 单元格中输入第 1 本图书的编号，例如"YBZT0001"。将光标移到 A3 单元格右下角，向下拖曳填充柄，即可完成图书编号的快速输入，如图 4-23 所示。

② 利用数据有效性功能进行数据的选择性录入。选中 E3：E30 单元格区域，选择"数据"|"数据验证"选项，打开"数据验证"对话框。

在"设置"选项卡下的"允许"中选择"序列"选项，在"来源"文本框中输入"中国长安，北京大学，清华大学，高等教育"，序列中的各项以英文逗号分隔，单击"确定"按钮。在数据输入时，其单元格右侧会出现下拉按钮，提供数据信息的选择性输入，如图 4-24 所示。

图 4-23　自动填充　　　　　　　　图 4-24　数据验证

说明：这种有效性的设置还可以用到性别（男、女）、婚姻（已婚、未婚）、学历（研究生、本科、中学、小学）、部门（办公室、后勤部、销售部、制造部）、职位（董事长、总经理、部门经理、职工、临时工）的数据有效性信息上，进行选择性输入。

4. 修饰工作表

工作表数据输入完成后，要对工作表进行必要的修饰和美化。可以利用前面介绍的知识进行工作表的修饰。选中 A3：F34 区域，选择"设置单元格格式"选项。

① 在"设置单元格格式"对话框的"字体"选项卡中设置字体为宋体、黑色、12 号。

② 在"对齐"选项卡的"文本对齐方式"中设置水平和垂直对齐方式均为"居中"，在"文本控制"中勾选"缩小字体填充"项。

③ 设置行高为"20"，适当调整列宽。

④ 设置表格边框和底纹。选择所有的图书记录，打开"设置单元格格式"对话框，在"边框"选项卡中设置表格的内边框和外边框，如图 4-25 所示。设置内边框为细线，外边

框为粗线,还可以对边框线条的具体样式和颜色做进一步设置。设置完毕后,单击"确定"按钮,返回工作表,此时整个表格已添加上边框。

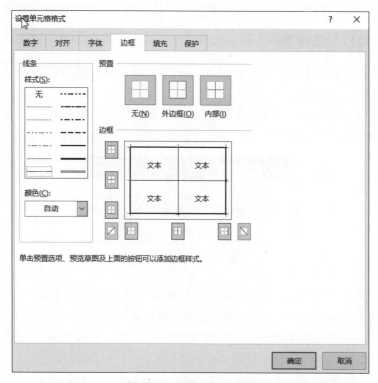

图 4-25　设置边框和底纹

⑤ 设置单元格底纹。在工作表中选择要设置底纹的单元格区域,例如合并后的 A1 单元格。在"设置单元格格式"对话框的"填充"选项卡中选择单元格的底纹颜色,单击"确定"按钮即可。利用同样的方法,可为字段行和表格中的任意区域设置底纹填充效果,如图 4-26 所示。

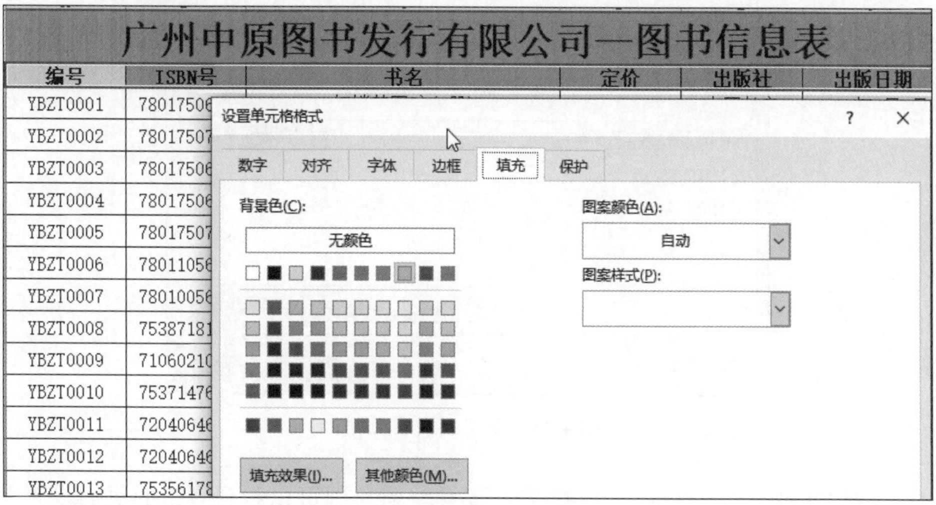

图 4-26　设置单元格底纹

说明：Excel 工作表默认的网格线并不是真正意义的表格线，仅是编辑时的参考依据，在预览与打印时均不显示，只有设置了边框的表格才能在打印时显示表格线。如果在编辑过程中不想看到网格线，可以选择"视图"|"显示"选项，取消勾选"网格线"项即可。

5. 设置和打印工作表

在制作好图书信息表之后，可以将工作表打印出来。在打印前，需要对工作表进行必要的页面设置和打印预览。

① 在"页面布局"选项卡中将"纸张方向"设置为"纵向"，"纸张大小"设置为"A4"，其他保留默认设置；将"页边距"设置为"居中方式"中的"水平"和"垂直"，如图 4-27 所示。

图 4-27　页面布局

② 在"页面设置"|"页眉/页脚"选项卡下，单击"自定义页眉"按钮，打开"页眉"对话框。在中间的编辑框中输入自定义页眉"图书管理信息"，单击"确定"按钮即可。

在"页脚"下拉列表框中选择页脚格式为"第 1 页，共 1 页"，如图 4-28 所示；在"工作表"选项卡中设置打印区域、打印标题、打印顺序等。

图 4-28　自定义页眉/页脚

③ 选择"文件"|"打印预览"选项，在打印预览窗口中可以看到表格的页面设置效果。

如果不太满意,则可以关闭打印预览窗口重新进行设置,也可以在打印预览窗口中单击"设置"按钮直接进行相关设置,直至满意为止。

6. 分页和分页预览

在 Excel 中,对于超过一页的工作表,系统能够自动设置分页,但有时用户希望按自己的需要对工作表进行人工分页。人工分页的方法是在工作表中插入分页符,分页符包括垂直人工分页符和水平人工分页符。

① 插入分页符。选中要开始新的一页的单元格,选择"页面布局"|"插入分页符"选项,在该单元格的上方和左侧就会各出现一条虚线,表示分页成功。

② 删除分页符。要想删除人工分页符,应选中分页虚线下一行或右一列的任意单元格,选择"页面布局"|"删除分页符"选项即可。如果要删除全部分页符,应选中整个工作表,然后选择"页面布局"|"重设所有分页符"选项。

③ 分页预览。选择"页面布局"|"分页预览"选项,出现分页预览视图,视图中的蓝色粗实线表示分页情况,当将鼠标指针移动到打印区域的边界,指针变为双向箭头时,拖曳鼠标可以改变打印区域的大小;当将鼠标指针移动到分页线上,指针变为双向箭头时,拖曳鼠标可以改变分页符的位置。

7. 设置顶端标题行和打印选定区域

用 Excel 分析处理数据后,在打印工作表时,每页都有表头和顶端标题行的操作步骤如下。

① 设置顶端标题行。选择"页面布局"|"打印标题"|"工作表"选项,单击"顶端标题行"文本框右侧的"压缩"按钮,在工作表中选中表头和顶端标题所在的单元格区域,再单击该按钮,单击"确定"按钮,打印时即可在每页的顶端出现选中的表头和标题行。

② 打印区域的选择。在工作表中选中要打印的单元格区域,在"页面布局"|"打印标题"|"工作表"选项中设置打印区域。

8. 工作簿与工作表的保护

对于一些重要的工作簿,为了避免其他用户恶意修改或删除源数据,可以使用 Excel 自带的工作簿保护功能进行保护。

① 保护工作簿。保护工作簿有两种方式,一种方式是保护工作簿的结构和窗口。首先打开将要保护的工作簿,选择"审阅"|"保护工作簿"选项,打开"保护工作簿"对话框,在"密码(可选)"文本框中输入保护密码,如图 4-29 所示。设置完成后,单击"确定"按钮。

再次打开工作簿后,不能对工作簿的结构和窗口进行修改,即不能添加、删除工作表和改变工作表的窗口大小。

另一种方式是设置工作簿保护密码。在当前工作簿中选择"文件"|"信息"|"保护工作簿"选项中进行相关设置,如图 4-30 所示。设置完成后,当关闭工作簿后再次打开时,会弹出"密码"提示框,输入正确密码后才能打开工作簿。

图 4-29　保护工作簿(1)

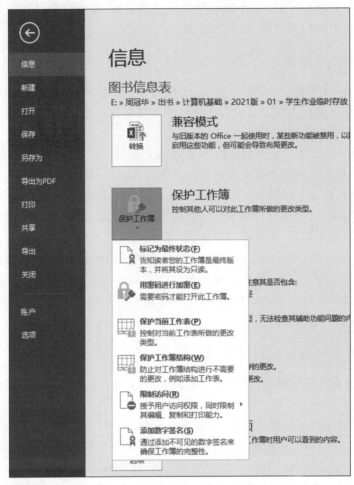

图 4-30　保护工作簿（2）

② 保护工作表。保护工作表功能可以实现对单元格、单元格格式、插入行、删除列等操作的锁定，防止其他用户随意修改。打开工作表，选择"审阅"|"保护工作表"选项，打开"保护工作表"对话框，如图 4-31 所示。

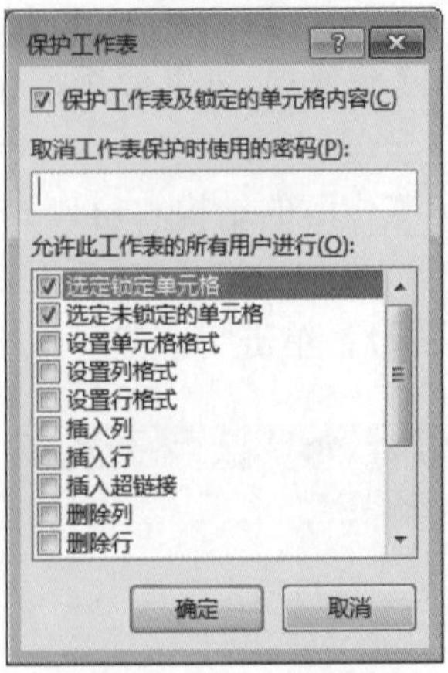

在"取消工作表保护时使用的密码"文本框中输入工作表的保护密码，在"允许此工作表的所有用户进行"列表框中取消所有的复选框选项，完成后单击"确定"按钮，在弹出的"确认密码"对话框中再次输入密码，单击"确定"按钮即可。

当需要撤销工作表保护时，选择"审阅"|"保护工作表"选项，在打开的"撤销工作表保护"对话框中输入保护密码，单击"确定"按钮即可。

图 4-31　保护工作表

9. 工作表的冻结

对于一些长文档的工作表,在查看内容时为了方便对照,可以对工作表的相应字段进行冻结。这里对编号、ISBN号、书名、定价、出版社、出版日期表头字段进行冻结,在对图书表进行查询翻滚时,这些字段是不会移动的。

① 选中要冻结对象的下一行,这里要冻结的是工作表字段属性,所以选中 A3~F3 这一行。

② 选择"视图"|"冻结窗格"|"冻结拆分窗格"选项,此时向下查询相关内容,表头字段不会移动,如图 4-32 所示。如果要取消冻结,选择"视图"|"取消冻结窗格"选项即可。

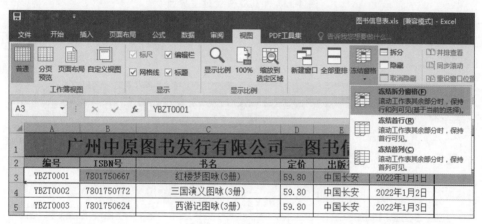

图 4-32　冻结窗格

4.4　利用 Excel 函数实现单位工资管理

Excel 提供的公式和函数功能可以实现对大量数据的快捷计算和统计,从而简化工作,大幅提高工作效率,本项目利用 Excel 建立实现员工工资管理功能的多张表格,并通过关联表的制作完成各表之间的关联。

实训项目:单位工资管理

为了实现单位工资管理的完整性,在此建立"单位工资管理"工作簿。在该工作簿中,包含"主界面""员工基本信息表""计算比率及标准表""员工基本工资表""补贴补助表""社会保险表""工资表"7 张工作表,所有的表在项目中按步骤操作完成。

① 主界面用于在"单位工资管理"工作簿中实现各工作表之间的切换和链接,效果如图 4-33 所示。

② 根据社会保险、住房公积金、个人所得税等计算标准,在单位工资管理表中创建相关的计算比率表和单位内部制度规定的其他计算标准表。"计算比率及标准表"中包含

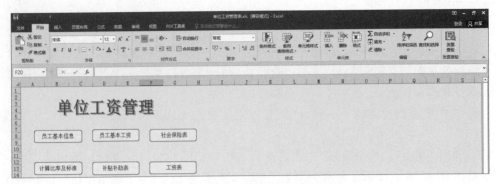

图 4-33　单位工资管理主界面

"社会保险及住房公积金比率表""单位工资标准表""个人应税薪金税率表"和"员工补贴标准表"等,如图 4-34 所示。

社会保险及住房公积金比率表				单位工资标准表				员工补贴标准表				
	负担比例分配			职位	基本工资	岗位工资			住房补贴	伙食补贴	交通补贴	医疗补贴
保险种类	单位	个人		总经理	5000	1500		总经办	450	400	1000	180
养老保险	20%	8%		助理	4000	500		行政部	450	320	300	180
医疗保险	10%	2%		文员	3000	500		财务部	450	320	400	180
失业保险	1.50%	0.50%		主管	4000	200		业务部	450	500	2000	120
住房公积金	8%	8%		职员	3000	200		配送部	450	300	1000	120
				网管	3000	300		工程部	450	300	1000	120
个人应税薪金税率表				行政	2500	1500		门店部	450	450	100	120
应税薪金		税率		外助	2500	2000		售后部	450	200	1000	120
下限	上限			业务员	2000	2500						
	¥500.00	¥0.05		内助	3500	500						
¥501.00	¥2 000.00	¥0.10		库管	4500	100						
¥2 001.00	¥5 000.00	¥0.15		司机	4500	500						
¥5 001.00	¥20 000.00	¥0.20		搬运	3400	500						
¥20 001.00	¥40 000.00	¥0.25		监力	3500	1500						
¥40 001.00	¥60 000.00	¥0.30		店长	4500	500						
¥60 001.00	¥80 000.00	¥0.35		店员	2500	500						
¥80 001.00	¥100 000.00	¥0.40		结算员	3500	500						
¥100 001.00		¥0.45		信息	3500	500						
				维修	4500	100						
				安装	4500	100						

图 4-34　计算比率及标准表

③ "员工基本工资表"主要包含员工的"基本工资""岗位工资""工龄工资"等信息,反映了每位员工的基本工资金额,如图 4-35 所示。

④ "员工补贴标准表"反映了单位员工的福利情况,是社会保障中除基本保障之外的补充保障。根据企业规模和效益的不同,员工的福利保障水平也有所不同。本项目以员工所属部门约定住房补贴、伙食补贴、交通补贴和医疗补贴的金额,具体约定如图 4-36 所示。

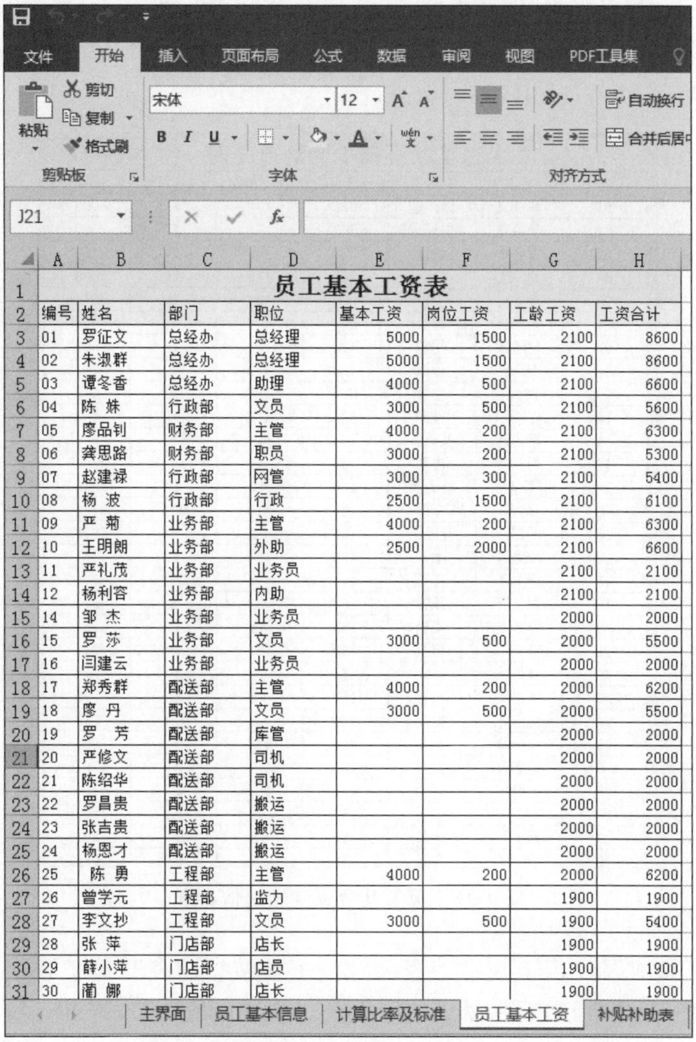

员工基本工资表							
编号	姓名	部门	职位	基本工资	岗位工资	工龄工资	工资合计
01	罗征文	总经办	总经理	5000	1500	2100	8600
02	朱淑群	总经办	总经理	5000	1500	2100	8600
03	谭冬香	总经办	助理	4000	500	2100	6600
04	陈 姝	行政部	文员	3000	500	2100	5600
05	廖品钊	财务部	主管	4000	200	2100	6300
06	龚思路	财务部	职员	3000	200	2100	5300
07	赵建禄	行政部	网管	3000	300	2100	5400
08	杨 波	行政部	行政	2500	1500	2100	6100
09	严 菊	业务部	主管	4000	200	2100	6300
10	王明朗	业务部	外助	2500	2000	2100	6600
11	严礼茂	业务部	业务员			2100	2100
12	杨利容	业务部	内助			2100	2100
14	邹 杰	业务部	业务员			2000	2000
15	罗 莎	业务部	文员	3000	500	2000	5500
16	闫建云	业务部	业务员			2000	2000
17	郑秀群	配送部	主管	4000	200	2000	6200
18	廖 丹	配送部	文员	3000	500	2000	5500
19	罗 芳	配送部	库管			2000	2000
20	严修文	配送部	司机			2000	2000
21	陈绍华	配送部	司机			2000	2000
22	罗昌贵	配送部	搬运			2000	2000
23	张吉贵	配送部	搬运			2000	2000
24	杨恩才	配送部	搬运			2000	2000
25	陈 勇	工程部	主管	4000	200	2000	6200
26	曾学元	工程部	监力			1900	1900
27	李文抄	工程部	文员	3000	500	1900	5400
28	张 萍	门店部	店长			1900	1900
29	薛小萍	门店部	店员			1900	1900
30	蔺 娜	门店部	店长			1900	1900

图 4-35 员工基本工资表

员工补贴标准表				
	住房补贴	伙食补贴	交通补贴	医疗补贴
总经办	450	400	1000	180
行政部	450	320	300	180
财务部	450	320	400	180
业务部	450	500	2000	120
配送部	450	300	1000	120
工程部	450	300	1000	120
门店部	450	450	100	120
售后部	450	200	1000	120

图 4-36 员工补贴标准表

⑤ "员工社会保险缴纳情况表"反映了员工社会保险中个人需要承担部分的计算标准。社会保险包括养老保险、医疗保险、失业保险等,其中,个人需要承担的部分是在基本工资的基础上计算出来的。例如,养老保险的计算公式为养老保险=基本工资×养老保险个人负担比例(8.00%),如图 4-37 所示。

员工社会保险缴纳情况表						
编号	姓名	部门	养老保险	医疗保险	失业保险	合计
01	罗征文	总经理	688	172	43	903
02	朱淑群	总经理	688	172	43	903
03	谭冬香	助理	528	132	33	693
04	陈姝	文员	448	112	28	588
05	廖品钊	主管	504	126	31.5	661.5
06	龚思路	职员	424	106	26.5	556.5
07	赵建禄	网管	432	108	27	567
08	杨波	行政	488	122	30.5	640.5
09	严菊	主管	504	126	31.5	661.5
10	王明朗	外助	528	132	33	693
11	严礼茂	业务员	168	42	10.5	220.5
12	杨利容	内助	168	42	10.5	220.5
14	邹杰	业务员	160	40	10	210
15	罗莎	文员	440	110	27.5	577.5
16	闫建云	业务员	160	40	10	210
17	郑秀群	主管	496	124	31	651
18	廖丹	文员	440	110	27.5	577.5
19	罗芳	库管	160	40	10	210
20	严修文	司机	160	40	10	210
21	陈绍华	司机	160	40	10	210
22	罗昌贵	搬运	160	40	10	210
23	张吉贵	搬运	160	40	10	210
24	杨恩才	搬运	160	40	10	210
25	陈勇	主管	496	124	31	651
26	曾学元	监力	152	38	9.5	199.5
27	李文抄	文员	432	108	27	567
28	张萍	店长	152	38	9.5	199.5
29	薛小萍	店员	152	38	9.5	199.5
30	蔺郦	店长	152	38	9.5	199.5

图 4-37　员工社会保险缴纳情况表

⑥ "员工工资表"将"员工基本工资表""员工补贴标准表""员工社会保险缴纳情况表"中的数据逐一提取到该表中,从而统计出员工本月应发工资、应扣工资和实发工资信息,如图 4-38 所示。

1. 创建"单位工资管理"工作簿

创建"单位工资管理"工作簿的具体操作步骤如下。

① 启动 Excel,界面上有默认的 Sheet1、Sheet2、Sheet3 三个工作表。在任意工作表的标签上右击,从弹出的快捷菜单中选择"插入"选项,根据随后出现的系统提示操作,添加一个新工作表 Sheet4。上述方法一次只能添加一个工作表,如果想添加多个工作表,则可利用 Shift 键选取多个工作表,右击后选择"插入"选项,即可快速添加与选取个数一样多的工作表。本项目共有 7 个工作表。

② 将 7 个工作表的名称依次更改为"主界面""员工基本信息""计算比率及标准""员工基本工资""补贴补助表""社会保险表""工资表""个人工资条"。

③ 保存工作簿,并以"单位工资管理"为名存储。

编号	姓名	部门	基本工资	住房补贴	伙食补贴	交通补贴	医疗补贴	应发小计	养老保险	医疗保险	失业保险	住房公积金	个人所得税	应扣金额	实发小计
								员工工资表							
01	罗征文	总经理	8600	450	400	1000	180	10630	688	172	43	850.4	1591		
02	朱淑群	总经理	8600	450	320	300	180	9850	688	172	43	788	1435		
03	谭冬香	助理	6600	450	320	400	180	7950	528	132	33	636	1055		
04	陈姝	文员	5600	450	500	2000	120	8670	448	112	28	693.6	1199		
05	廖品钊	主管	6300	450	300	1000	120	8170	504	126	31.5	653.6	1099		
06	龚思路	职员	5300	450	300	1000	120	7170	424	106	26.5	573.6	899		
07	赵建禄	网管	5400	450	450	100	120	6520	432	108	27	521.6	769		
08	杨波	行政	6100	450	200	1000	120	7870	488	122	30.5	629.6	1039		
09	严菊	主管	6300	0	0	0	0	6300	504	126	31.5	504	725		
10	王明朗	外助	6600	0	0	0	0	6600	528	132	33	528	785		
11	严礼茂	业务员	2100	0	0	0	0	2100	168	42	10.5	168	105		
12	杨利容	内助	2100	0	0	0	0	2100	168	42	10.5	168	105		
14	邹杰	业务员	2000	0	0	0	0	2000	160	40	10	160	95		
15	罗莎	文员	5500	0	0	0	0	5500	440	110	27.5	440	580		
16	闫建云	业务员	2000	0	0	0	0	2000	160	40	10	160	95		
17	郑秀群	主管	6200	0	0	0	0	6200	496	124	31	496	705		
18	廖丹	文员	5500	0	0	0	0	5500	440	110	27.5	440	580		
19	罗芳	库管	2000	0	0	0	0	2000	160	40	10	160	95		
20	严修文	司机	2000	0	0	0	0	2000	160	40	10	160	95		
21	陈绍华	司机	2000	0	0	0	0	2000	160	40	10	160	95		
22	罗昌贵	搬运	2000	0	0	0	0	2000	160	40	10	160	95		
23	张吉贵	搬运	2000	0	0	0	0	2000	160	40	10	160	95		
24	杨恩才	搬运	2000	0	0	0	0	2000	160	40	10	160	95		
25	陈勇	主管	6200	0	0	0	0	6200	496	124	31	496	705		
26	曾学元	监力	1900	0	0	0	0	1900	152	38	9.5	152	85		
27	李文抄	文员	5400	0	0	0	0	5400	432	108	27	432	565		
28	张萍	店长	1900	0	0	0	0	1900	152	38	9.5	152	85		
29	薛小萍	店员	1900	0	0	0	0	1900	152	38	9.5	152	85		

图 4-38　员工工资表

2. 制作"主界面"工作表

制作"主界面"工作表的具体操作步骤如下。

① 选中"主界面"工作表。在"视图"|"显示"选项卡中取消"网格线"复选框,从而取消工作表中的网格线。

② 选中整个工作表,单击"开始"工具栏上的"填充"按钮(油桶图标),设置工作表填充颜色为浅青绿色。

③ 利用插入艺术字的方法插入艺术字标题"单位工资管理",并进行适当的格式设置。

④ 选择"插入"|"形状"工具栏上的自选图形绘制圆角矩形,并进行填充效果、线条颜色以及图形大小的设置。将绘制好的圆角矩形复制 6 个,并将它们按图 4-33 所示的位置放置。

在圆角矩形上右击,从弹出的快捷菜单中选择"编辑文字"选项,输入相应文字,并将文字的水平和垂直对齐方式设置为"居中"。

⑤ 设置圆角矩形与对应工作表的超链接。例如,选择"员工基本信息"矩形,右击后选择"超链接"选项,在打开的"插入超链接"对话框中选择"本文档中的位置"|"员工基本信息"工作表即可,如图 4-39 所示。

图 4-39　插入超链接

3. 创建员工基本信息表

选中"员工基本信息"表,在该表中完成出生日期、年龄、工龄的计算(此表的创建相关要求请参照"图书信息表")。

在表中可以看到出生日期、年龄和工龄都没有填入,可以利用下面的操作完成填充。

① 利用函数从身份证号中自动提取出生日期。身份证号与一个人的性别、出生年月、籍贯等信息是紧密相连的。按照规定,18 位身份证号的第 7、8、9、10 位为出生年份(4位数),第 11、12 位为出生月份,第 13、14 位为出生日期。

在 D3 单元格中输入:

```
=CONCATENATE(MID(C3,7,4),"年",MID(C3,11,2),"月",MID(C3,13,2),"日")
```

按 Enter 键后,即可从身份证号中提取员工的出生日期。将光标移到 D3 单元格右下角,拖曳填充柄复制公式,即可从员工的身份证号中提取出生日期。

说明:CONCATENATE(text1,text2,…)函数的作用是将多个文本字符串合并为一个文本字符串。MID(text,d1,d2)函数的作用是从文本字符串 text 的第 d1 位开始提取 d2 个特定的字符。例如:MID(C3,7,4)表示从身份证号的第 7 位号码开始提取 4 位号码,表示出生的"年"。最后,利用 CONCATENATE 函数对提取的号码进行组合,即可得到员工的出生日期。

② 利用公式计算员工的工龄和年龄。当员工信息表中员工的工作时间和出生日期确定后,即可通过编辑公式直接计算出员工的工龄和年龄。

将光标置于 J3 单元格中,输入"=YEAR(TODAY())−YEAR(H3)",按 Enter 键,即可计算出第一位员工的工龄。复制公式计算出所有员工的工龄。

利用同样的方法,在 I3 单元格中输入"＝YEAR(TODAY())－YEAR(D3)"进行员工年龄的计算。

说明:出生日期和工作时间应该设置为日期型,工龄和年龄应该设置为数字型。

4. 创建计算比率及标准表

创建计算比率及标准表的具体操作步骤如下。

① 选择"计算比率及标准"工作表,在该表中建立"社会保险及住房公积金比率表""单位工资标准表""个人应税薪金税率表""员工补贴标准表"等多个表,并分别输入表 4-1 至表 4-4 中对应的数据信息。

表 4-1　社会保险及住房公积金比率表

保 险 种 类	负担比例分配	
	单位/%	个人/%
养老保险	20	8
医疗保险	10	2
失业保险	1.50	0.50
住房公积金	8	8

表 4-2　个人应税薪金税率表

应 税 薪 金		税　　率
下限/元	上限/元	
	500.00	0.05
501.00	2000.00	0.10
2001.00	5000.00	0.15
5001.00	20 000.00	0.20
20 001.00	40 000.00	0.25
40 001.00	60 000.00	0.30
60 001.00	80 000.00	0.35
80 001.00	100 000.00	0.40
100 001.00		0.45

表 4-3　员工补贴标准表

	住房补贴/元	伙食补贴/元	交通补贴/元	医疗补贴/元
总经办	450	400	1000	180
行政部	450	320	300	180

	住房补贴/元	伙食补贴/元	交通补贴/元	医疗补贴/元
财务部	450	320	400	180
业务部	450	500	2000	120
配送部	450	300	1000	120
工程部	450	300	1000	120
门店部	450	450	100	120
售后部	450	200	1000	120

表 4-4　单位工资标准表

职位	基本工资/元	岗位工资/元	职位	基本工资/元	岗位工资/元
总经理	5000	1500	库管	4500	100
助理	4000	500	司机	4500	500
文员	3000	500	搬运	3400	500
主管	4000	200	监力	3500	1500
职员	3000	200	店长	4500	500
网管	3000	300	店员	2500	500
行政	2500	1500	结算员	3500	500
外助	2500	2000	信息	3500	500
业务员	2000	2500	维修	4500	100
内助	3500	500	安装	4500	100

② 相关数据输入完成后，可以对单元格进行字体、对齐方式、底纹、边框等的设置，如图 4-40 所示。

5. 创建员工基本工资表

员工基本工资表的效果如图 4-35 所示，创建员工基本工资表的具体操作步骤如下。

① 选择"员工基本工资"表，分别输入标题和各字段名，并对标题及字段行进行格式设置，包括合并单元格、字体、对齐方式、边框和底纹设置等。

利用公式自动获取"编号""姓名""部门""职位"信息。选中 A3 单元格，在公式编辑栏中输入公式"=员工基本信息!A3"，按 Enter 键即可从"员工基本信息"表中自动提取员工的编号。拖曳填充并复制公式即可从"员工基本信息"表中自动提取其他员工的编号。

按同样的方法，在 B3 单元格中输入公式"=员工基本信息! B3"，在 C3 单元格中输入公式"=员工基本信息!K3"，在 D3 单元格中输入公式"=员工基本信息!L3"，完成"姓

员工信息表

序号	姓名	身份证号	出生日期	性别	婚姻	学历	工作时间	年龄	工龄	部门	职位
01	罗征文	510112	1970年05月25日	男	已婚	高中	2001年1月2日	52	21	总经办	总经理
02	朱淑群	511024	1973年01月26日	男	已婚	本科	2001年2月2日	49	21	总经办	总经理
03	谭冬香	430524	1975年10月06日	女	已婚	大专	2001年3月2日	47	21	总经办	助理
04	陈姝	511381	1986年08月30日	女	已婚	高中	2001年4月2日	36	21	行政部	文员
05	廖品钊	510111	1964年11月16日	男	已婚	本科	2001年5月2日	58	21	财务部	主管
06	龚思路	510104	1987年04月09日	男	已婚	硕士	2001年6月2日	35	21	财务部	职员
07	赵建禄	510403	1981年03月05日	男	已婚	高中	2001年7月2日	41	21	行政部	网管
08	杨波	510824	1987年08月25日	男	已婚	本科	2001年8月2日	35	21	行政部	行政
09	严菊	51010	1980年01月18日	女	已婚	大专	2001年9月2日	42	21	业务部	主管
10	王明朗	51372	1983年07月07日	男	已婚	高中	2001年10月2日	39	21	业务部	外助
11	严礼茂	51010	1981年06月24日	男	已婚	本科	2001年11月2日	41	21	业务部	业务员
12	杨秋容	50022	1986年08月04日	女	已婚	硕士	2001年12月2日	36	21	业务部	内助
14	邹杰	51078	1986年11月21日	男	已婚	本科	2002年1月2日	36	20	业务部	业务员
15	罗莎	51138	1986年10月08日	女	未婚	大专	2002年2月2日	36	20	业务部	文员
16	闫建云	51011	1985年09月29日	男	未婚	高中	2002年3月2日	37	20	业务部	业务员
17	郑秀群	51303	1982年07月10日	男	已婚	本科	2002年4月2日	40	20	配送部	主管
18	廖丹	51303	1987年07月28日	女	未婚	硕士	2002年5月2日	35	20	配送部	文员
19	罗芳	51102	1978年08月13日	女	已婚	高中	2002年6月2日	44	20	配送部	库管
20	严修文	51011	1954年04月21日	男	已婚	本科	2002年7月2日	68	20	配送部	司机
21	陈绍华	51102	1970年03月07日	男	未婚	大专	2002年8月2日	52	20	配送部	司机
22	罗昌贵	51252	1949年11月09日	男	已婚	高中	2002年9月2日	73	20	配送部	搬运
23	张吉贵	51102	1973年07月05日	男	已婚	本科	2002年10月2日	49	20	配送部	搬运
24	杨恩才	51052	964年08月19日	男	已婚	硕士	2002年11月2日	58	20	配送部	搬运
25	陈勇	51112	981年08月05日	男	已婚	高中	2002年12月2日	41	20	工程部	主管
26	曾学元	51011	970年08月29日	男	未婚	本科	2003年1月2日	52	19	工程部	监力
27	李文抄	510108	1986年01月11日	男	已婚	大专	2003年2月2日	36	19	工程部	文员
28	张萍	5101021	1973年03月17日	女	已婚	高中	2003年3月2日	49	19	门店部	店长
29	薛小萍	5111231	1974年08月02日	女	已婚	本科	2003年4月2日	48	19	门店部	店长
30	蔺娜	4123271	1981年06月24日	女	已婚	大专	2003年5月2日	41	19	门店部	店长

| 主界面 | 员工基本信息 | 计算比率及标准 | 员工基本工资 | 补贴补助表 | 社会保险 | 工资表 | ⊕ |

图 4-40　员工基本信息

名""部门""职位"字段信息的自动获取,如图 4-41 所示。

员工基本工资表

编号	姓名	部门	职位	基本工资	岗位工资	工龄工资	工资合计
01	罗征文	总经办	总经理				
02	朱淑群	总经办	总经理				
03	谭冬香	总经办	助理				
04	陈姝	行政部	文员				
05	廖品钊	财务部	主管				
06	龚思路	财务部	职员				
07	赵建禄	行政部	网管				
08	杨波	行政部	行政				
09	严菊	业务部	主管				
10	王明朗	业务部	外助				

图 4-41　自动获取"姓名""部门""职位"字段信息

　　② 根据"计算比率及标准"表中"单位工资标准"中的工资发放标准确定员工的"基本工资"和"岗位工资"。

　　在 E3 单元格中输入公式"＝IF(D3＝"总经理",5000,IF(D3＝"助理",4000,IF(D3＝"文员",3000,IF(D3＝"主管",4000,IF(D3＝"职员",3000,IF(D3＝"网管",3000,IF(D3＝"行政",2500,IF(D3＝"外助",2500,""))))))))",按 Enter 键即可获取该员工基本工资。

　　复制公式,获得其他员工的基本工资。

可以利用同样的方法计算员工的岗位工资。

说明：在使用 IF 函数时要注意，当 IF 函数多层嵌套时，括号要成对出现；公式中的符号必须使用英文符号；由于这里的职位太多了，此处只举出总经理、助理、文员等部分，其他操作一样。

③ 计算员工的工龄工资。员工的工龄工资是根据员工在单位工作时间的长短而设立的工资项。

在 G3 单元格中输入公式"＝（YEAR（TODAY（））－YEAR（员工基本信息！H3））＊100"，按 Enter 键即可根据员工的工龄计算出其工龄工资。利用公式填充功能计算出所有员工的工龄工资。

④ 计算所有员工的基本工资合计额。在 H3 单元格中输入公式"＝SUM（E3：G3）"，按 Enter 键即可，计算出该员工的工资合计额。利用公式填充功能计算出所有员工的工资合计额，如图 4-42 所示。

员工基本工资表						
编号	姓名	部门	职位	基本工资	岗位工资	工龄工资	工资合计
01	罗征文	总经办	总经理	5000	1500	900	7400
02	朱淑群	总经办	总经理	5000	1500	900	7400
03	谭冬香	总经办	助理	4000	500	900	5400
04	陈姝	行政部	文员	3000	500	900	4400
05	廖品钊	财务部	主管	4000	200	900	5100
06	龚思路	财务部	职员	3000	200	900	4100
07	赵建禄	行政部	网管	3000	300	900	4200
08	杨波	行政部	行政	2500	1500	900	4900
09	严菊	业务部	主管	4000	200	900	5100
10	王明朗	业务部	外助	2500	2000	900	5400
11	严礼茂	业务部	业务员			900	900
12	杨利容	业务部	内助			900	900
14	邹杰	业务部	业务员			800	800
15	罗莎	业务部	文员	3000	500	800	4300

图 4-42 计算基本工资、岗位工资、工龄工资和工资合计

6. 创建员工社会保险表

员工社会保险表的完成效果图 4-37 所示，创建员工社会保险表的具体操作步骤如下。

① 在"社会保险"表中分别输入标题和各字段名，并对单元格进行字体、对齐方式、边框和底纹等的设置。利用前面所述的方法自动获取"编号""姓名""部门"等字段信息。

使用公式计算每位员工应扣的养老保险、医疗保险、失业保险金额。应扣各项保险金额是根据员工应发基本工资的总和乘以国家规定的计算系数，从而得到的应扣金额。在此，根据"计算比率及标准"表中"社会保险及住房公积金比率表"所列系数进行计算。

在 D3 单元格中输入公式"＝ROUND（员工基本工资！H3＊计算比率及标准！＄C＄4，2）"，按 Enter 键即可计算出该员工的养老保险金额。利用公式填充功能计算出其他员工的养老保险金额。

按照上述方法，在 E3 单元格中输入公式"＝ROUND（员工基本工资！H3＊计算比率

及标准！$C$5,2)”，按 Enter 键即可计算出员工医疗保险金额。

在 F3 单元格中输入公式“＝ROUND(员工基本工资!H3＊计算比率及标准!$C$6,2)”，按 Enter 键即可计算出员工失业保险金额。

② 合计每位员工应扣社会保险总金额。在 G3 单元格中输入公式“＝SUM(D3：F3)”，按 Enter 键即可计算出该员工应扣的社会保险总金额。利用公式复制功能计算出每位员工应扣社会保险总金额，如图 4-43 所示。

员工社会保险缴纳情况表						
编号	姓名	部门	养老保险	医疗保险	失业保险	合计
01	罗征文	总经理	592	148	37	777
02	朱淑群	总经理	592	148	37	777
03	谭冬香	助理	432	108	27	567
04	陈姝	文员	352	88	22	462
05	廖品钊	主管	408	102	25.5	535.5
06	龚思路	职员	328	82	20.5	430.5
07	赵建禄	网管	336	84	21	441
08	杨波	行政	392	98	24.5	514.5
09	严菊	主管	408	102	25.5	535.5
10	王明朗	外助	432	108	27	567
11	严礼茂	业务员	72	18	4.5	94.5
12	杨利容	内助	72	18	4.5	94.5

图 4-43 养老保险、医疗保险、失业保险和合计

7. 创建工资表

工资表的完成效果如图 4-38 所示，创建工资表的具体操作步骤如下。

① 选择“工资表”，分别输入标题和各字段名，并对标题及字段行进行格式设置，包括合并单元格、字体、对齐方式、边框和底纹设置等。

② 计算基本工资。员工的基本工资就是“员工基本工资”表中的合计工资。

在 D3 单元格中输入公式“＝员工基本工资!H3”，按 Enter 键即可计算出员工的最后基本工资。利用公式填充功能计算出所有员工的基本工资。

③ 计算住房补贴，在 E3 单元格中输入公式“＝补贴补助表!B3”，按 Enter 键即可计算出员工的住房补贴。利用公式填充功能计算出所有员工的住房补贴。

④ 计算伙食补贴，在 F3 单元格中输入公式“＝补贴补助表!C3”，按 Enter 键即可计算出员工的伙食补贴。利用公式填充功能计算出所有员工的伙食补贴。

⑤ 计算交通补贴，在 G3 单元格中输入公式“＝补贴补助表!D3”，按 Enter 键即可计算出员工的交通补贴。利用公式填充功能计算出所有员工的交通补贴。

⑥ 计算医疗补贴，在 H3 单元格中输入公式“＝补贴补助表!E3”，按 Enter 键即可计算出员工的医疗补贴。利用公式填充功能计算出所有员工的医疗补贴。

⑦ 计算应发小计，在 I3 单元格中输入公式“＝SUM(D3：H3)”，按 Enter 键即可计算出员工的应发小计。利用公式填充功能计算出所有员工的应发小计，如图 4-44 所示。

说明：后面的属性列这里不一一讲解，读者可以按前面所讲的方法自行完成未完成的部分。

员工工资表														
编号	姓名	部门	基本工资	住房补贴	伙食补贴	交通补贴	医疗补贴	应发小计	养老保险	医疗保险	失业保险	住房公积金	个人所得税	应扣金额	实发小计
01	罗征文	总经理	7400	450	400	1000	180	9430	592	148	37				
02	朱淑群	总经理	7400	450	320	300	180	8650	592	148	37				
03	谭冬香	助理	5400	450	320	400	180	6750	432	108	27				
04	陈姝	文员	4400	450	500	2000	120	7470	352	88	22				
05	廖品钊	主管	5100	450	300	1000	120	6970	408	102	25.5				
06	龚思路	职员	4100	450	300	1000	120	5970	328	82	20.5				
07	赵建录	网管	4200	450	450	100	120	5320	336	84	21				
08	杨波	行政	4900	450	200	1000	120	6670	392	98	24.5				
09	严菊	主管	5100	0	0	0	0	5100	408	102	25.5				
10	王明朗	外助	5400	0	0	0	0	5400	432	108	27				
11	严礼茂	业务员	900	0	0	0	0	900	72	18	4.5				
12	杨利容	内助	900	0	0	0	0	900	72	18	4.5				
14	邹杰	业务员	800	0	0	0	0	800	64	16	4				

图 4-44　员工工资表

4.5　利用 Excel 数据库处理学生成绩

Excel 具有强大的数据库处理功能,可以在工作表中建立一个数据库表格,对数据库表中的数据进行排序、筛选、分类、汇总等各种数据管理和统计分析。数据库表中的每一行数据被称为一条记录,每一列被称为一个字段,每一列的标题为该字段的字段名。若要使用 Excel 的数据库管理功能,在创建 Excel 工作表时必须遵循以下准则。

- 避免在一张工作表中建立多个数据库表,如果工作表中还有其他数据,则在数据库表与其他数据之间应至少留出一个空白列和一个空白行。
- 数据库表的第一行应有字段名,字段名使用的格式应与数据表中的其他数据有所区别。
- 字段名必须唯一,且数据库表中的同一列数据类型必须相同。
- 任意两行的内容不能完全相同,单元格内容不能以空格开头。

本项目将利用 Excel 的数据库管理功能实现对学生成绩的管理。

实训项目:学生成绩处理

在学校的教学工作中,对学生的成绩进行统计分析是一项非常重要的工作。利用 Excel 强大的数据处理功能可以迅速完成对学生成绩的处理。本项目要求对学生的期末成绩做如下处理。

① 制作成绩综合评定表。成绩综合评定表包含学生的各科成绩、综合评定、综合名次、奖学金等信息,如图 4-45 所示。

② 筛选出优秀学生名单和不及格学生名单,如图 4-46 和图 4-47 所示。

③ 单科成绩统计分析。统计单科成绩的最高分、最低分、各分数段的人数与比例等,如图 4-48 所示。

学号	姓名	性别	英语	法律基础	电子商务概论	网页制作	企业管理概论	市场营销学	SQL数据库应用	总分	名次	操行分	综合评定	综合名次	奖学金
20102000001	童敏	女	83	60	62	71	69	80	96			20	78	24	
20102000002	蔡呈红	女	76	66	64	74	73	91	94			25	84	14	三等奖
20102000003	邹春英	女	75	60	64	76	68	94	88			29	87	7	二等奖
20102000004	孙霞	女	79	60	58	77	69	87	74			20	76	26	
20102000005	毛红	女	71	66	65	73	73	93	85			24	82	19	
20102000006	张姗	女	86	60	50	80	67	52	92			25	80	21	
20102000007	廖敏静	女	90	68	71	73	72	91	89			26	88	6	二等奖
20102000008	蒲小燕	女	60	82	79	83	77	87	92			27	90	2	一等奖
20102000009	雷莉	女	83	68	62	58	73	83	90			28	85	11	三等奖
20102000010	徐旭	女	80	68	65	89	65	88	88			24	85	10	三等奖
20102000011	方承	男	64	68	47	75	67	83	79			25	78	23	
20102000012	程维香	女	74	64	69	81	70	75	84			23	81	20	
20102000013	郑艳梅	女	76	64	60	79	69	91	84			15	73	28	
20102000014	徐玲	女	79	76	87	48	70	93	80			25	85	13	三等奖
20102000015	付倩	女	85	64	68	76	62	92	91			28	88	5	二等奖
20102000016	邱慧	女	78	68	76	87	75	87	80			29	91	1	一等奖
20102000017	胡亚梅	女	83	61	80	77	72	93	93			27	89	3	一等奖
20102000018	杨春梅	女	78	65	76	83	67	91	84			25	86	8	二等奖
20102000019	胡荣胜	女	64	65	66	76	70	93	81			28	85	12	三等奖
20102000020	范纾霞	女	60	70	60	69	66	95	74			29	84	16	三等奖

成绩综合评定　优秀学生筛选　不及格学生筛选　单科成绩分析　单科成绩统计图

图 4-45　成绩综合评定表

英语	法律基础	电子商务概论	网页制作	企业管理概论	市场营销学	SQL数据库应用	综合名次
>=80	>=80	>=80	>=80	>=75	>=75	>=75	
							<=10

学号	姓名	性别	英语	法律基础	电子商务概论	网页制作	企业管理概论	市场营销学	SQL数据库应用	总分	名次	操行分	综合评定	综合名次	奖学金
20102000003	邹春英	女	75	60	64	76	68	94	88			29	87	7	二等奖
20102000007	廖敏静	女	90	68	71	73	72	91	89			26	88	6	二等奖
20102000008	蒲小燕	女	60	82	79	83	77	87	92			27	90	2	一等奖
20102000010	徐旭	女	80	68	65	89	65	88	88			24	85	10	三等奖
20102000015	付倩	女	85	64	68	76	62	92	91			28	88	5	二等奖
20102000016	邱慧	女	78	68	76	87	75	87	80			29	91	1	一等奖
20102000017	胡亚梅	女	83	61	80	77	72	93	93			27	89	3	一等奖
20102000018	杨春梅	女	78	65	76	83	67	91	84			25	86	8	二等奖
20102000026	杨莉	女	84	70	71	87	63	86	92			26	89	4	二等奖
20102000027	邱瑾	女	81	89	69	89	75	94	80			20	86	9	三等奖

图 4-46　优秀学生名单

英语	法律基础	电子商务概论	网页制作	企业管理概论	市场营销学	SQL数据库应用			
<60									
	<60								
		<60							
			<60						
				<60					
					<60				
						<60			

学号	姓名	性别	英语	法律基础	电子商务概论	网页制作	企业管理概论	市场营销学	SQL数据库应用	总分	名次	操行分	综合评定	综合名次	奖学金
20102000004	孙霞	女	79	60	58	77	69	87	74			20	76	26	
20102000006	张珊	女	86	60	50	80	67	52	92			25	80	21	
20102000009	雷莉	女	83	68	62	58	73	83	90			28	85	11	三等奖
20102000011	方承	男	64	68	47	75	67	83	79			25	78	23	
20102000014	徐玲	女	79	76	87	48	70	93	80			25	85	13	三等奖
20102000024	肖宗其	男	60	66	77	71	25	92	61			23	76	27	
20102000025	刘丹	男	53	71	60	68	61	76	83			25	77	25	

图 4-47　不及格学生名单

单科成绩统计分析							
	英语	法律基础	电子商务概论	网页制作	企业管理概论	市场营销学	SQL数据库应用
应考人数	28						
参考人数	27	28	28	28	28	28	28
缺考人数	1	0	0	0	0	0	0
最高分	90	89	87	89	85	95	96
最低分	53	60	47	48	25	52	60.5
90分以上人数	1	0	0	0	0	14	9
比例	3.70%	0.00%	0.00%	0.00%	0.00%	50.00%	32.14%
80-90分人数	10	2	2	11	1	25	21
比例	37.04%	7.14%	7.14%	39.29%	3.57%	89.29%	75.00%
70-80分人数	9	5	6	12	11	-12	-3
比例	33.33%	17.86%	21.43%	42.86%	39.29%	-42.86%	-10.71%
60-70分人数	6	21	17	3	15	0	1
比例	22.22%	75.00%	60.71%	10.71%	53.57%	0.00%	3.57%
60分以下人数	1	0	3	2	1	1	0
比例	3.70%	0.00%	10.71%	7.14%	3.57%	3.57%	0.00%

图 4-48　单科成绩统计分析

④ 单科成绩统计图。以饼状图的形式直观地显示各科成绩在 90 分以上的人数比例,如图 4-49 所示。

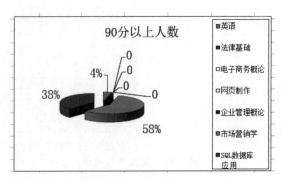

图 4-49　单科成绩统计

本项目的制作要求如下：

① 为了便于在屏幕上查看，需要对数据表格中的单元格文字、数字的格式（字体、边框、底纹等）进行适当处理；

② 为了保障数据准确，在各类原始成绩数据输入前要进行数据有效性设置；

③ 为了直观地显示优秀和不及格学生的考试成绩，利用数据的条件格式化对高于 90 分和低于 60 分的成绩采用不同的字体和颜色显示；

④ 对工作表中需要进行计算的数据使用公式和函数。

本项目主要解决以下问题：

① 利用"记录单"输入数据；

② 利用公式和函数对数据进行计算、统计和分析；

③ 实现数据的自动筛选和高级筛选；

④ 制作图表。

操作步骤如下。

1. 新建"学生成绩处理"工作簿

启动 Excel，插入两个新的工作表，将 5 个工作表的名称依次更改为"成绩综合评定""优秀学生筛选""不及格学生筛选""单科成绩分析""单科成绩统计图"。工作表命名结束后，以"学生成绩管理"为名保存工作簿。

2. 创建"成绩综合评定"表框架

在"学生成绩管理"工作簿中选择"成绩综合评定"表，在 A1 单元格中输入标题。在 A2:P2 单元格区域中依次输入各个字段标题。

① 设置标题格式。选中 A1:P1 单元格区域，单击工具栏上的"合并居中"按钮，合并该单元格区域，并将字体居中对齐。设置字体格式为宋体、20 号、加粗、黑色；行高为 40。

② 设置字段项格式。选中 A2:P2 单元格区域，将字体格式设置为 10 号、加粗。为了区分考试课与考查课，将相关课程设置为不同字体：英语、法律基础、电子商务概论、网页制作 4 门考试课使用黑体、蓝色；企业管理概论、市场营销学、SQL 数据库应用 3 门考查课使用楷体、褐色。

③ 设置边框和底纹。选中 A2:P30 单元格区域（本项目假设班里有 28 名学生），单击工具栏上的"边框"按钮右边的下拉按钮，选择"所有框线"选项，为工作表指定区域设置边框。选中标题单元格，将标题底纹设置为淡蓝色；选中字段项单元格区域，将字段项底纹设置为浅黄色。

④ 设置所有单元格内容在垂直方向和水平方向居中对齐。

3. 利用条件格式化设置单元格内容显示格式

设置输入成绩显示格式。为了突出显示满足一定条件的数据，本项目将 90 分以上（优秀）的单元格数字设置为蓝色、粗体，低于 60 分（不及格）的单元格数字设置为红色、斜体，操作步骤如下。

① 选中 D3：J30 单元格区域，选择"条件格式"|"管理规则"选项，打开"新建格式规则"对话框，在其中设置优秀成绩的数据条件，如图 4-50 所示。

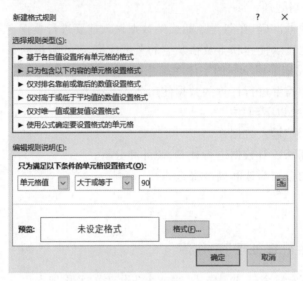

图 4-50　"新建格式规则"对话框

② 在"设置单元格格式"对话框中设置满足条件的单元格格式（蓝色、加粗）。设置完成后单击"确定"按钮回到"新建格式规则"对话框。

③ 在"新建格式规则"对话框中单击"格式"按钮，如图 4-51 所示，按照同样的方法添加不及格成绩的格式（红色、斜体）。

如果条件设置错误，则可以在"条件格式规则管理器"对话框中选择要删除的条件序号，然后再重新设置即可。

图 4-51　设置两个规则

说明：条件格式化最多可以设置 3 个条件，对于设置了条件格式化的单元格，在数据输入之前，其表面上没有任何变化，但当输入数据后，数字的字体格式会自动按照设定样式改变，并且会随着内容的变化自动进行格式调整。

4. 设置数据有效性

本项目中,各门课程对应的成绩范围为 0~100,操行分的范围为 10~30,性别设置为"男,女"。下面以设置各科成绩只能为 0~100,操作步骤如下,数据验证具体操作可参照 4.3 节。

① 选中需要设置数据有效性的单元格区域 D3:J32,选择"数据"|"数据验证"选项,打开"数据验证"对话框。

② 选择"设置"选项卡,在"允许"下拉列表中选择类型,本项目选择"小数"项。

③ 选择"输入信息"选项卡,在"标题"文本框内输入文本标题"输入成绩";在"输入信息"文本框中输入提示内容"请输入对应课程成绩(0~100)"。

④ 选择"出错警告"选项卡,勾选"输入无效数据时显示出错警告"复选框;在"样式"中选择"停止"选项;在"标题"和"出错信息"文本框中输入相应的出错信息文字。单击"确定"按钮,完成数据有效性的设置。同样,可按要求设置"操行分""性别"字段的有效性。

5. 数据输入

完成各项设置后,即可进行数据信息的输入。本项目中的数据输入是指学生基本信息(学号、姓名、性别)和原始数据(7 门考试课、考查课的成绩以及操行分)的输入,具体数据可自行输入,其他列的内容都需要使用公式和函数计算。

输入数据有两种方法:数据表直接输入和利用记录单输入。

数据表直接输入是指在工作表中选中某一单元格直接输入相应数据的方式,常用在按字段列输入信息的情况,即逐个字段输入数据。采用数据表直接输入数据时,单元格的有效性设置、条件格式化等都将发挥作用。同时,可以充分利用 Excel 的序列填充等技巧提高数据输入速度,但要注意输入时必须与课程列对应。

记录单是 Excel 专门为按逐条记录输入数据提供的输入方法。选中工作表字段行所在的单元格区域 A2:P2,选择"快速访问工具栏"|"记录单"选项,打开如图 4-52 所示的对话框,它显示了数据表中的所有字段,并且提供了增加、修改、删除以及检索记录功能。当数据记录很多时,记录单将会显示出很大的优势,利用它可以简捷、精确地输入记录。

注意:如果快速访问工具栏中没有"记录单"选项,则可以自行添加。添加步骤:"文件"|"Excel 选项"|"快速访问工具栏",在右侧的下拉列表中选择"所有命令"选项,找到"记录单"并单击"添加"按钮,如图 4-53 所示。

设置格式后的"成绩综合评定"表格在输入数

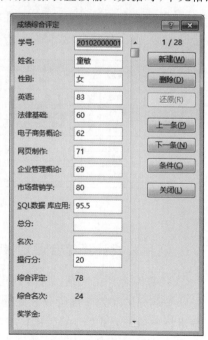

图 4-52　记录单

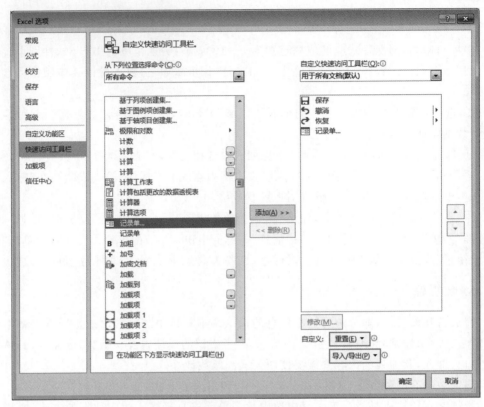

图 4-53　添加记录单

据后,条件格式化设置会自动生效;在输入成绩时,单元格中会自动出现提示信息;如果输入错误数据,则会自动出现"错误警告"信息。输入相关数据,如图 4-54 所示。

学号	姓名	性别	英语	法律基础	电子商务概论	网页制作	企业管理概论	市场营销学	SQL数据库应用	总分	名次	操行分	综合评定	综合名次	奖学金
20102000001	童敏	女	83	60	62	71	69	80	96			20	78	24	
20102000002	蔡呈红	女	7			74	73	91	94			25	84	14	三等奖
20102000003	邹春英	女	7			76	68	94	88			29	87	7	二等奖
20102000004	孙霞	女	7			77	69	87	74			20	76	26	
20102000005	毛红	女	7			73	73	93	85			24	82	19	
20102000006	张册	女	86	60	50	80	67	52	92			25	80	21	

图 4-54　数据输入

6. 利用公式计算综合评定、综合名次、奖学金、总分、名次等字段值

① 计算综合评定成绩。综合评定成绩的计算方法:4 门考试课平均分×60％＋3 门考查课平均分×20％＋操行分。此处需要使用 AVERAGE 函数。首先选中 N3 单元格,在编辑栏中输入公式"＝AVERAGE(D3:G3)＊0.6＋AVERAGE(H3:J3)＊0.2＋M3"。拖曳填充并复制得到每个学生的综合评定分数。

② 排列综合名次。排列综合名次需要使用 RANK 函数。首先选中 O3 单元格,在编辑栏中输入公式"＝RANK(N3,＄N＄3:＄N＄30)"。拖曳填充并复制得到每个学生的综合名次。

③ 确定奖学金等级。奖学金的评定方法:对全班学生按照综合评定成绩由高到低排序,前 10％获一等奖学金,之后的 20％获二等奖学金,再后的 30％获三等奖学金,其余没有奖学金。P3 单元格中的公式为

```
=IF(O3<=ROUND(COUNT($A$3:$A$30) * 0.1,0),"一等奖",
IF(O3<=ROUND(COUNT($A$3:$A$30) * 0.3,0),"二等奖",
IF(O3<=ROUND(COUNT($A$3:$A$30) * 0.6,0),"三等奖","")))
```

根据上面的方法,奖学金评定的逻辑关系是:首先判断一个学生是否获一等奖学金,方法是比较其综合名次是否小于或等于班上总人数乘以 10％后四舍五入的整数,若是,就获一等奖学金,否则再判断其是否获二等奖学金;比较其综合名次是否小于或等于班上总人数乘以 30％(10％＋20％)后四舍五入的整数,若是,就获二等奖学金,否则再判断其是否获三等奖学金;比较其综合名次是否小于或等于班上总人数乘以 60％(10％＋20％＋30％)后四舍五入的整数,若是,就获三等奖学金,否则就没有奖学金,如图 4-55 所示。

学号	姓名	性别	英语	法律基础	电子商务概论	网页制作	企业管理概论	市场营销学	SQL数据库应用	总分	名次	操行分	综合评定	综合名次	奖学金
20102000001	童敏	女	83	60	62	71	69	80	96			20	78	24	
20102000002	蔡呈红	女	76	66	64	74	73	91	94			25	84	14	三等奖
20102000003	邹春英	女	75	60	64	76	68	94	88			29	87	7	二等奖
20102000004	孙霞	女	79	60	58	77	69	87	74			20	76	26	
20102000005	毛红	女	71	66	65	73	73	93	85			24	82	19	
20102000006	张珊	女	86	60	50	80	67	52	92			25	80	21	
20102000007	廖敏静	女	90	68	71	73	72	91	89			26	88	6	二等奖
20102000008	蒲小燕	女	60	82	79	83	77	87	92			27	90	2	一等奖
20102000009	雷莉	女	83	68	62	58	73	83	90			28	85	11	三等奖
20102000010	徐旭	女	80	68	65	89	65	88	88			24	85	10	三等奖
20102000011	方承	男	64	68	47	75	67	83	79			25	84	23	
20102000012	程维香	女	74	64	69	81	70	75	84			23	81	20	
20102000013	郑艳梅	女	84	64	60	79	69	91	84			15	73	28	
20102000014	徐玲	女	79	76	87	48	70	93	80			25	85	13	三等奖
20102000015	付倩	女	85	64	76	76	62	92	91			28	88	5	二等奖
20102000016	邱慧	女	78	64	76	87	75	87	80			29	91	1	一等奖
20102000017	胡亚梅	女	83	61	80	77	72	93	93			27	89	3	一等奖
20102000018	杨春梅	女	78	65	76	83	64	91	84			25	86	8	二等奖
20102000019	胡荣胜	女	64	65	66	76	70	93	81			28	85	12	三等奖
20102000020	苏纾霞	女	60	60	69	66		95	74			29	84	16	三等奖

| ◂ | 成绩综合评定 | 优秀学生筛选 | 不及格学生筛选 | 单科成绩分析 | 单科成绩统计图 | ⊕ |

图 4-55 综合评定、综合名次、奖学金效果

奖学金评定方法的逻辑关系确定后,就不难理解上述公式了。其中,IF 函数用来进行条件判断,因为共有 4 种情况,所以 IF 函数嵌套了 3 层。COUNT 用来统计班级人数,

复制公式时其参数不能改变,故使用绝对引用。ROUND用来进行四舍五入,因为要取整,所以第二个参数为0。公式最后的""表示为空,即没有获奖学金的学生对应的单元格为空。

说明:RANK函数是专门进行排序的函数,N3为总分所在单元格,$N$3:$N$28为所有人总分单元格区域,第三个参数默认排名按降序排列,也就是分数高者名次靠前,与实际相符。需要注意的是,$N$3:$N$30采用绝对引用,主要是为了保证公式复制的结果正确,不管哪个人排列名次,都是利用其综合评定成绩单元格在$N$3:$N$30中排名,所以公式中的前者为相对引用,而后者必须为绝对引用。

COUNT($A$3:$A$30)在统计个数时,统计对象是从A3到A30,即学生的学号,此时,统计对象学号一定要设置为数字型,否则统计不成功。

④ "总分"和"名次"字段的确定。利用上面介绍的综合评定和综合名次的计算方法,读者可自行完成"总分"和"名次"字段的数据计算。

7. 排列名次

将鼠标置于"综合名次"列中的任一单元格,单击工具栏上的"升序"按钮,即可实现在学生成绩评定表中按名次升序排列。

8. 利用高级筛选制作"优秀学生名单"表和"不及格学生名单"表

下面以筛选优秀学生为例说明高级筛选的操作。优秀学生的评定标准:考试课各科成绩均在80分以上且考查课各科成绩均在75分以上,或者综合名次在前10名以内。操作时首先需要设置筛选条件,为此最好在一个新表中设置筛选条件,并存放筛选结果。

操作步骤如下。

① 选择"优秀学生名单"表,然后按照图4-56所示,在A2:H4区域内设置筛选条件。在设置筛选条件时,字段行最好能够从原表中复制得到。每个字段的条件若处于同一行,则各条件之间是逻辑"与"的关系,即必须同时满足条件的记录才能被筛选出来;若处于不同行,则属于逻辑"或"的关系,即只要有一个条件成立就符合筛选要求。

英语	法律基础	电子商务概论	网页制作	企业管理概论	市场营销学	SQL数据库应用	综合名次
>=80	>=80	>=80	>=80	>=75	>=75	>=75	
							<=10

图4-56 设置条件区域

② 单击"优秀学生筛选"工作表中的任一单元格。选择"数据"|"筛选"|"高级"选项,出现"高级筛选"对话框,如图4-57所示。

在"方式"中选择"将筛选结果复制到其他位置"选项,单击"列表区域"文本框,选择数据区域$A$2:$P$30;单击"条件区域"文本框,选择筛选条件区域$A$2:$H$4;单击"复制到"文本框,选择将结果复制到区域$A$6,单击"确定"按钮。

③ 对于"不及格学生名单"表的制作来讲,主要是不及格学生筛选条件的建立。图4-58

图 4-57　"高级筛选"对话框

所示为筛选不及格学生时条件区域的设置,读者可自行分析各条件之间的逻辑关系。

	A	B	C	D	E	F	G	H
1	英语	法律基础	电子商务概论	网页制作	企业管理概论	市场营销学	SQL数据库应用	
2	<60							
3		<60						
4			<60					
5				<60				
6					<60			
7						<60		
8							<60	
9								

图 4-58　不及格学生筛选条件

9. 建立"单科成绩分析"表

在"单科成绩分析"表中按图 4-48 所示创建表框架。利用公式和函数进行各项计算。

B 列分别输入下列公式后,利用公式和函数的复制功能得出其他列的数据。

B3 中的公式为"=COUNT(成绩综合评定!A3:A30)";

B4 中的公式为"=COUNT(成绩综合评定!D3:D30)";

B5 中的公式为"=＄B＄3-B4";

B6 中的公式为"=MAX(成绩综合评定!D3:D30)";

B7 中的公式为"=MIN(成绩综合评定!D3:D30)";

B8 中的公式为"=COUNTIF(成绩综合评定!D3:D30,">=90")";

B9 中的公式为"=B8/B4";

B10 中的公式为"=COUNTIF(成绩综合评定!D3:D30,">=80")−B8";

B11 中的公式为"=B10/B4";

B12 中的公式为"=COUNTIF(成绩综合评定!D3:D30,">=70")−B8−B10";

B13 中的公式为"=B12/B4";

B14 中的公式为"=COUNTIF(成绩综合评定!D3:D30,">=60")−B12−B10−B8";

B15 中的公式为"=B14/B4";

B16 中的公式为"=COUNTIF(成绩综合评定!D3:D32,"<60")";

B17 中的公式为"＝B16/B4"。

对于本项目,也可以利用 Excel 的 FREQUENCY(频率分布)函数方便地求出各科成绩段的分布情况。

说明:为了将比例显示为百分数,还要对"比例"表格进行格式设置。

10. 创建"单科成绩统计图",实现不连续区域图表的制作

在 Excel 中,可以利用图表的形式直观地反映学生成绩的分布情况。例如,利用学生单科成绩统计分析表中的数据,可以制作各门课程成绩在 90 分以上的学生人数比例的饼图。

选择单科成绩统计图工作表,将光标置于表中任一单元格,单击工具栏上的"图表向导"按钮(或者选择"插入"|"图表"选项),打开"插入图表"对话框,如图 4-59 所示。

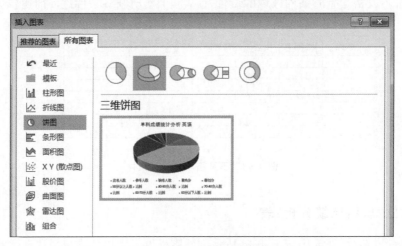

图 4-59 "插入图表"对话框

从"所有图表"列表框中选择"饼图"选项,从出现的子图表类型中选择"分离型三维饼图"后,单击"下一步"按钮。

在"数据区域"选项卡的"数据区域"文本框中单击右侧的"浏览"按钮,选择单科成绩分析表,在其中按住 Ctrl 键选择不连续区域 A2:H2 和 A9:H9,则数据区域文本框中会自动显示所选单元格的内容,单击"下一步"按钮。

在"标题"选项卡中设置"图表标题"为"90 分以上人数比例",在"图例"选项卡中选择"显示图例"和"靠右"选项,在"数据标志"选项卡中选择"数据标签包括"中的"百分比"选项,单击"下一步"按钮。

在打开的对话框中设置图表位置为"作为其中的对象插入",然后在其后的下拉列表中选择"单科成绩统计图"选项,单击"完成"按钮,即可在"单科成绩统计图"工作表中插入一个图表,最后将生成的图表调整到合适的位置。

4.6 利用 Excel 分析企业产品销售

产品销售情况是每一个企业都会关注的,是企业发展的根本。按季度或按月对产品销售数据进行统计、分析和处理,可以对企业后期的产品生产、销售及市场推广起到重要的作用。本项目将利用 Excel 的表格处理功能统计原始销售数据,并使用分类汇总、图表、数据透视等分析工具对销售数据进行统计分析,从而为企业决策者提供各类有用的数据信息,协助其做出正确决策。

实训项目:分析企业产品销售

本项目包括以下内容。

① 制作企业产品销售统计表。该表包含产品销售的基础数据,主要字段有:编号、产品类别、产品名称、数量、单价、金额、销售员等,如图 4-60 所示。

广州家电下乡产品销售统计表							
产品类型	品牌	型号	数量	单位	单价	金额	销售员
冰箱	美菱	BCD-155CHA	2	台	1599	3198	张海
冰箱	美菱	BCD-168SCA	1	台	1799	1799	张海
冰箱	美菱	BCD-176KHA	3	台	2199	6597	张海
冰箱	美菱	BCD-175CHA	5	台	1799	8995	张海
冰箱	美菱	BCD-181MLA	2	台	1999	3998	张海
冰箱	美菱	BCD-181BCA	4	台	2099	8396	张海
冰箱	美菱	BCD-225CHA	2	台	2199	4398	张海
洗衣机	西泠	BCD-168A	5	台	1888	9440	王平
洗衣机	西泠	BCD-178A	1	台	2218	2218	王平
洗衣机	西泠	BCD-198A	2	台	1988	3976	王平
洗衣机	西泠	BCD-202A	4	台	2348	9392	王平
洗衣机	西泠	BCD-216	3	台	2348	7044	王平
电视	双鹿	BCD-162	1	台	1490	1490	周小
电视	双鹿	BCD-172I	3	台	1590	4770	周小
电视	双鹿	BCD-170C	5	台	1580	7900	周小
电视	双鹿	BCD-182I	4	台	1650	6600	周小
电视	双鹿	BCD-180C	2	台	1650	3300	周小
空调	容声	BCD-108G	1	台	1370	1370	李四明
空调	容声	BCD-168G	2	台	1820	3640	李四明
空调	容声	BCD-178G	1	台	1890	1890	李四明
空调	容声	BCD-182G	4	台	1930	7720	李四明
空调	容声	BCD-182G/B	2	台	2080	4160	李四明
空调	容声	BCD-198G/D	1	台	2130	2130	李四明
电磁炉	格麦尼	BCD-112	2	个	1197	2394	张小平
电磁炉	格麦尼	BCD-132	5	个	1228	6140	张小平
电磁炉	格麦尼	BCD-148	4	个	1496	5984	张小平
电磁炉	格麦尼	BCD-158	2	个	1537	3074	张小平
电磁炉	格麦尼	BCD-168	3	个	1568	4704	张小平
电磁炉	格麦尼	BCD-178	5	个	1677	8385	张小平
电磁炉	格麦尼	BCD-182	2	个	1785	3570	张小平
电磁炉	格麦尼	BCD-191	4	个	2082	8328	张小平
电饭锅	日普	BCD-170K	1	个	1405	1405	周升平
电饭锅	日普	BCD-171	5	个	2501	12505	周升平

产品销售统计　按销售员分类汇总　按产品类型分类汇总　销售员销售数据统计

图 4-60 产品销售统计表

② 利用分类汇总功能对销售数据进行分析。通过分类汇总功能可以对数据做进一步的总结和统计,从而增强表格的可读性,方便、快捷地获取重要数据。按销售员分类汇

总和按产品类型分类汇总的操作效果分别如图 4-61 和图 4-62 所示。

A	B	C	D	E	F	G	H	I
家电下乡产品按销售员分类汇总								
编号	产品类型	品牌	型号	数量	单位	单价	金额	销售员
DS201001	电视	双鹿	BCD-162	1	台	1490	1490	周小
DS201002	电视	双鹿	BCD-172I	3	台	1590	4770	周小
DS201003	电视	双鹿	BCD-170C	5	台	1580	7900	周小
DS201004	电视	双鹿	BCD-182I	4	台	1650	6600	周小
DS201005	电视	双鹿	BCD-180C	2	台	1650	3300	周小
DFG201001	电饭锅	日普	BCD-170K	1	个	1405	1405	周升平
DFG201003	电饭锅	日普	BCD-185MSAI	6	个	1475	8850	周升平
DFG201004	电饭锅	日普	BCD-191	4	个	1920	7680	周升平
DFG201005	电饭锅	日普	BCD-198MSAI	4	个	1715	6860	周升平
DFG201006	电饭锅	日普	BCD-228	1	个	1890	1890	周升平
JSJ201001	计算机	TCL	BCD-166KF11	2	台	1758	3516	张样周
JSJ201002	计算机	TCL	BCD-165KF3	3	台	1758	5274	张样周
JSJ201003	计算机	TCL	BCD-176KH3	4	台	1799	7196	张样周
JSJ201004	计算机	TCL	BCD-175KF3	5	台	1848	9240	张样周
JSJ201005	计算机	TCL	BCD-172K16	4	台	1998	7992	张样周
JSJ201006	计算机	TCL	BCD-182KH3	5	台	1840	9200	张样周
JSJ201007	计算机	TCL	BCD-180KF8	6	台	1840	11040	张样周
DCL201001	电磁炉	格凌尼	BCD-112	2	个	1197	2394	张小平
DCL201002	电磁炉	格凌尼	BCD-132	5	个	1228	6140	张小平
DCL201003	电磁炉	格凌尼	BCD-148	4	个	1496	5984	张小平
DCL201004	电磁炉	格凌尼	BCD-158	2	个	1537	3074	张小平
DCL201005	电磁炉	格凌尼	BCD-168	3	个	1568	4704	张小平
DCL201006	电磁炉	格凌尼	BCD-178	5	个	1677	8385	张小平
DCL201007	电磁炉	格凌尼	BCD-182	2	个	1785	3570	张小平
DCL201008	电磁炉	格凌尼	BCD-191	4	个	2082	8328	张小平
BX201001	冰箱	美菱	BCD-155CHA	2	台	1599	3198	张海

产品销售统计 | 按销售员分类汇总 | 按产品类型分类汇总 | 销售员销售数据统计

图 4-61　按销售员分类汇总

	C	D	E	F	G	H	I
1	家电产品按产品类型分类汇总						
2	品牌	型号	数量	单位	单价	金额	销售员
3	美菱	BCD-155CHA	2	台	1599	3198	张海
4	美菱	BCD-168SCA	1	台	1799	1799	张海
5	美菱	BCD-176KHA	3	台	2199	6597	张海
6	美菱	BCD-175CHA	5	台	1799	8995	张海
7	美菱	BCD-181MLA	2	台	1999	3998	张海
8	美菱	BCD-181BCA	4	台	2099	8396	张海
9	美菱	BCD-225CHA	2	台	2199	4398	张海
10						37381	
11	日普	BCD-170K	1	个	1405	1405	周升平
12	日普	BCD-171	5	个	BX201001	冰箱	美菱
13	日普	BCD-185MSAI	6	个	1475	8850	周升平
14	日普	BCD-191	4	个	1920	7680	周升平
15	日普	BCD-198MSAI	4	个	1715	6860	周升平
16	日普	BCD-228	1	个	1890	1890	周升平
17						26685	
18	格凌尼	BCD-112	2	个	1197	2394	张小平
19	格凌尼	BCD-132	5	个	1228	6140	张小平
20	格凌尼	BCD-148	4	个	1496	5984	张小平
21	格凌尼	BCD-158	2	个	1537	3074	张小平
22	格凌尼	BCD-168	3	个	1568	4704	张小平
23	格凌尼	BCD-178	5	个	1677	8385	张小平
24	格凌尼	BCD-182	2	个	1785	3570	张小平
25	格凌尼	BCD-191	4	个	2082	8328	张小平
26						42579	
27	双鹿	BCD-162	1	台	1490	1490	周小
28	双鹿	BCD-172I	3	台	1590	4770	周小
29	双鹿	BCD-170C	5	台	1580	7900	周小
30	双鹿	BCD-182I	4	台	1650	6600	周小
31	双鹿	BCD-180C	2	台	1650	3300	周小
32						24060	
33	TCL	BCD-166KF11	2	台	1758	3516	张样周
34	TCL	BCD-165KF3	3	台	1758	5274	张样周
35	TCL	BCD-176KH3	4	台	1799	7196	张样周
36	TCL	BCD-175KF3	5	台	1848	9240	张样周

产品销售统计 | 按销售员分类汇总 | 按产品类型分类汇总 | 销售员销售数据统计

图 4-62　按产品类型分类汇总

③ 利用图表分析销售员的销售情况。通过公式获取图表数据源后,建立嵌入式销售员销售情况统计图表,如图 4-63 所示。

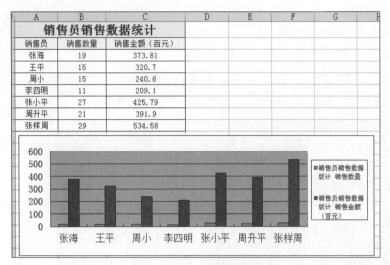

图 4-63　销售情况统计图表

④ 建立数据透视表。利用数据透视表对数据进行交互分析,全面灵活地对数据进行分析、汇总,通过改变字段信息的相对位置可得到多种分析结果。

本项目主要解决以下问题:

① 利用 Excel 实现对数据的分类汇总;

② 制作数据透视表和数据透视图;

③ 利用公式获取图表数据源并制作图表。

操作步骤如下。

1. 创建产品销售统计表

创建产品销售统计表的具体操作步骤如下。

① 新建"家电下乡产品"工作簿,并将 Sheet1 工作表命名为"产品销售统计"。在该工作表中输入标题"广州家电下乡产品销售统计表"和各字段。设置标题、字段格式、行高和列宽、单元格对齐方式、边框与底纹等,创建工作表框架。

② 输入产品销售数据到对应的字段列,并计算出各产品的销售金额。在 H3 单元格中输入公式"＝E3＊G3",复制公式,完成其他产品销售金额的计算。

③ 冻结窗格。当销售数据记录过多时,使用鼠标向下滚动翻看数据时,标题行不会显示。如果想让标题行始终可见,可以使用 Excel 提供的"冻结窗格"功能实现。将光标定位到 A3 单元格(要冻结行的下一行中的任一单元格)中,选择"视图"|"冻结窗格"选项,即可实现标题与字段行的冻结。在翻滚查看数据时,标题行始终可见。选择"视图"|"取消冻结窗格"选项即可取消冻结窗格。

④ 为使数据显示清晰,方便浏览记录,可将数据表中的相邻行设置成阴影间隔效果,如图 4-62 所示。设置方法有复制格式法和条件格式化法两种。

复制格式法的操作步骤如下。

- 选中 A4:I4 区域,将该区域设置为灰色底纹效果;
- 复制区域 A3:I4,选择数据库中的区域 A3:I46(假设有 44 条记录);
- 右击选择"选择性粘贴"选项,在打开的"选择性粘贴"对话框中选择"格式"选项,如图 4-64 所示,单击"确定"按钮即可完成设置。

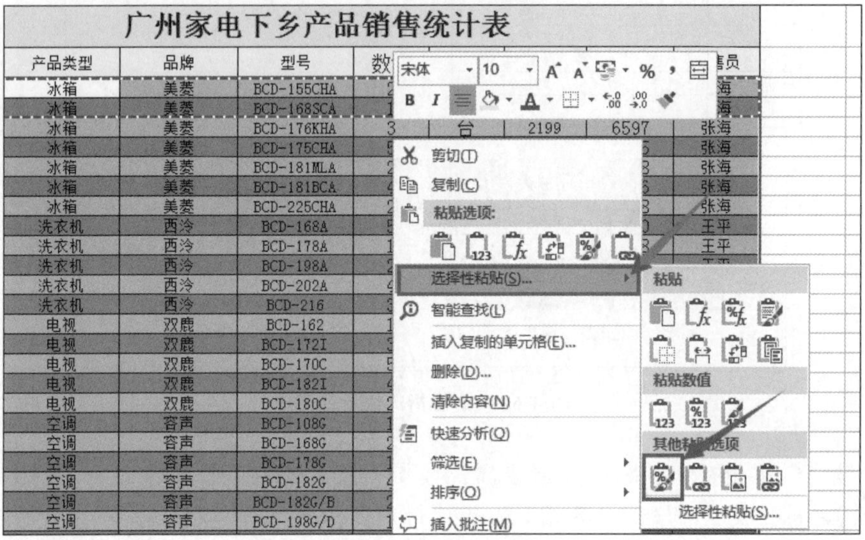

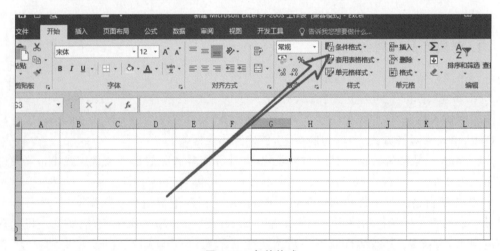

图 4-64　"选择性粘贴"对话框

条件格式化法的操作步骤如下。

- 选中整个数据库区域。选择"开始"|"条件格式"选项,如图 4-65 所示。

图 4-65　条件格式

- 在左侧的下拉列表中选择"公式"选项,在后面的文本框中设置公式为 "=MOD(ROW(),2)=0"。单击"格式"按钮,弹出"设置单元格格式"对话框,选择"图案"选项,设置颜色为"灰色",单击"确定"按钮关闭。返回"条件格式"对话框,单击"确定"按钮。

说明:在第一种方法中,处理数据时,阴影效果会变得很不规则;而第二种方法具有智能化特征,不管数据记录如何变动,总能保持效果。

在第二种方法中,公式"＝MOD(ROW(),2)＝0"中的 MOD 为求余数函数,ROW()用来测试当前行号,公式含义为"当行号除以 2 的余数为 0 时"就执行设置的条件格式。

2. 利用分类汇总功能汇总销售数据

本项目中,数据汇总可以按销售员分类汇总,也可以按产品类型分类汇总,还可以按其他需要的字段汇总。在执行分类汇总之前,首先应该对数据库进行排序,将数据库中关键字相同的记录集中到一起,然后再进行分类汇总。

下面以按销售员分类汇总为例汇总每位销售员的总销售金额,具体操作步骤如下。

① 将 Sheet2 工作表重命名为"按销售员分类汇总"。

将"产品销售统计"表复制到"按销售员分类汇总"表中,并将标题更改为"家电下乡产品按销售员分类汇总"。

② 将光标置于"销售员"列下的任一单元格上,对销售员列进行升序或降序排列。

③ 选择"数据"|"分类汇总"选项,打开"分类汇总"对话框。在该对话框的"分类字段"列表框中选择"销售员"选项;在"汇总方式"列表框中选择"求和"选项;在"选定汇总项"列表框中选择"金额"选项,如图 4-66 所示。单击"确定"按钮,结果如图 4-67 所示。

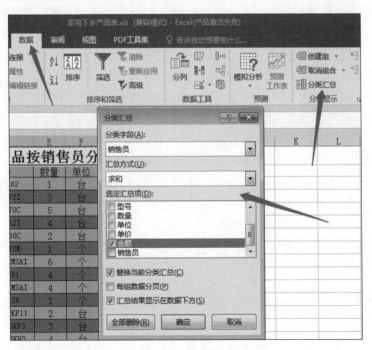

图 4-66　分类汇总

	编号	产品类型	品牌	型号	数量	单位	单价	金额	销售员
1				家电下乡产品按销售员分类汇总					
3	DS201001	电视	双鹿	BCD-162	1	台	1490	1490	周小
4	DS201002	电视	双鹿	BCD-172I	3	台	1590	4770	周小
5	DS201003	电视	双鹿	BCD-170C	5	台	1580	7900	周小
6	DS201004	电视	双鹿	BCD-182I	4	台	1650	6600	周小
7	DS201005	电视	双鹿	BCD-180C	2	台	1650	3300	周小
8								24060	周小 汇总
9	DFG201001	电饭锅	日普	BCD-170K	1	个	1405	1405	周升平
10	DFG201003	电饭锅	日普	BCD-185MSAI	6	个	1475	8850	周升平
11	DFG201004	电饭锅	日普	BCD-191	4	个	1920	7680	周升平
12	DFG201005	电饭锅	日普	BCD-198MSAI	4	个	1715	6860	周升平
13	DFG201006	电饭锅	日普	BCD-228	1	个	1890	1890	周升平
14								26685	周升平 汇总
22								53458	张祥周 汇总
31								42579	张小平 汇总
39								37381	张海 汇总
46								38230	王平 汇总
53								20910	李四明 汇总
54								243303	总计

图 4-67　销售员销售数据统计表

按产品类型分类汇总时,分类字段为"产品类别";汇总方式和选定汇总项同上。

3. 使用图表直观地显示每位销售员的销售数量和销售金额

使用图表直观地显示每位销售员的销售数量和销售金额的具体操作步骤如下。

① 建立图表数据源。在创建销售员销售数据图表前,需要建立图表的数据源。新建一个"销售员销售数据统计"表。

在 B3 单元格中输入公式"=SUMIF(产品销售统计!$I$3:$I$46,A3,产品销售统计!$E$3:$E$46)",按 Enter 键即可统计出销售员"周小"的销售数量。

在 C3 单元格中输入公式"=SUMIF(产品销售统计!$I$3:$I$46,A3,产品销售统计!$H$3:$H$46)/100",按 Enter 键即可统计出销售员"周小"的销售总金额。

利用公式复制功能得出其他销售员的销售数量和销售金额。

说明:SUMIF(range,criteria,[sum_range])为在 range 指定的范围内对满足条件 criteria 的单元格进行求和的函数。若存在 sum_range 项,则在 sum_range 指定的范围内求和;否则在 range 指定的范围外求和。

② 创建销售员销售数据图表。将光标置于"销售员销售数据统计"表中的任一单元格上,创建销售柱形图。

4. 销售数据的透视分析

数据透视可以对大量数据进行快速汇总和建立交叉列表,从而重新组织和显示数据。

下面介绍利用 Excel 的数据透视功能按产品类型统计销售员的销售数量和销售金额,以及按销售员分类统计其销售数量和销售金额方法。

① 建立按产品类型统计销售员的销售数量的数据透视表。将光标定位在"产品销售

统计"表的任一单元格上,选择"插入"|"数据透视表和数据透视图"选项,打开"数据透视表和数据透视"对话框。选择数据源类型为"Microsoft Office Excel 数据列表或数据库",所需创建的报表类型为"数据透视表"。

② 单击"下一步"按钮,在出现的对话框中输入或选择要建立数据透视表的数据源区域。单击"下一步"按钮,在出现的对话框中选择"新建工作表"选项。

4.7　本章小结

本章介绍了使用 Word 文档处理软件和 Excel 电子表格制作软件实现办公中常用表格制作的方法。

在制作表格时,首先要了解常用表格的类型,对于规则的文字表格和不参与运算的数字表格,以及复杂的文字表格,常采用 Word 中的表格制作功能实现。对于包含大量数字且需要进行公式、函数运算的数字表格,以及数据统计报表和数据关联表格,最好使用 Excel 制作。

利用 Word 制作表格框架有两种方法:插入表格与绘制表格。在实际操作中经常同时使用这两种方法完成表格的制作。制作好的表格能够进行编辑和格式化设置。

利用 Excel 制作工作表的主要步骤有建立工作表结构、调整行高列宽;为了有效地显示及输入数据,可以设置特殊单元格格式及数据有效性规则;利用 Excel 的技巧输入数据;设置工作表边框与底纹;进行打印设置等。

利用 Excel 的公式与函数可以充分发挥 Excel 强大的数据处理功能,在工作表中进行快速计算以获取数据。正确地编制和使用公式可以简化工作,大幅提高工作效率。

所谓数据库,就是与特定主题和目标相联系的信息集合,它是一种二维的数据表格,并且在结构上遵循一定的基本原则。在向 Excel 中的数据库表格输入数据时,需要掌握一些输入技巧,例如可通过数据有效性设置选择性数据输入。对于制作好的数据表格,为了使数据显示效果清晰、醒目,有时需要进行条件格式化及记录底纹阴影间隔效果的设置。

对数据库的操作主要包括数据计算、数据排序、数据筛选、分类汇总等。数据计算主要通过使用 Excel 的公式和函数实现,操作时需要注意以下几个方面:函数多层嵌套时的括号匹配,公式中的符号必须使用英文符号,各个函数的正确使用,单元格的引用方式(可按 F4 键在绝对、相对、混合方式之间切换)。

在对数据进行排序时,可以依据单个字段或多个字段进行排序。数据筛选包括自动筛选和高级筛选两种,自动筛选可以对单个字段或多个字段之间的"与"条件进行筛选,而高级筛选则可实现对多个字段的多个条件的"与"或"或"条件进行筛选。在进行高级筛选时,要正确设置筛选的条件区域。

数据分类汇总可以将数据库中的数值按照某一项内容进行分类汇总,使得汇总结果清晰明了,操作时必须首先按照汇总字段排序,然后再进行分类汇总。

4.8 本章实训

实训一：表格的制作与美化

1. 实训目的

① 熟悉 Word 表格的编辑操作。
② 熟悉 Word 制作表格的两种方法。
③ 使用 Word 制作复杂表格，输入各种信息。
④ 掌握 Word 表格的美化设置。

2. 实训内容及效果

① 制作求职登记表。
② 制作图书信息表。

3. 实训要求

① 完成求职登记表的制作。
② 制作求职登记表后，打开"表格属性"对话框，完成下列操作。
* 在"表格"选项卡中，设置表格为居中对齐、无文字环绕。
* 在"单元格"选项卡中，设置单元格的垂直对齐方式为"顶端对齐"，表格变化后，再将对齐方式设置为"居中"。
③ 制作图书信息表，完成以下操作。
* 练习工作表的拆分。
* 练习格式的自动套用。
* 练习计算、排序操作。
* 练习表格与文本互转操作。

实训二：制作员工档案管理表

1. 实训目的

① 熟悉 Excel 创建工作表框架的方法。
② 熟悉 Excel 工作表的打印方法。
③ 掌握在 Excel 中利用输入技巧输入数据的方法。
④ 熟练掌握工作表的格式化设置。

2. 实训内容及效果

制作员工档案管理表。

3. 实训要求

① 制作"员工档案管理表"。
② 练习分页和分页预览、设置顶端标题行和打印选定区域的操作。
③ 练习对工作簿、工作表的保护操作。

实训三：制作单位员工工资管理表

1. 实训目的

① 练习工作表的创建与格式设置，制作员工工资管理表的框架。
② 掌握工作表之间的关联操作。
③ 熟悉工作表中公式和函数的使用。

2. 实训内容及效果

① 主界面。
② 员工工资管理各表的框架。

3. 实训要求

① 新建"员工工资管理"工作簿。
② 制作各工作表框架，按下列要求进行格式设置。
- 标题行合并单元格，使标题文字居中，字体为宋体、24 号，行高为 30，鲜绿色底纹。
- 字段行文字居中，字体为仿宋、12 号，青绿色底纹。
- 设置除标题行外的其余单元格的外边框为黑实线、1.5 磅，内边框为细实线、0.5 磅，行高为"最适合的行高"。
- 制作员工工资管理"主界面"。
- 利用公式完成"员工基本信息"表中的出生日期、年龄、工龄字段的信息输入。
- 按表 4.1 至表 4.4 中的数据，制作并填充"计算比率及标准表"及数据信息。
- 制作"员工基本工资表"，根据"计算比率及标准表"和"单位工资标准表"中的工资发放标准，利用公式和函数确定员工的基本工资、岗位工资和工龄工资。

实训四：学生成绩表的数据处理

1. 实训目的

① 掌握数据库表条件格式化和数据有效性的设置方法。

② 掌握数据库表公式和函数的使用方法。

③ 熟练掌握 Excel 中的排序和筛选操作的方法。

④ 熟练掌握 Excel 中图表的制作方法。

2. 实训内容及效果

① 制作学生成绩表,练习对学生成绩表中各项数据的处理。

② 各工作表效果如本章对应的实训项目。

3. 实训要求

① 制作学生成绩综合评定表、优秀学生名单表及不及格学生名单表、单科成绩统计表和单科成绩统计图。

② 在学生成绩综合评定表的数据处理完成后,练习以下操作。

• 按照学生成绩总分降序排序。

• 同时按照企业管理概论、市场营销学、SQL 数据库应用成绩升序排序。

• 按照班级学生名单姓氏笔画排序。

实训五:产品销售表的数据处理

1. 实训目的

掌握 Excel 数据库表的数据分类汇总操作。

2. 实训内容及效果

① 制作产品销售表,并进行各项操作。

② 各工作表效果如本章对应的实训项目。

3. 实训要求

在产品销售统计表中进行以下操作。

• 利用排序功能实现按产品销售数量降序排序。

• 利用分类汇总功能统计出不同产品类型的销售数量和销售金额。

第5章

PowerPoint 的操作应用

演示文稿(PowerPoint,PPT)融合了文字、图形、表格、图表、声音、影像等多种表现形式,界面丰富,形象生动,常用于企业形象的展示。PowerPoint 界面清晰,信息存储量大,可将企业文化、服务等方面的内容系统、详尽、分门别类地展示给客户,向客户强调该品牌的独特优势。

PowerPoint 制作的多媒体课件可以用幻灯片的形式进行演示,适用于学术交流、产品介绍等场合,内容丰富,条理清晰,可以展示该产品在客户需求上的独特优势。

通过本章的学习,读者应熟练掌握 PowerPoint 的基本操作和技巧。

5.1 制作企业简介演示文稿

在企业交流和对外宣传中,为了让合作伙伴和客户更好地了解自己,经常要用 PowerPoint 制作图文并茂、生动美观的演示文稿,直观地展示企业风采。

实训项目:制作企业简介

本项目以制作某企业简介为例介绍简单的演示文稿制作方法,效果如图 5-1 所示。

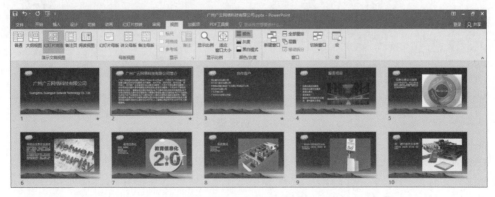

图 5-1 企业简介效果图

本项目将主要解决以下问题：

- 创建演示文稿；
- 在幻灯片中插入和编辑文字、图形、图片等对象；
- 选取幻灯片版式和模板；
- 利用母版；
- 设置幻灯片的动画方案；
- 利用幻灯片切换与超链接功能进行设置；
- 设置幻灯片的放映方式。

操作步骤如下。

在制作企业简介演示文稿之前，应准备好相关的文本资料和图片素材。

1. 新建并制作幻灯片

启动 PowerPoint，创建一个空白演示文稿，以"企业简介"为名保存该演示文稿。默认生成的空白演示文稿的背景是白色的，文本是黑色的，可以通过选择演示文稿模板改变主题。

① 选择模板。选择"设计"选项，在出现的任务窗口中选择 Mountain Top 模板并应用于所有幻灯片，如图 5-2 所示。

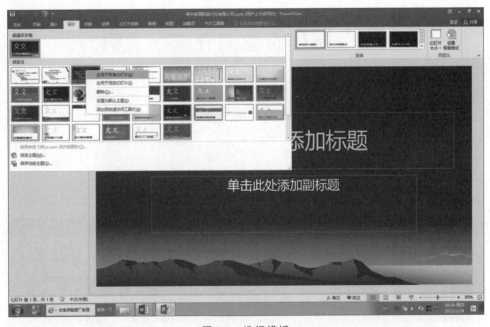

图 5-2　选择模板

② 制作标题幻灯片。通常，演示文稿是由多页幻灯片组成的，而默认生成的第一页幻灯片称为标题幻灯片。标题幻灯片具有显示主题、突出重点的作用。在此，在标题幻灯片中添加标题，并利用母版插入公司标志。

- 添加标题。单击"单击此处添加标题"占位符，输入"广州广云网络科技有限公司"。在"单击此处添加副标题"占位符中输入"Guangzhou Guangyun Network Technology Co., Ltd.",如图 5-3 所示。

图 5-3　标题幻灯片

- 利用母版制作公司标志。选择"视图"|"幻灯片母版"|"插入幻灯片母版"|"母版版式"选项,打开"母版版式"对话框。单击左侧列表框中的"标题母版"缩略图,在"标题母版"上利用自选图形和艺术字的组合设计制作标志,并调整其大小及位置,如图 5-4 所示。

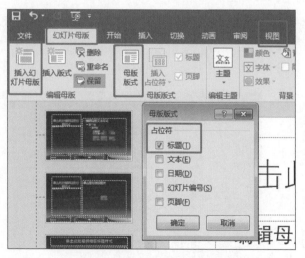

图 5-4　利用母版制作公司标志

单击左侧母版缩略图中的"幻灯片母版",将在"标题母版"中制作好的公司标志复制到"幻灯片母版"中,并关闭"母版视图",如图 5-5 所示,并将其调整到适当位置和层次,以后每当插入新幻灯片时,该图标将同时出现在各张新幻灯片中。

图 5-5　将公司标志复制到"幻灯片母版"

标题幻灯片制作好后,需要不断插入新幻灯片以完成其他页的制作。

③ 制作"公司简介"幻灯片。选择"插入"|"新幻灯片"选项插入一张新的幻灯片,或者在左侧的幻灯片缩略图中将光标放在最后的幻灯片下面按 Enter 键,就可以得到一张新的幻灯片。在标题占位符中输入"广州广云网络科技有限公司简介";在下方的文本占位符中输入有关公司介绍的内容。标题和正文输入完成后,可进行适当的字体、字号、行高等格式设置。制作完成的"企业简介"幻灯片效果如图 5-6 所示。

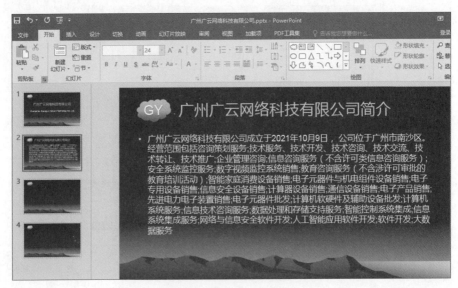

图 5-6　企业简介幻灯片

④ 制作"合作客户"幻灯片。选中"企业简介"幻灯片，利用复制、粘贴的方法再插入一页一模一样的幻灯片。将标题文本"广州广云网络科技有限公司简介"改为"合作客户"；再将简介文本改为相关内容即可，如图 5-7 所示。

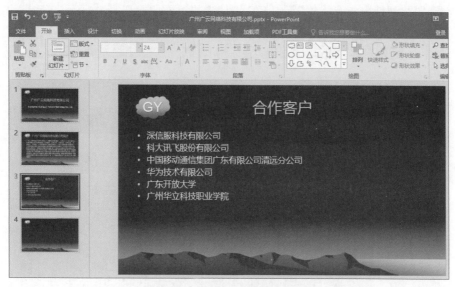

图 5-7 "合作客户"幻灯片

⑤ 制作"服务项目"幻灯片。该幻灯片中包含标题和艺术字对象。当插入一张新幻灯片后，在标题占位符中输入"服务项目"；在下方的文本占位符中输入公司相关的服务。标题和正文输入完成后，可进行适当的字体、字号、行高等格式设置。

选择"插入"|"图片"|"来自文件"选项，在打开的对话框中选择相应的图片，单击"确定"按钮即可。对新添加的图片的位置、大小及方向等进行适当调整，如图 5-8 所示。

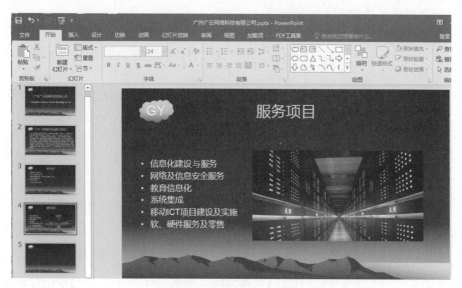

图 5-8 "服务项目"幻灯片

⑥ 制作"信息化建设与服务"幻灯片。插入一张版式为"图片与标题"的新幻灯片,将标题修改为"信息化建设与服务",插入相应的图片,如图 5-9 所示。

说明:后续的"网络及信息安全服务""教育信息化""系统集成""移动 ICT 项目建设及实施"和"软、硬件服务及零售"等幻灯片请读者按上面的操作完成。

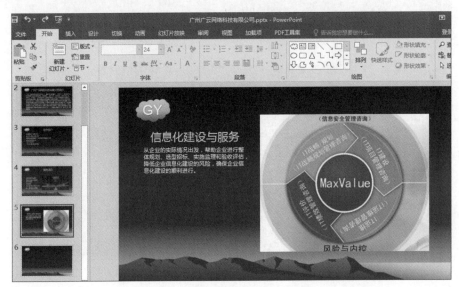

图 5-9　"信息化建设与服务"幻灯片

2. 放映幻灯片

选择"幻灯片放映"|"从头开始"选项或者按 F5 键,即可开始放映幻灯片。可以采用以下方法进行幻灯片的切换与放映。

- 利用单击切换到下一页。
- 利用键盘上的翻页键 Page Up 和 Page Down 进行切换。
- 利用键盘上的方向键进行切换。按←或↑键切换到上一张幻灯片,按→或↓键切换到下一张幻灯片。
- 利用快捷菜单进行切换。在幻灯片的任意位置右击,在弹出的快捷菜单中选择"上一张"或"下一张"选项进行切换。
- 按 Space 键或 Enter 键切换到下一张。
- 单击演示文稿左下角的视图切换按钮"从当前幻灯片开始幻灯片放映"或按快捷键 Shift+F5 键,可以从当前幻灯片开始放映。

如果中途要退出放映状态,可以按 Esc 键结束放映。

3. 设置幻灯片中对象的动画效果

为了在放映时让幻灯片中的标题、文本等对象出现动画效果,可以对每张幻灯片进行动画效果设置。分别选中各张幻灯片,选择"动画"选项,在任务窗口中出现幻灯片设计的动画方案选项。例如选择"飞入"选项,则该对象的动画为"飞入"效果,如图 5-10 所示。

计算机应用基础与信息处理教程

如果想让其他对象也有"飞入"效果,则可以逐个设置,也可以使用"动画刷"工具把动画效果复制到对应的对象中,使其动画效果一致。

如果想让每个对象有不同的动画效果,则需要单独设置每个对象的动画效果,但这样做通常会比较烦琐。

图 5-10   动画效果设置

4. 设置幻灯片的切换方式

选择"切换"选项,在任务窗口中选择"出现"切换方式;可以通过"持续时间"选项调整切换动画的时间;在"换片方式"中勾选"单击鼠标时"复选框。可选择"全部应用"选项把切换效果复制到其他幻灯片中,如图 5-11 所示。

图 5-11   切换效果设置

5. 建立超链接

在幻灯片的播放过程中,可以通过设置超链接从一张幻灯片直接切换到任意一张幻灯片。在本项目中,添加一张"目录"幻灯片,在该幻灯片中通过超链接链接到各个相应的幻灯片,具体步骤如下。

在第 4 张幻灯片("服务项目"幻灯片)中选择"信息化建设与服务"文字,然后打开"插入"工具,选择"超链接"选项。在弹出的"插入超链接"对话框中选择"本文档中的位置"选项,再选择想要跳转的幻灯片位置"5.信息化建设与服务"。单击"确定"按钮,放映幻灯片时即可实现超链接效果,如图5-12所示。

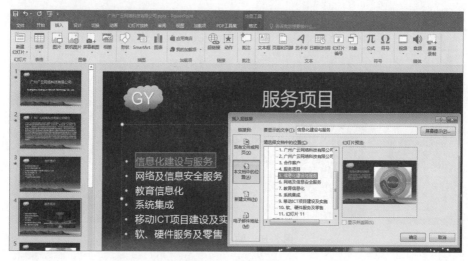

图 5-12 设置超链接

6. 幻灯片的页面设置与打印

① 页面设置。页面设置是打印的基础,操作步骤如下。选择"文件"|"打印"|"设置"选项,打开"设置"对话框。在该对话框中,可以分别对幻灯片、备注、讲义及大纲等进行设置,包括幻灯片的大小、宽度、高度、编号起始值、方向等。设置完成后,单击"确定"按钮即可。

② 演示文稿的打印包括幻灯片、大纲、备注、讲义等的打印,操作步骤如下。选择"文件"|"打印"选项,打开图5-13所示的"打印"界面。在"打印"界面中可以分别进行以下设

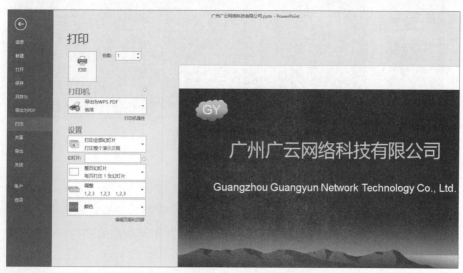

图 5-13 幻灯片的页面设置与打印

置：选择打印机；选择打印范围，可以是全部幻灯片、选定的幻灯片、当前幻灯片、自定义的幻灯片或输入幻灯片的编号；选择打印内容，可以是幻灯片、讲义、大纲或备注等，如果打印讲义，还可以指定打印时每页的幻灯片数目以及排列顺序；确定打印份数；选择是否进行逐份打印等。设置完成后，单击"确定"按钮即可。

5.2 制作音画同步的音乐幻灯片

利用 PowerPoint 可以制作图文并茂、音画同步的音乐幻灯片，同时可以将制作的音乐幻灯片打包成 CD 数据包，从而在没有安装 PowerPoint 的计算机上放映。

实训项目：制作音画同步的音乐幻灯片

本项目使用 PowerPoint 制作音乐幻灯片，效果如图 5-14 所示。

图 5-14　九寨沟音乐幻灯片

本项目主要解决以下问题：
- 为幻灯片设置背景；
- 插入 Flash 动画；
- 添加背景音乐；
- 设置排练计时；
- 自定义放映；
- 打包演示文稿。

操作步骤如下。

在制作音乐幻灯片之前,首先要选择好自己喜欢的音乐,收集音乐歌词和精美图片等素材,然后再进行具体的规划。

1. 新建空白版式的演示文稿

启动 PowerPoint,将新建的空白演示文稿保存为"九寨沟音乐幻灯片"。在该演示文稿中添加若干幻灯片,将所有幻灯片的版式均设置为"空白"版式,如图 5-15 所示。

图 5-15　新建空白幻灯片

2. 设置幻灯片背景

单击第一张幻灯片,选择"设计"|"设置背景格式"选项,打开"设置背景格式"对话框。该对话框中有"纯色填充""渐变填充""图片或纹理填充""图案填充"4 个选项,在此选择"图片或纹理填充"|"插入图片来自"选项中的"文件"选项,选择已准备好的图片素材,并插入幻灯片作为背景图片,如图 5-16 所示。

图 5-16　设置幻灯片背景

本项目需要多张幻灯片,设置其他幻灯片的背景可使用同样的方法,也可以根据个人喜好使用其他填充效果,但如果想把所有幻灯片的背景设置一致,则可以单击"全部应用"按钮,如图 5-17 所示。

图 5-17　设置幻灯片的不同背景

在此,可为演示文稿选择一张背景图片并应用到所有幻灯片中,然后根据需要再为单张幻灯片选择不同的图片,设置个性化背景。在"填充效果"对话框中还可以根据需要设置渐变填充、纹理填充、图案填充等效果,建议在设置统一背景时采用双色渐变填充。

在幻灯片中,图片既可以以一个独立的对象插入幻灯片,也可以作为幻灯片的背景存在。当图片作为一个对象插入幻灯片时,可以在幻灯片的编辑状态下对其进行位置、大小等的调整。如果将图片设置为幻灯片背景,则图片就像画在了幻灯片上一样,是不可编辑的。

3. 在幻灯片中插入对象

根据需要插入剪贴画、图片、图形、艺术字、文本框等对象,对幻灯片进行个性美化与设置。

① 插入静态图片。选中第 2 张幻灯片,设置该幻灯片为"双色渐变"背景。选择"插入"|"图片"选项,打开"插入图片"对话框,选择一张图片并插入幻灯片。调整图片的边框控制点,放置到幻灯片的适当位置,如图 5-18 所示。

② 插入 Flash 动画。

选择"文件"|"PowerPoint 选项",在弹出的对话框中选择"自定义功能区"选项,勾选右侧的"开发工具"复选框后单击"确定"按钮,如图 5-19 所示。

选中第 4 张幻灯片,选择"开发工具"|"其他控件"选项,在弹出的对话框中选择

图 5-18　插入静态图片

图 5-19　开发工具设置

Shockwave Flash Object 选项,如图 5-20 所示。这时光标会变成"十"字光标,使用该光标在第 4 张幻灯片中的任意位置画出任意大小的框(此框一般为白色,有对角线),如图 5-21 所示。

计算机应用基础与信息处理教程

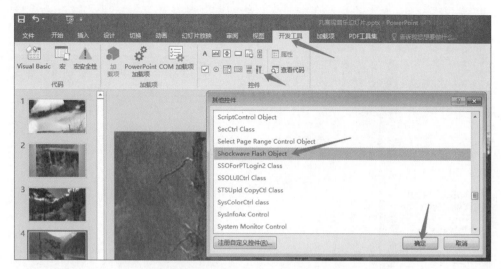

图 5-20　加载 Shockwave Flash Object

图 5-21　画出控件框

　　双击刚才画出的控件框,弹出属性设置,在 Movie 属性中输入"九寨沟.swf"(输入的文件名要和准备的文件名一致,否则不能正常播放 Flash 动画),如图 5-22 所示。注意:"九寨沟.swf"文件要和本 PPT 文件放在同一文件夹,如果不在同一文件夹,就必须写上文件路径。关闭当前窗口,执行幻灯片演示,第 4 张幻灯片的 Flash 动画正常播放,如图 5-23 所示。

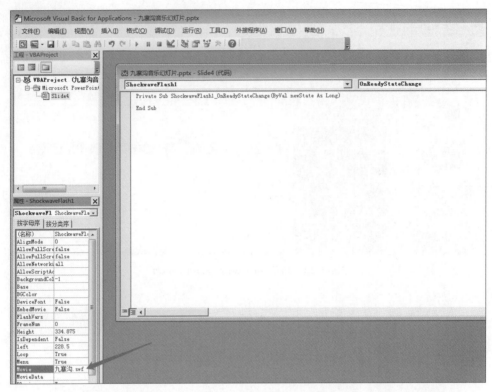

图 5-22　在 Movie 属性中输入"九寨沟.swf"

图 5-23　插入 Flash 动画

③ 插入艺术字或文本框。根据每张幻灯片的背景意境,将歌词用艺术字或添加到文本框的形式显示在相应的幻灯片中,制作好每一张幻灯片中包含的对象。艺术字和文本框的插入方法同 Word 中文本框的插入方法,在此不再赘述。

④ 插入个性化图形。在幻灯片中,可以通过在绘制的不同形状的图形中填充照片、

风景图片等增加幻灯片的个性设置。本项目在第 5 张幻灯片中插入了一张心形图,并在其中填充了一张风景照,操作步骤如下。

选择第 5 张幻灯片,选择"插入"|"形状"选项,选择心形图片形状,然后在幻灯片的任意位置画出一个心形形状,如图 5-24 所示。

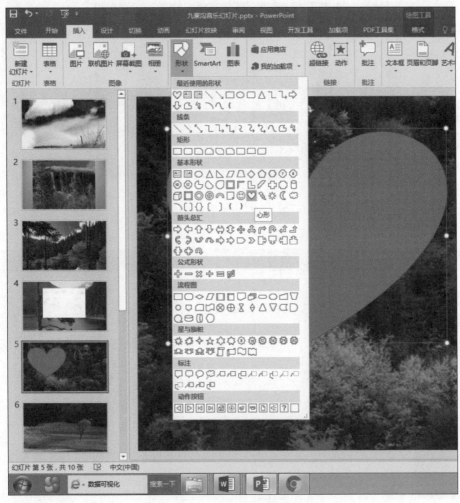

图 5-24　插入心形形状

右击心形形状,在快捷菜单中选择"设置形状格式"选项,打开"设置图片格式"对话框,这时可以对心形形状进行格式设置,例如填充图片效果,如图 5-25 所示。

4. 添加连续的背景音乐

在播放音乐幻灯片时,我们希望一首音乐能够贯穿始终,实现在演示文稿中连续播放的效果。操作方法是:选中首张幻灯片,选择"插入"|"音频"|"PC 上的音频"选项,打开"插入音频"对话框,在对话框中选择"神奇的九寨.MP3"文件,如图 5-26 所示。

选择插入的音乐文件后,单击"确定"按钮,在幻灯片中会出现一个声音图标。这时,

图 5-25 设置图片格式

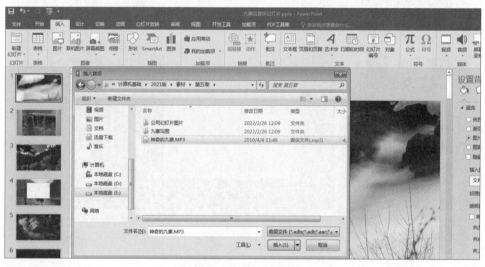

图 5-26 插入音频

可以根据个人喜爱或需求选择音频"单击时开始""循环播放,直到停止",也可以选择音频"在后台播放",也可以对音频进行剪裁和编辑,同时可以对音频按钮的图片格式进行阴影、映像、发光、柔化边缘、三维格式、三维旋转、艺术效果等设置。因为本项目要求设置持续性的音频播放,所以选择"循环播放,直到停止""跨幻灯片播放"和"播完返回开头"这三个选项,如图 5-27 所示。

5. 对幻灯片播放进行排练计时

根据音乐幻灯片中每句歌词演唱时间的不同,结合幻灯片的切换时间和各对象动画

计算机应用基础与信息处理教程

图 5-27　设置音频

效果的显示时间,可以对每张幻灯片进行排练计时。在排练计时操作时,要做到音画同步。

选择"幻灯片放映"|"排练计时"选项,即开始播放幻灯片,同时打开"录制"工具栏,如图 5-28 所示。

图 5-28　排练计时

在录制幻灯片放映时,根据需要配合时间,如果一张幻灯片的使用时间结束,可单击"录制"工具栏中的右箭头切换到下一张幻灯片。等所有幻灯片录制完毕后,关闭"录制"工具栏,此时弹出"是否保留新的幻灯片计时"对话框,选择"是"选项即可完成录制。

6. 放映幻灯片

制作好排练计时之后,选择"幻灯片放映"|"从头开始"选项,则音画同步的音乐幻灯片将以规定的时间和内容伴随着优美的音乐播放出来。

7. 音乐幻灯片打包

将制作完成的演示文稿打包的操作步骤如下。

① 打开准备打包的演示文稿。选择"文件"|"导出"|"将演示文稿打包成 CD"选项,如图 5-29 所示,打开"打包成 CD"对话框。如果需要添加文件,则单击"添加"按钮,在打开的"添加"对话框中选择需要添加的文件,在此选择"九寨沟音乐幻灯片.pptx"文件,单击"确定"按钮,如图 5-30 所示。打包时会复制所有链接,单击"是"按钮,如图 5-31 所示。

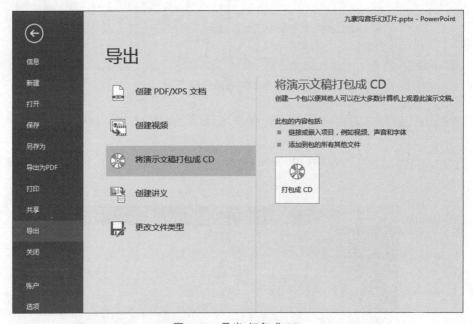

图 5-29 导出-打包成 CD

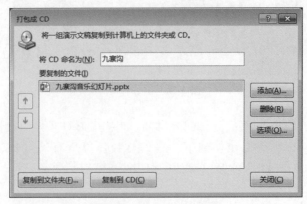

图 5-30 打包成 CD 选项

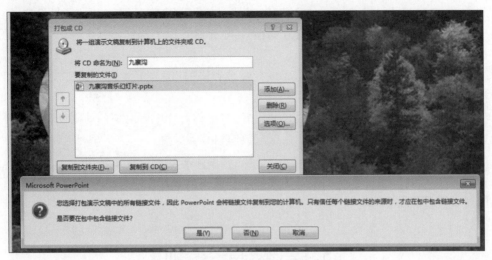

图 5-31　是否复制所有链接

　　单击"选项"按钮,打开"选项"对话框,可根据需要选择打包成 CD 时要包含的文件,默认选中前两项。在该对话框中还可以设置 PowerPoint 的保护密码。

　　② 单击"复制到文件夹"按钮,打开"复制到文件夹"对话框,确定文件名和保存位置后,单击"确定"按钮即可,如图 5-32 所示。

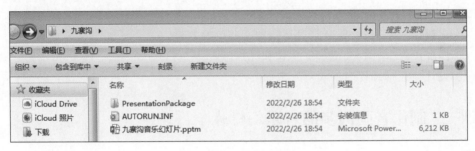

图 5-32　打包结果

　　如果在"打包成 CD"对话框中单击"复制到 CD"按钮,此时若计算机上已安装刻录机,则会将打包的文件直接刻录到 CD 盘上。

5.3　本章小结

　　PowerPoint 是专门用于制作演示文稿的软件,它所生成的幻灯片除文字、图片外,还可以包含动画、声音剪辑、背景音乐等多媒体对象,能够把要表达的信息组织在一组图文并茂的画面中,不仅能够让观众清楚直观地了解要介绍的内容,还能够做到生动活泼、引人入胜,呈现一定的视觉效果。

　　本章通过利用 PowerPoint 制作企业简介介绍了 PowerPoint 制作演示文稿的基本方

法和步骤。在音画同步的音乐幻灯片制作项目中充分利用 PowerPoint 的背景设置、插入图形、艺术字效果、自定义动画、幻灯片切换效果、排练计时等功能实现了音乐与画面的同步播放。

演示文稿制作完成后,有时还需要进行调整和修饰,例如更换幻灯片模板、修改幻灯片母板、设置背景和配色方案等。

幻灯片放映时,需要进行切换效果的设置,包括幻灯片中各对象的动画设置等。可以通过建立和应用超链接切换播放顺序、定义放映内容等。

如果想让演示文稿脱离 PowerPoint 播放,就需要对其进行打包操作。

通过本章的学习,读者应能够熟练地创建各种风格的多媒体演示文稿,并能娴熟地对不同等级的观众放映演示文稿。

5.4 本 章 实 训

实训一: 制作个人简介演示文稿

制作个人简介幻灯片,按以下要求进行设计。

① 演示文稿中至少包含 7 张幻灯片,包括首页、个人基本信息、教育经历、社团活动、获取证书(奖励、资格证等)、自我评价、结束页。

② 通过插入图片、设置背景等达到图文并茂的效果。

③ 添加声音、动画,突出你的特长和优点。

④ 设计存在排练计时的幻灯片放映。

实训二: 制作音画同步的音乐幻灯片

自行收集音乐、图片等素材,参考 5.2 节的操作步骤制作一个音画同步的音乐幻灯片。

① 收集制作幻灯片所需的相关素材,确定音乐幻灯片的主题及框架。

② 一首音乐的播放要贯穿整个演示文稿,并能够通过排练计时的设置实现音画同步。

③ 将音乐幻灯片保存为 pps 格式,实现双击后自动播放。

第6章

计算机网络与 Internet 技术应用

6.1　计算机网络概述

6.1.1　计算机网络的定义与发展

1. 计算机网络的定义

计算机网络是指将分散在不同地点且具有独立功能的多个计算机系统利用通信设备和线路相互连接起来,在网络协议和软件的支持下进行数据通信,实现数据通信和资源共享的计算机系统的集合。图 6-1 为计算机网络的简单示意图。

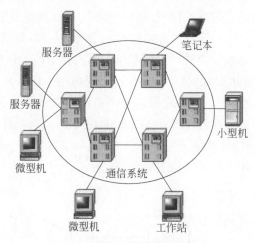

图 6-1　计算机网络的简单示意

2. 计算机网络的发展

计算机网络的发展总体来说可以分成以下四个阶段。

第一阶段:20 世纪 60 年代末到 20 世纪 70 年代初为计算机网络发展的萌芽阶段。其主要特征是,为了增加系统的计算能力和资源共享,把小型计算机连成实验性的网络。第一个远程分组交换网称为 ARPANET,是由美国国防部于 1969 年建成的,它第一次实现了由通信网络和资源网络复合构成的计算机网络系统。ARPANET 是这一阶段的典型代表,标志着计算机网络的真正诞生。面向终端的单主机互连系统如图 6-2 所示,具有通信功能的多机系统模型如图 6-3 所示。

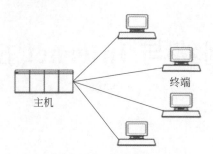

图 6-2　面向终端的单主机互连系统

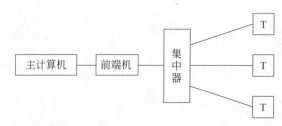

图 6-3　具有通信功能的多机系统模型

第二阶段:20 世纪 70 年代中后期是局域网络(LAN)发展的重要阶段。其主要特征是局域网络作为一种新型的计算机体系结构开始进入产业部门。局域网技术是从远程分组交换通信网络和 I/O 总线结构的计算机系统中派生出来的。1976 年,美国 Xerox 公司的 Palo Alto 研究中心推出以太网(Ethernet),它成功地采用了夏威夷大学 ALOHA 无线电网络系统的基本原理,使之发展成为第一个总线竞争式局域网络。1974 年,英国剑桥大学计算机研究所开发了著名的剑桥环(Cambridge Ring)局域网。这些网络的成功实现,一方面标志着局域网络的产生,另一方面,它们形成的以太网及环网对局域网络的发展起到了导航作用。ARPA 网络结构图如图 6-4 所示。

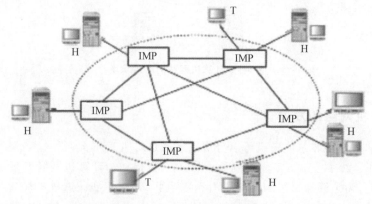

图 6-4　ARPA 网络结构图

第三阶段：20 世纪 80 年代是计算机局域网络的发展时期。其主要特征是,局域网络完全从硬件上实现了 OSI 的开放系统互连通信模式协议。计算机局域网及其互连产品的集成使得局域网与局域互连、局域网与各类主机互连、局域网与广域网互连的技术越来越成熟。综合业务数据通信网络(ISDN)和智能化网络(IN)的发展标志着局域网络的飞速发展。1980 年 2 月,IEEE(美国电气和电子工程师学会)下属的 802 局域网络标准委员会宣告成立,并相继提出 IEEE 801.5~802.6 等局域网络标准草案,其中的绝大部分内容已被国际标准化组织(ISO)正式认可。作为局域网络的国际标准,它标志着局域网协议及其标准化的确定,为局域网的进一步发展奠定了基础。OSI 参考模型如图 6-5 所示。

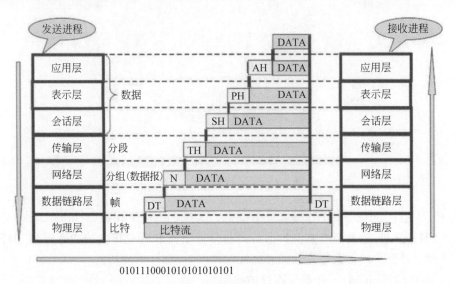

图 6-5 OSI 参考模型

第四阶段：20 世纪 90 年代初至今是计算机网络飞速发展的阶段,其主要特征是计算机网络化、协同计算能力发展、国际互联网络(Internet)的盛行。计算机的发展已经完全与网络融为一体,体现了"网络就是计算机"的口号。目前,计算机网络已经真正进入社会各行各业,并为社会各行各业所广泛采用。另外,虚拟网络 FDDI 及 ATM 技术的应用也使网络技术蓬勃发展并迅速走向市场,走进平民百姓的生活。国家智慧城市全景图如图 6-6 所示。

6.1.2 计算机网络的组成

计算机网络由网络硬件系统和网络软件系统组成。

1. 网络硬件系统

硬件是计算机网络的基础,主要包括主机、终端、联网的外部设备、传输介质和通信设备等。网络硬件的组合形式决定了计算机网络的类型。

(1) 主机(Host)。传统定义中的主机是指网络系统的中心计算机(主计算机),可以

政府热线
数字执法
数字城管
电子政务
应急系统
数字监察
平安城市
数字景区
数字环保
数字校园
数字物流
数字社区
数字邮政
数字医疗
智能交通
食品安全
数字巡检

保稳定
数字政务
智慧城市平台

图 6-6　国家智慧城市全景图

是大型机、中型机、小型机、工作站或者微型机。这里所说的工作站(Workstation)是一种高档的微型计算机,通常配有高分辨率的大屏幕显示器及容量很大的内存储器和外存储器,并且具有较强大的信息处理功能和高性能的图形、图像处理功能。

(2)终端(Terminal)。终端是用户访问网络的接口,包括显示器和键盘等,其主要作用是实现信息的输入/输出。

(3)传输介质。传输介质是网络中信息传输的物理通道。常用的网络传输介质可分为两类:一类是有线的,另一类是无线的。有线传输介质主要有双绞线、同轴电缆和光纤等;无线传输介质主要有红外线、微波、无线电、激光和卫星信道等。

(4)常见的连网设备。

① 网卡(NIC-Network Interface Card)。网卡又称网络适配器或网络接口卡,是一种插入主机扩展槽的适配器。网卡是主机和网络的接口,用于协调主机与网络间数据、指令或信息的发送与接收。

② 网桥(Bridge)。网桥的作用是扩展网络的距离,减轻网络的负载。由网桥隔开的网络段仍属于同一网络,有相同的网络地址,但分段地址不同。

③ 路由器(Router)。路由器用于连接多个在逻辑上分开的网络。当数据从一个子网传输到另一个子网时,可通过路由器完成。路由器具有判断网络地址和选择路径的功能,分为本地路由器和远程路由器。本地路由器通常可直接连接网络传输介质,如双绞线、同轴电缆、光纤;远程路由器可连接远程传输介质,并要求有相应的设备,如电话线要配备调制解调器,无线介质要配备无线接收机、发射机等。

2. 网络软件系统

网络软件系统是指实现网络功能的不可缺少的软件环境。为了协调系统资源,需要通过软件对网络资源进行全面的管理、调度和分配,并采取一系列安全保密措施,防止用户对数据和信息进行不合理的访问,避免数据和信息的破坏与丢失。

网络软件主要包括以下几种。

(1) 网络操作系统。网络操作系统是网络的心脏和灵魂,负责管理和调度网络上的所有硬件和软件资源,使各个部分能够协调一致地工作,为用户提供各种基本网络服务,并提供网络系统的安全性保障。网络操作系统运行在被称为服务器的计算机上,并由连网的计算机用户(客户)共享。常用的网络操作系统有 Windows 2000/2003/2008 Server、Netware、UNIX、Linux 等。

(2) 网络通信协议。在网络中,为了在网络设备之间成功地发送和接收信息,必须制定相互都能接受并遵守的语言和规范,这些规则的集合就称为网络通信协议,如 TCP/IP、SPX/IPX、NetBEUI 等。一般说来,同一网络中的各主机须遵守相同的协议才能相互通信。例如,Internet 使用的协议是 TCP/IP。

(3) 网络数据库系统。网络数据库系统是建立在网络操作系统上的一种数据库系统,可以集中驻留在一台主机上(集中式网络数据库系统),也可以分布在每台主机上(分布式网络数据库系统),它向用户提供存取、修改网络数据库数据的服务,以实现网络数据库的共享。

(4) 网络管理软件。网络管理软件用来对网络资源进行管理和对网络进行维护。

(5) 网络工具软件。网络工具软件用来扩充网络操作系统的功能,如网络通信软件、网络浏览器、网络下载软件等。

(6) 网络应用软件。网络应用软件基于计算机网络应用而开发,并为网络用户解决实际问题,如铁路联网售票系统、物流管理系统、连锁超市销售管理系统等。

6.1.3 计算机网络的分类

1. 按网络的地理位置分类

计算机网络按其地理位置和分布范围可以分为局域网、城域网和广域网三类。

(1) 局域网(Local Area Network,LAN)。局域网用于将有限范围内(一个实验室、一幢大楼、一个校园)的各种计算机、终端与外部设备互连成网。

(2) 城域网(Metropolitan Area Network,MAN)。城域网的设计目的是满足几万米范围内的大型企业、机关、公司共享资源的需要,从而可以使大量用户进行高效的数据、语音、图形图像及视频等多种信息的传输。城域网可视为由数个局域网相连而成。例如,一所大学的各个校区分布在城市各处,将这些网络相互连接起来,便形成了一个城域网。

(3) 广域网(Wide Area Network,WAN)。广域网也称远程网,是规模最大的网络,它所覆盖的地理范围从几万米到几兆米,甚至可以覆盖一个地区、一个国家或横跨几个洲,形成国际性的计算机网络。广域网通常可以利用公用网络(公用数据网、公用电话网、卫星通信网等)进行组建,将分布在不同国家和地区的计算机系统连接起来,达到资源共享的目的。例如,大型企业在全球各城市都设立有分公司,各分公司的局域网相互连接,即形成广域网,广域网的连线距离极长,连接速度通常低于局域网和城域网,使用的设备也相当昂贵。

2. 按传输介质分类

计算机网络按其传输介质可以分为有线网和无线网两类。

(1) 有线网。有线网又分为两种:一种是采用同轴电缆和双绞线连接的网络;另一种是采用光导纤维连接的网络;后者又称光纤网。

(2) 无线网。无线网是指采用空气作为传输介质、电磁波作为传输载体的网络。无线网的连网方式灵活方便,但连网费用较高,目前正在发展,前景可观。

3. 按网络的拓扑结构分类

网络的拓扑结构是指网络中通信线路和站点(计算机或设备)的几何排列形式。计算机网络按其拓扑结构可以分为星形网、环形网和总线型网三类。

(1) 星形网。网络上的站点通过点到点的链路与中心站点相连。特点是容易增加新站点,数据的安全性和优先级易于控制,网络监控易实现,但若中心站点出现故障,则会引起整个网络瘫痪。

(2) 环形网。网络上的站点通过通信介质连成一个封闭的环形。特点是易于安装和监控,但容量有限,增加新站点困难。

(3) 总线型网。网络上的所有站点共享一条数据通道。特点是铺设电缆长度最短,成本低,安装简单方便;但监控较困难,安全性低,若介质发生故障,则会导致网络瘫痪,增加新站点也不如星形网容易。

6.1.4 计算机网络的功能

计算机网络提供的主要功能有实现数据通信、共享资源、提高网络的可靠性、均衡负荷和协同计算等,其中,最重要的功能是通信和资源共享,而资源共享又分为硬件共享、数据共享和软件共享。

1. 硬件共享

在网络环境中,人们可以坐在自己的计算机前,像使用本地计算机一样使用安装在其他计算机上的设备,这使工作变得更加快捷和方便。多用户共享打印机的示意如图 6-7 所示。

2. 数据共享

网络用户可以直接共享几乎所有类型的数据,将纸页和磁盘的传递量降到最低。多

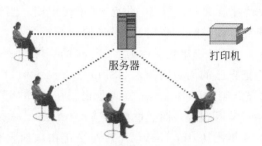

图 6-7　多用户共享打印机

用户共享数据库资源的示意如图 6-8 所示。

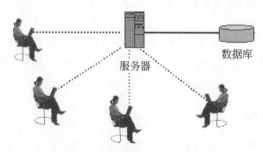

图 6-8　多用户共享数据库资源

3. 软件共享

计算机可以通过网络共享彼此的应用程序。例如,计算机 A 可以通过网络远程执行计算机 B 上的应用程序,计算机 B 可以再将执行结果返回计算机 A。共享软件不仅可以减少软件费用的开支,而且可以保证网络用户使用的应用程序的版本、配置等是完全一致的。使用完全一致的应用程序不仅可以简化维护、培训等过程,而且可以保证数据的一致性。例如,通过使用统一的、版本号相同的字处理软件,一个用户在一台计算机中编辑的文档便可以保证另一用户在另一台计算机中顺利打开并使用。

另外,计算机网络还可以提供高效、快捷的通信手段,这些手段改变了人们的生活方式,为企业创造了惊人的经济效益。电子邮件(E-mail)就是利用网络进行高效通信的一个典型实例。

6.2　Internet 基础知识

20 世纪初,美国认为如果仅有一个集中的军事指挥系统,那么万一它被摧毁,后果将不堪设想,为此要设计一个分散的指挥系统,它们能通过某种形式进行通信,当部分指挥点被摧毁后,其他指挥点仍能正常工作。为验证这一构思,20 世纪 60 年代末至 70 年代初,由美国国防部资助,高级研究项目署承建了 ARPANET 网络,这就是 Internet 最早的形态。

Internet 的第一次快速发展出现在 20 世纪 80 年代中期。当时,美国国家科学基金 (NSF) 为鼓励大学与研究机构,让其共享四台昂贵的计算机主机,并利用 ARPANET 发展出来的 TCP/IP 通信协议,出资建立了称为 NSFnet 的广域网。由于 NSF 的鼓励和资助,很多大学、机构纷纷把自己的局域网并入 NSFnet。

Internet 的第二次飞跃归功于 Internet 的商业化。在 20 世纪 90 年代以前,Internet 的使用一直仅限于研究与学术领域。商业性机构进入 Internet 一直受到法规或传统问题的限制。到了 20 世纪 90 年代初,Internet 已不再是全部由政府机构出资,而是有了一些企业的参与。由于参与者的多元化,在 Internet 上进行商业活动成为可能。

6.2.1 网络通信协议 TCP/IP

Internet 使用一套独特的计算机通信协议,以保证数据在传送过程中的安全性和可靠性。传输控制协议(Transmission Control Protocol,TCP)和网际协议(Internet Protocol,IP)是这些通信协议中最重要的两个,于是,TCP/IP 就成了这组协议的代名词。

1. TCP/IP 的结构

TCP/IP 的四层结构如图 6-9 所示。图中的网络相当于物理传输的媒介。数据在实际传输时,每通过一层就要在数据上加一个报头,其中的数据供接收端的同一层协议使用。到达接收端时,每经过一层就要把用过的一个报头去掉。这种方式可以保证接收的数据和传输的数据完全一致,并使发送端和接收端相同层上的数据都具有相同的格式。

图 6-9　TCP/IP 的四层结构

2. TCP/IP 的传输过程

在实际的邮政系统中,每个邮政分局并未与目的地直接连接,而是由一个邮局送往另一个邮局,再由这个邮局送往下一个邮局,直至将信件送到目的地;也就是说,每个邮政分局只需要知道哪一条邮政线路可以完成传输任务,而且又距离目的地最近就可以了。与此类似,Internet 在网络上安装了一种被称为路由器(功能类似邮局)的专用设备,它可以将不同的网络互相连接,Internet 只要选择一条最好的路径以完成传输任务,其中的路由器就会像各邮政分局给出邮件的路线一样给出数据的传输路径,而通信网络就是邮件传输中的运输工具。

在 Internet 中,根据 TCP 将某台计算机发送的数据分割成一定大小的数据报,并加入一些说明信息(类似装箱单),然后由 IP 将每个数据报打包并标上地址(类似把信装入信封),经过打包的数据报就可以上路了。在 Internet 上,这些数据报经过一个个路由器的指路,就像信经过一个个邮局,最后到达目的地。这时,再依据 TCP 将数据报打开,利用"装箱单"检查数据是否完整,如果正确无误,就把数据报重新组合并按发送前的顺序还原;如果发现某个数据报有损坏,就要求发送方重新发送该数据报。

总之,TCP/IP 和其他 100 多个协议一起组成了一个非常庞大的协议族,利用 TCP/IP,上千万台计算机连接成一个巨大的 Internet 协同工作,并为用户提供各种各样的服务。

3. IP 地址

Internet 中的所有计算机均称为主机,为了在互联网上实现主机之间的通信,每台主机必须有一个全网唯一的地址,即 IP 地址。

IP 地址由 32 位二进制数组成,即占 4 字节。为了方便书写,习惯上采用所谓的"点分十进制"表示法,其要点是:每 8 位二进制数为一组,用十进制数表示,组之间用小数点隔开,每个十进制数的取值范围是 0~255。

例如,二进制数表示的 IP 地址为

11001010 11001100 11010000 01000111

用"点分十进制"表示为

202.204.208.71

在进行数据传输时,通信协议必须在传输的数据中增加发送信息的 IP 地址(源地址)和接收信息的 IP 地址(目标地址)。

4. IP 地址的分类

一个 IP 地址由网络地址和主机地址两部分组成。网络地址表示主机所在的逻辑网络,主机地址表示该网络中的一台主机。可见,网络地址的长度将决定 Internet 中能包含多少个网络,主机地址的长度则决定网络中能连接多少台主机。IP 地址中的网络地址是由 Internet 网络信息中心(Network Information Center)统一分配的,为了根据不同的网络规模合理地分配 IP 地址,InterNIC 将 IP 地址分为五类,其中,A、B、C 三类是基本类。IP 地址的格式如表 6-1 所示。

A 类地址中,第 1 字节表示网络地址,最高 1 位是"0",网络地址有 7 位,后 3 字节表示主机,主机地址由该网络的管理者自行分配,A 类地址适用于大型网络。例如,美国麻省理工学院的 IP 地址是 A 类地址,其中,一台主机的 IP 地址为 18.181.0.21,其中,18 是网络地址,181.0.21 表示该网络中的一台主机。

表 6-1　IP 地址的格式

IP 地址格式(共 32 位)			分　类
7 位网络地址	24 位主机地址		A 类地址：1.0.0.0～127.255.255.255
10　14 位网络地址		16 位主机地址	B 类地址：128.0.0.0～191.255.255.255
110　21 位网络地址		8 位主机地址	C 类地址：192.0.0.0～223.255.255.255
1110	多点广播		D 类地址：224.0.0.0～239.255.255.255
11110	保留		E 类地址：240.0.0.0～247.255.255.255

B 类地址中,前 2 字节表示网络地址,最高 2 位是"10",网络地址有 14 位,后 2 字节表示主机地址,主机地址由该网络的管理者自行分配,B 类地址适用于中型网络。例如,清华大学的一台拥有 B 类地址的主机的 IP 地址可表示为 166.111.8.248,其中,166.111 是网络地址,8.248 表示该网络中的一台主机。

C 类地址中,前 3 字节用来表示网络地址,最高 3 位是"110",表示网络地址有 21 位,即最后 1 字节表示主机地址,主机地址由该网络的管理者自行分配。C 类地址适用于小型网络,最多可连接 256 台主机。例如,首都师范大学的一台主机的 IP 地址为 202.204.208.71,其中,202.204.208 是网络地址,71 表示该网络中一台主机的号码。

D 类地址用于组播传输,该类地址中无网络地址与主机地址之分,它用来识别一组计算机。其格式为：最高 4 位为"1110",其余 28 位全部用来表示组播地址。一个 D 类地址表示一组主机的共享地址,任何发送到该地址的信息都将传送一份副本到该组中的每一台主机上。

E 类地址的最高 5 位为"11110",后面未做划分,留作扩展用。

另外,IP 地址的编码规定是：当主机地址所有位均为 1 时,该地址用作广播地址,向网络上的所有结点广播,不能用作实际的结点地址;当主机地址所有位均为 0 时,表示本网络地址,该地址在路由器上配置 IP 时是很重要的。

由于历史原因,早期加入 Internet 的网络(一般在美国和加拿大)均可获得 A 类地址,稍后加入的网络(清华大学、北京大学和中国科学院等)可获得 B 类地址,目前申请加入 Internet 的网络一般仅被分配 C 类地址。

5. 网络掩码

当主机连接在 Internet 中进行通信时,为了使路由器能自动从 IP 地址中分离网络地址和主机地址,需要专门定义一个网络掩码(也称子网掩码)。

网络掩码也是一个 32 位的二进制数值。在网络掩码中,对应于 IP 地址中网络地址的部分用"1"表示,主机地址的部分用"0"表示。例如,对于 C 类 IP 地址 202.204.208.2,其网络掩码为 11111111 11111111 11111111 00000000,用点分十进制表示为 255.255.255.0。

对于上述规定的网络掩码,将它和 IP 地址进行"与"逻辑运算(当两个对应二进制位相"与"时,只有同为"1"时结果才为"1",否则为"0"),即可获得 IP 地址中的网络地址部分,从而区分出不同的网络。例如,01010001 和 11111111 相"与"后,结果仍为 01010001;01010001 和 00000000 相"与"后,结果为 00000000。

一般情况下,A、B、C 三类地址的网络掩码分别为 255.0.0.0、255.255.0.0 和 255.255.255.0。但是在实际应用中,为了提高 IP 地址的使用效率,可以再将一个网络划分出子网:采用借位的方式,从主机位的最高位开始借位变为新的子网位,剩余的部分仍为主机位。这使得 IP 地址的结构分为 3 部分:网络位、子网位和主机位。引入子网概念后,只有网络位加上子网位才能全局唯一地标识一个网络。子网掩码使得 IP 地址具有一定的内部层次结构,这种层次结构便于 IP 地址的分配和管理。

6.2.2　Internet 的主要应用

Internet 是一个涵盖极广的信息库,以商业、科技和娱乐信息为主,存储的信息上至天文,下至地理,无所不包。通过它可以从事收发电子邮件、和朋友聊天、进行网上购物、观看影片、阅读网上杂志、聆听音乐会等各种活动。就当前发展现状而言,Internet 主要可以提供以下应用服务。

1. WWW(万维网)

WWW 又称万维网、3W、Web,对一些刚上网的用户,WWW 几乎成了 Internet 的代名词。这是因为万维网的发展非常迅速,并以其独特的超文本(Hypertext)链接方式、方便的交互式图形界面和丰富多彩的内容在整个 Internet 活动中占据越来越重要的位置,是目前用户获取信息的最基本手段。

目前,Internet 上已无法统计 WWW 服务器的数量,越来越多的组织、机构、企业、团体和个人都建立了自己的主页(Homepage)。

2. 信息搜索

Internet 上提供了成千上万个信息源和各种各样的信息服务,而且还在快速增长。毋庸置疑,Internet 上众多的信息资源中肯定有每个人需要的信息,若清楚信息的存放地址,则在线获取这些信息是快捷而便利的,但是在不知道信息存放地址的情况下,如何才能找到它们呢? 使用专业搜索网站的搜索引擎可以缩小查找范围,达到事半功倍的效果。

当用户使用某一网站提供的在线搜索服务时,应该先研究此服务提供的搜索命令、搜索方法及其特色,才能明确如何进行搜索并充分利用该网站的优势。

搜索网站提供的信息查询方式主要有以下三种。

(1)归类信息:最新消息、当前热点信息等。

(2)专题浏览:将所有普通信息分为若干大类,如艺术、商业和经济、计算机和互联网、教育、娱乐、政府、健康、新闻、休闲和运动等,每一大类又分为多个小类;可单击链接词进入相关专题,非常方便。

(3)关键词检索:这是最快速、最方便的检索方式,只需要在搜索引擎的搜索框内输入要查找的信息主题词,然后单击"搜索"按钮即可在浏览器中看到查找结果。

国际著名搜索引擎(网站)有 Google、Yahoo 等，Yahoo 后来被收购，而国内使用量最高的搜索引擎是百度。

3. 电子邮件

电子邮件(Electronic mail,E-mail)是指 Internet 中的各个用户通过电子信件的形式进行通信的一种现代通信方式。事实上，电子邮件是 Internet 的基本功能，在浏览器技术产生之前，Internet 用户之间的交流大多就是通过 E-mail 进行的。

每个 E-mail 用户都会有一个电子邮件地址，它是一个类似于门牌号码的邮箱地址，通过网络的电子邮件系统可以用非常低廉的价格、非常快速的方式(几秒之内便可以发送到世界上任何指定的目的地)与世界上任何一个角落的网络用户联络，而且即写即发，省去了粘贴邮票和跑邮局的烦恼。正是由于电子邮件具备使用简易、投递迅速、收费低廉、易于保存以及全球畅通无阻等优点，因此其被广泛应用，使人们的交流方式发生了极大的改变。

4. 文件传输

文件传输协议(File Transfer Protocol,FTP)是 Internet 文件传输的基础。通过该协议，用户可以从一个 Internet 主机向另一个 Internet 主机复制文件。

与大多数 Internet 服务一样，FTP 也是一个客户机/服务器系统。用户通过客户机向服务器发出命令，服务器执行用户发出的命令，并将执行结果返回客户机。例如，用户发出一条命令，要求服务器向用户传送某一个文件的一份复制文件，服务器会响应这条命令，将指定文件送至用户的机器。客户机程序代表用户接收到这个文件，将其存放在用户目录中。

5. 远程登录

网络时代早期，功能强大的计算机是一种稀缺资源，人们采用一种叫作 Telnet 的方式访问 Internet，其工作原理是把自己的低性能计算机连接到远程高性能的大型计算机上，这台计算机可以在隔壁的房间里，也可以在地球的另一端。当用户登录远程计算机后，用户的计算机就仿佛是远程计算机的一个终端，可以用自己的计算机直接操纵远程计算机，享有远程计算机本地终端同样的权限。用户可以在远程计算机上启动一个交互式程序，检索远程计算机上的某个数据库，利用远程计算机强大的运算能力对某个方程式进行求解等。人们把这种将自己的计算机连接到远程计算机的操作方式称为远程登录(Telnet)。

但现在 Telnet 已经很少被使用了，这主要是因为以下三方面的原因。

- 个人计算机的性能越来越强大，使在别人的计算机中运行程序的需求逐渐减少。
- Telnet 服务器的安全性欠佳，因为它允许他人访问其操作系统和文件。
- Telnet 使用起来不是很容易，特别是对初学者而言。

6. 电子公告牌系统

电子公告牌系统(Bulletin Board System,BBS)又称论坛，是一种电子信息服务系统，它向用户提供了一块公共电子白板,每个用户都可以在上面发布信息或提出看法。早期的 BBS 由教育机构或研究机构管理,现在的多数网站都建立了自己的 BBS,供网民通过网络结交更多的朋友,表达更多的想法。目前,国内的 BBS 已经十分普及,可以说是种类繁多,大致可以分为以下五类。

(1) 校园 BBS：CERNET 建立以来,校园 BBS 快速发展起来,目前很多大学都有了BBS,如清华大学的水木社区(www.newsmth.net)很受学生和网民的喜爱。大多数 BBS是由各校的网络中心建立的,也有私人性质的 BBS。

(2) 商业 BBS：主要进行有关商业的宣传及产品推荐等,目前,手机的商业站、计算机的商业站、房地产的商业站比比皆是。

(3) 专业 BBS：这里所说的专业 BBS 是指部委和公司的 BBS,主要用于建立地域性的文件传输和信息发布。

(4) 情感 BBS：主要用于交流情感,是许多娱乐网站的首选。

(5) 个人 BBS：有些个人主页的制作者在自己的个人主页上建设了 BBS,用于与访问者交流想法,或便于与好友进行沟通。

7. 即时通信

即时通信(Instant Message,IM)也称即时信息。人们常用的微信、QQ、阿里旺旺、支付宝等都属于 IM 软件,它们能让网络用户迅速地在网上找到朋友或工作伙伴,可以实时交谈和互传信息。而且,现在不少 IM 软件还集成了数据交换、语音聊天、网络会议、电子邮件的功能。

即时通信软件主要分为两类：一是信息终端、多媒体娱乐终端,以微信、QQ 为代表,它们提供了丰富的信息、强大的通信功能以及漂亮生动的软件界面,成为信息交流和网络互动娱乐的软件终端;二是专注于某一特定功能或用途的软件,以 Skype、MicrosoftTeams、Google Talk、ET 为代表,它们以更为专业的技术提供更为专业的服务,如语音通信、视频通信、商务交流等,网络电话(VOIP)软件就是其中的典型代表。

同时,商用即时通信软件发展迅速,阿里旺旺、阿里巴巴贸易通等十余款商用即时通信软件逐步成长起来,主要供相应商务网站的用户交流使用。

目前,国内市场上约有 50 款即时通信软件,竞争十分激烈。根据市场统计,微信、QQ占据了大部分市场份额,新浪 UC、Skype 和飞信、Microsoft Teams、阿里旺旺等紧随其后。

8. 电子商务

电子商务(Electronic Commerce)利用计算机技术、网络技术和远程通信技术,实现了商务(买卖)过程中的电子化、数字化和网络化。通俗地讲,电子商务就是指利用互联网技术开展企业或个人商务活动,如在线购书、在线咨询、网络开店、网上销售以及网上采购等。阿里巴巴是典型的电子商务网站,戴尔公司是典型的电子商务销售公司,京东、淘宝、唯品会、天猫是典型的网上店铺。

6.2.3 Internet 的常用术语

在享受 Internet 服务的过程中，需要掌握一些网络专用名词的含义。下面简要介绍一些网络术语。

1. IP 地址

IP 地址是 Internet 的主机在网络中的地址的数字形式，是一个 32 位的二进制数，如 11011110 11010010 11101010 10011010 等，但为了便于记忆和识别，通常将其写成被点号分开的 4 个十进制数的形式，例如上面的二进制地址用十进制数可表示为 222.210.234.154。

2. 域名

Internet 使用了一种标准的命名方式标识 Internet 上的每一台主机，这种命名方式称为域名系统（Domain Name System，DNS）。在 Internet 中，可以通过域名或 IP 地址标识每一台主机。域名与 IP 地址之间存在着一种映射关系。域名是为克服 IP 地址难于记忆的缺点而采用的名字代码，例如 baidu.com 就是一个域名。

3. WWW

WWW 是 World Wide Web 的缩写形式，简称 Web，即万维网。它是基于超文本的文件信息服务系统。用户可以通过浏览器搜索和浏览文字、图片、声音和视频等信息。

4. HTTP

HTTP（Hypertext Transfer Protocol，超文本传输协议）是 WWW 浏览器和 WWW 服务器之间的应用层通信协议。HTTP 是用于分布式协作超文本信息的系统、通用、面向对象的协议。该协议是基于 TCP/IP 之上的协议，它不仅能保证正确地传输超文本文档，还能确定传输文档中的哪一部分内容优先显示等。

5. HTML

HTML（Hyper Text Mark-up Language，超文本标记语言）是 WWW 的描述语言。设计 HTML 的目的是把一台计算机中的文本或图形与另一台计算机中的文本或图形方便地联系在一起，形成有机的整体，使用户在上网时不用考虑具体信息是在当前计算机上还是在网络中的其他计算机上。

HTML 文本是由 HTML 命令组成的描述性文本，HTML 命令可以用来说明文字、图形、动画、声音、表格和链接等。

6. E-mail

E-mail 即电子邮件，是互联网上的一种信息传递方式，其地址格式为 MailName@

xxx.xxx，如 MyMail@163.com 即为一个标准的邮件地址。

7. ADSL

ADSL(Asymmetrical Digital Subscriber Loop，非对称数字用户环路)是一种用不对称数字用户线实现宽带接入互联网的技术。ADSL 作为一种传输层的技术，可以充分利用现有的铜线资源。

ADSL 在一对双绞线上提供上行 640kb/s、下行 8kb/s 的带宽，从而克服了传统用户"最后一公里"的瓶颈，实现了真正意义上的宽带接入。

8. 防火墙

防火墙是一种专门用于防止来自 Internet 或所在网络环境的非法访问的安全系统。防火墙的基本工作原理是对多种类型的恶意网络通信请求进行筛选。同时，防火墙还可以防止计算机在用户本人不知情的情况下被他人使用。

9. 专线网络用户

通过网卡和双绞线与 Internet 相连的用户称为专线网络用户。专线网络用户必须有一块 10MB 或 100MB 的以太网卡，同时要有从网络中心申请的 IP 地址及相应网关。专线上网具有上网速度快、不占用电话线等优点。

10. 拨号网络用户

通过电话线与 Internet 连接的用户称为拨号网络用户。使用拨号上网，需要一个调制解调器(Modem)、一条电话线和一个申请的用户账号(Username)及相应的密码(Password)。拨号上网不受地点限制，只要是有电话线的地方都有条件接入；缺点是上网速度慢、占用电话线、需要支付电话费。

11. 光纤入户

现在基本上都是光纤入户了。光猫(也是 Modem)设置了自动拨号功能，用户无须重新在计算机上做拨号操作。现在的拨号宽带收费一般是包年的，价格比以往便宜很多，而且带宽(网速等)已达到 500Mb/s 以上。

6.3 项 目 实 现

6.3.1 实训项目：项目实现要求

本节将通过 5 个项目讲解 Internet 技术及其应用。
本项目主要解决以下问题。
- IE 常规选项、默认主页、临时文件夹、历史记录、连接选项的设置等；

- 邮箱申请及登录,邮件的收发;
- 使用 Outlook 2016 收发电子邮件;
- 使用微信进行即时通信;
- 网上论坛的使用。

6.3.2 实训项目:IE 浏览器的设置

本项目以 Microsoft 公司的 Internet Explorer 11 为例介绍 Internet 浏览器的使用方法。Internet Explorer 11 是 Microsoft 公司提供的免费浏览器产品,可以从 http://www.microsoft.com 站点下载得到。

操作步骤如下。

1. Internet Explorer 的启动

Internet Explorer 11(简称 IE11)的安装一般选择"典型安装"方式即可,安装完毕后可以通过以下方式打开。

① 双击桌面上的 Internet Explorer 图标,如图 6-10 所示。

② 单击桌面快速启动工具栏上的 Internet Explorer 图标,如图 6-11 所示。

③ 在"开始"菜单中选择 Internet Explorer 选项,如图 6-12 所示;或者依次选择"开始"|"程序"|Internet Explorer 菜单选项。

图 6-12　IE11 的打开方式(3)

图 6-10　IE11 的打开方式(1)

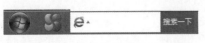

图 6-11　IE11 的打开方式(2)

2. Internet Explorer 浏览器的版本查询

可以使用以下方法查看浏览器的版本：打开浏览器，选择"帮助"选项卡，再选择"关于 Internet Explorer"选项，如图 6-13 和图 6-14 所示。

图 6-13　IE 版本查询

图 6-14　IE 版本信息

3. Internet Explorer 浏览器的选项设置

Internet 选项设置是对 IE 工作方式和属性的设置，它包含许多方面的配置。在开始浏览网页之前，对 IE 选项进行设置是非常有必要的。如果设置不当，则可能会影响上网浏览的效率。

选择菜单选项"工具"|"Internet 选项"，弹出"Internet 选项"对话框，如图 6-15 所示。在"Internet 选项"对话框中，自左向右依次为"常规""安全""隐私""内容""连接""程序""高级"7 个选项卡。下面介绍较为重要的两个选项卡。

（1）"常规"选项卡

"常规"选项卡主要用来更改 IE 的外观、运行速度以及管理 Internet 的临时文件、历史记录等。

① 设置主页。主页是指 IE 浏览器启动后自动连接的页面，也称起始页。Internet Explorer 最初设定的默认起始页是 Microsoft 公司的网页，其网址为 http://home. microsoft. com/intl/cn/。由于这个网站为国外网站，连接起来速度较慢，会影响到 Internet Explorer 的启动速度，因此建议用户设置空白页或者自己喜欢的国内网页作为

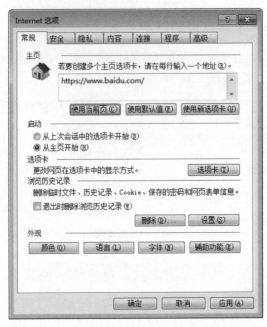

图 6-15　Internet 选项

主页。

　　设置主页为空白页的具体方法为：在"常规"选项卡中，单击"使用新选项卡"按钮，此时上方文本框显示 about：Tabs，单击"确定"或"应用"按钮完成设置。当用户下次启动 Internet Explorer 时，Internet Explorer 将启动一个空白页，启动速度也会明显加快，如图 6-16 和图 6-17 所示。

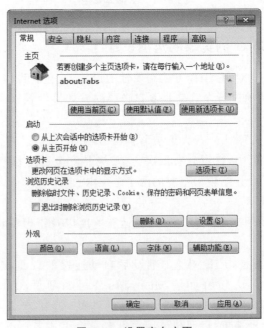

图 6-16　设置空白主页

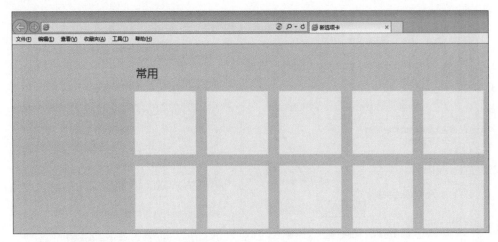

图 6-17　IE 的空白主页

　　用户通常可以根据喜好选择自己喜欢的网页作为浏览器的主页。自定义主页的设置方法为：启动 Internet Explorer，打开自己喜欢的网页，再用上面的方法打开"Internet 选项"对话框，在"常规"选项卡中单击"使用当前页"按钮。此时上方文本框显示当前打开的网页地址，单击"确定"或"应用"按钮完成设置。

　　② 设置 Internet 临时文件夹。用户浏览网页时，Internet Explorer 会将已经浏览过的 Internet 页面临时存放在机器的特定目录（Temporary Internet Files），当用户重新浏览已经查看过的网页时，Internet Explorer 可以直接从硬盘而不是 Internet 上调出相应的网页，从而提高浏览该网页的速度。这个临时文件夹就是通常所说的 Cache。

　　这个临时文件夹可以提高浏览速度，但同时也减小了计算机硬盘上其他程序可以使用的空间，在硬盘空间有限的情况下，适时调整临时文件夹的大小或清空临时文件夹可以提高机器的性能。

　　在"Internet 选项"对话框的"常规"选项卡中，与设置 Internet 临时文件夹有关的选项如下。

　　"浏览历史记录"选项中的"删除"按钮：用于删除临时文件夹中的 Cookies，如图 6-18 所示。

　　"删除浏览历史记录"对话框中有很多选项可以勾选，例如勾选"密码"再单击"删除"按钮，就会把浏览器中记录的登录密码全部删除。

　　"设置"按钮：用于查看或者更改临时文件夹的设置。单击该按钮会打开"网站数据设置"对话框，如图 6-19 所示。用户可以在该对话框中选择或设置不同的值以改变临时文件夹占用的磁盘空间。

　　"网站数据设置"对话框中各按钮的功能介绍如下。

　　"移动文件夹"按钮：用来指定新的临时文件夹以完成存放临时文件的任务，主要适用于硬盘分区时当前使用的磁盘容量不足的情况。

　　说明：在移动临时文件夹时，系统将删除所有的脱机数据。

　　"查看文件"按钮：用来查看存放在临时文件夹中的所有临时文件。

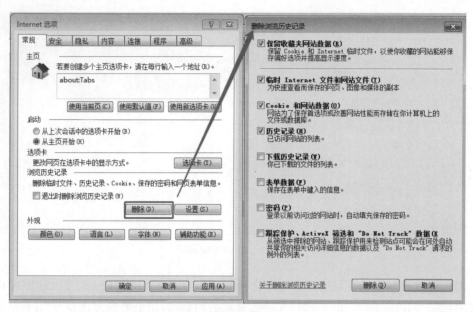

图 6-18　删除浏览历史记录

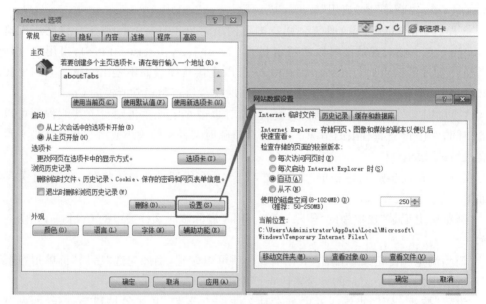

图 6-19　网站数据设置

"查看对象"按钮：用来查看 IE 中已经安装的各种 ActiveX 控件，单击后的结果如图 6-20 所示，用户可以删除、复制或者移动控件，建议用户不要轻易更改或者删除控件。

③ 设置历史记录。历史记录可以记录最近一段时间内访问过的网页信息，这样用户就可以通过单击"历史"按钮打开"历史记录"，然后通过单击要浏览的网页使其快速打开。

在"Internet 选项"对话框的"常规"选项卡中，可以设置访问过的网页在历史记录中的保存天数。单击"删除"按钮可以清除最近一段时间内访问过的网页信息。

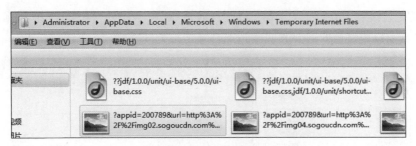

图 6-20　查看对象

历史记录保存的天数越多，需要的硬盘容量就越大，在使用一段时间之后，打开历史浏览器的速度也就越慢。不断增多的历史记录占用了大量的磁盘空间，这时，清除历史记录或者重新设置历史记录的保存天数就十分必要了。

如果想让上网记录不被计算机记录下来，那么可以在"历史记录"栏中选择"设置"丨"历史记录"选项并将"网页保存在历史记录中的天数"设置为 0。

④ 更改网页的字体和背景颜色。用户可以利用"Internet 选项"对话框下方的"颜色"和"字体"按钮设置自己喜欢的颜色和字体显示网页。

"常规"选项卡右下方的"辅助功能"按钮用于指定用户的设定是否始终用于网页显示的字体和颜色。

（2）"连接"选项卡

在安装 Internet Explorer 之后，初次运行 Internet Explorer 时会弹出"连接向导"对话框，帮助用户完成与 Internet 的连接设置。之后，用户可以在 Internet Explorer 中更改自己的连接设置，这一设置主要是通过"Internet 选项"对话框中的"连接"选项卡完成的，如图 6-21 所示。

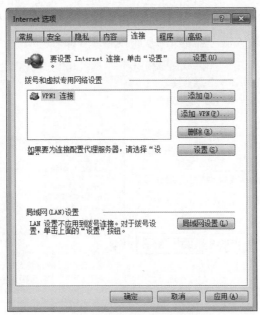

图 6-21　"连接"选项卡

① 设置连接到 Internet 的方式。单击"连接"选项卡中的"添加"按钮，如图 6-22 所示。用户可以根据自己的需要和实际情况选择连接方式。

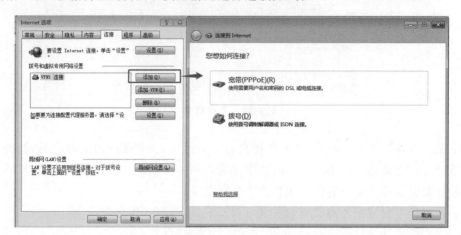

图 6-22　新建 Interne 连接

可以通过两种方式连接到 Internet，一种是宽带（PPPoE）连接，使用需要用户名和密码的 DSL 或电缆连接；另一种是拨号连接，使用拨号调制解调器或 ISDN 连接。

② 使用代理服务器。代理服务器是用户的计算机与 Internet 之间的一个安全屏障，它可以防止 Internet 上的其他人非法访问并获得用户的信息。

使用代理服务器访问 Internet 的过程实际上就是用户访问 Internet 时会将请求的地址发送给代理服务器，然后由代理服务器进行连接。这样，访问 Internet 的速度会有所降低，但会更加安全。

添加与设置代理服务器的具体方法为：单击"连接"选项卡中的"局域网设置"按钮，打开"局域网（LAN）设置"对话框，如图 6-23 所示。勾选"为 LAN 使用代理服务器"复选框，在"地址"文本框中输入服务器的 IP 地址和端口号即可。

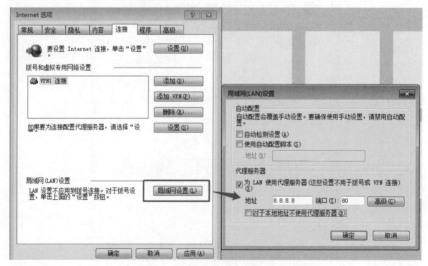

图 6-23　"局域网（LAN）设置"对话框

计算机应用基础与信息处理教程

6.3.3 实训项目：电子邮箱的使用

电子邮件是用户或用户组之间通过计算机网络收发信息的服务。电子邮件服务是目前互联网上基本的服务项目和使用广泛的功能。互联网用户都可以申请一个自己的电子邮箱，通过电子邮件实现远距离的快速通信。使用电子邮件进行通信具有简便、快捷、经济、联络范围广的特点，不仅可以传送文本信息（发送、接收信件），还可以传送图像、声音等各种多媒体文件，通过它，用户能够快速而方便地收发各类信息，如公文文件、私人信函和各种计算机文档等。电子邮件已成为互联网上使用频率最高的一种服务。本节以 QQ 邮箱的申请为例介绍申请及登录邮箱的方法，以及如何使用 Web 页面编辑、发送和查看邮件。

操作步骤如下。

① 打开浏览器，登录网址 http://mail.qq.com，在右侧选择"快速登录"选项，可使用已登录 QQ 或手机 QQ 扫描登录，如图 6-24 所示；也可以选择账号＋密码的方式登录，如图 6-25 所示。

图 6-24　快速登录

图 6-25　账号＋密码登录

② 如果还没有申请账号，则可单击"注册新账户"按钮，并填写相关信息，使用手机验证后即可完成邮箱申请，如图 6-26 所示。

③ 使用新账号或者已有的账号登录邮箱，如图 6-27 所示。

④ 邮件的收发。

图 6-27 所示的邮箱初始页面列出了电子邮箱的功能和提供的服务。

单击"收件箱"或"收信"按钮即可接收邮件。

单击"写信"按钮可以在打开的页面中写一封新邮件，如图 6-28 所示。除了普通邮件外，还可以发送群邮件，前提是向已加入的 QQ 群发送。

"收件箱"用来保存所有收到的邮件；"草稿箱"用来保存写好后暂不发送的邮件；"已

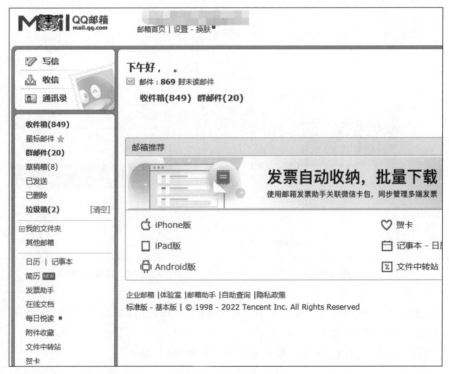

图 6-26　邮箱注册

图 6-27　登录邮箱

发送"用来保存已经发送的邮件；"已删除"用来保存已经删除的邮件。

在本项目中，"收件箱"中已有新邮件，如图 6-29 所示。要想阅读此邮件，需要先单击"收件箱"按钮进入收件箱，如图 6-30 所示。

如果邮件上方有图标，则表示这是一封新邮件。邮件的"发件人"栏中标明了这封邮

图 6-28 发送邮件

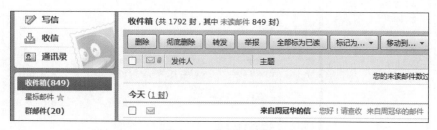

图 6-29 收到新邮件

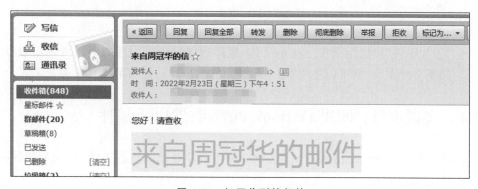

图 6-30 打开收到的邮件

件是谁发送的;"主题"栏中标明这封邮件的主题。如果想阅读邮件,直接单击邮件的主题即可。

　　收到邮件后,一般都要给对方回复。直接单击页面上的"回复"按钮即可撰写回复邮件,如图 6-31 所示。

　　下面对其中几个主要选项做相关说明。

- "收件人"文本框用来输入收件人的邮箱地址。
- "主题"文本框用来对邮件做简短描述,使收件人不需要打开邮件就能知道邮件的主要内容。

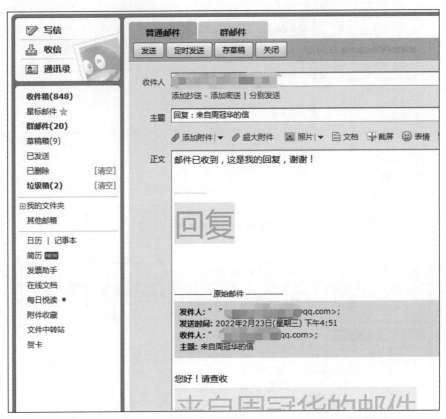

图 6-31　回复邮件

- "添加附件"按钮用来将一些小文件、程序或图片等以附件的形式发送给收件人，如果文件太大，则可以使用"超大附件"功能，但此功能的附件有效期为 7 天。

6.3.4　实训项目：使用 Outlook 2016 收发电子邮件

本项目以 Outlook Express 2016 为例介绍申请及登录邮箱的方法，以及如何使用邮箱编辑、发送和查看邮件。

操作步骤如下。

① 在"开始"菜单中找到 Outlook 2016 并打开，如图 6-32 所示。

② 若是第一次运行，则会出现一个设置向导，如图 6-33 所示。单击"下一步"按钮继续，出现"是否将 Outlook 设置为连接到某个电子邮件账户？"的询问，如果勾选"否"，则完成向导，但后续功能受限，需要添加邮箱账户；若勾选"是"，则进入下一步，如图 6-34 所示。

③ 在自动账户设置中可以选择电子邮件账户，这里直接输入一个名称，也可以根据自己的需要输入电子邮件地址以及邮箱密码，如图 6-35 所示，配置过程需要花费几分钟，如图 6-36 所示。

图 6-32 找到并打开 Outlook 2016

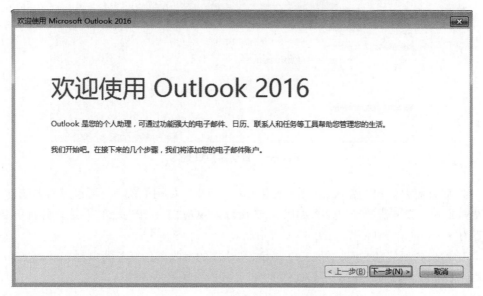

图 6-33 Outlook 2016 设置向导

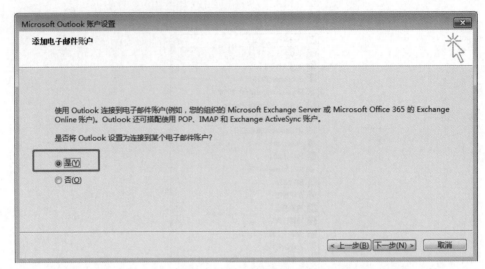

图 6-34　添加电子邮件账户

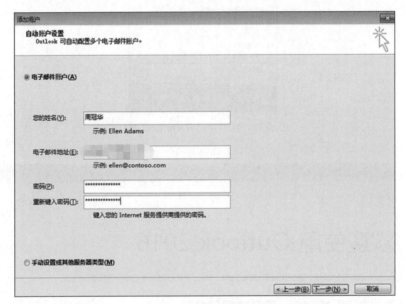

图 6-35　自动账户设置

④ 如果需要添加 QQ 邮箱，则需要返回"上一步"，如图 6-35 所示，这时需要选择"手动设置或其他服务器类型"选项，如图 6-37 所示。单击"下一步"按钮，并选择邮件服务器类型为"POP 或者 IMAP"，如图 6-38 所示。

⑤ 输入各项信息，如果添加 QQ 邮箱，则这里的接收邮件服务器填写 pop.qq.com，发送邮件服务器填写 smtp.qq.com，如图 6-39 所示。如果是 163 邮箱，则这里的接收邮件服务器填写 pop.163.com，发送邮件服务器填写 smtp.163.com。如果 QQ 邮箱设置过独立密码，则这里要输入独立密码，最后单击"其他设置"按钮。

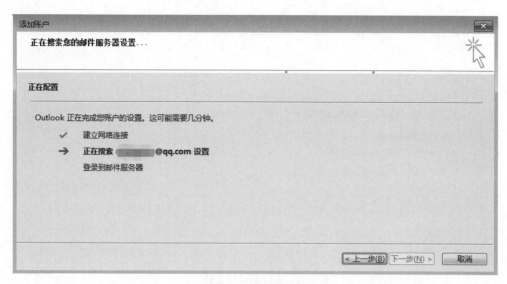

图 6-36　配置账户

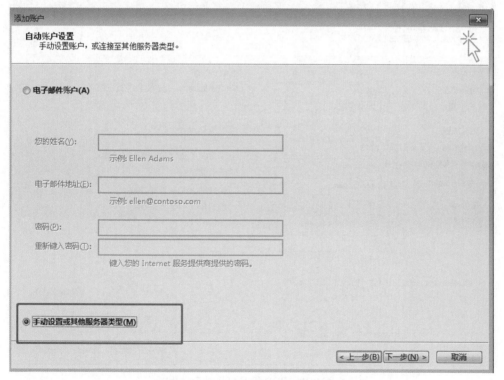

图 6-37　手动设置或其他服务器类型

⑥ 账户验证,如图 6-40 所示。验证成功后,设置成功。

⑦ 进入 Outlook 2016 操作主界面,如图 6-41 所示。其中有"收件箱""已发送邮件""已删除邮件""草稿",等等。如果需要发送邮件,则选择"新建电子邮件"选项,弹出"邮

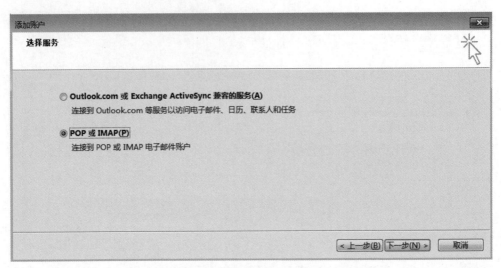

图 6-38　选择邮件服务器类型

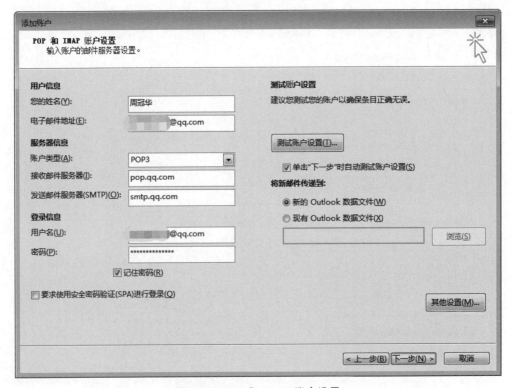

图 6-39　POP 和 IMAP 账户设置

件"选项页面,输入收件人、主题、邮件内容等,单击"发送"按钮即可发送邮件,如图 6-42
所示。

图 6-40　账户验证

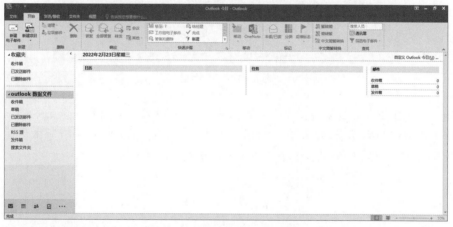

图 6-41　Outlook 2016 操作主界面

图 6-42　Outlook 2016 发送邮件

6.3.5 实训项目：微信聊天

利用 Internet 即时通信工具，相隔很远的两个人也能够发送消息，即时在线聊天。利用现有的即时通信工具，用户之间还可以发送文件和照片，而且能够进行语音和视频聊天，极大地方便了人们的沟通与联系，缩短了彼此之间的距离。本项目以微信为例介绍网上实时聊天的方法。

① 下载并安装微信，下载地址为 https://weixin.qq.com/，如图 6-43 所示。下载完成后直接安装，选择默认安装方式即可。

图 6-43　下载微信

② 安装微信后，桌面上会多出一个微信图标，双击打开后会出现一个二维码，这时可以使用手机微信扫描登录，如图 6-44 所示。当然，微信账号需要先在手机版微信注册，本项目只介绍 PC 版微信，手机版微信的使用方法请查阅相关资料。

图 6-44　登录微信

③ 登录成功后,微信主界面如图 6-45 所示。可以添加好友、添加群,并进行文字、语音、视频等即时通信。

图 6-45　微信主界面

6.3.6　实训项目:网上论坛

本项目以天涯社区为例介绍使用网上论坛浏览帖子及发表话题等的方法。

① 登录天涯社区网站 https://bbs.tianya.cn/,单击"注册"按钮,如图 6-46 所示。

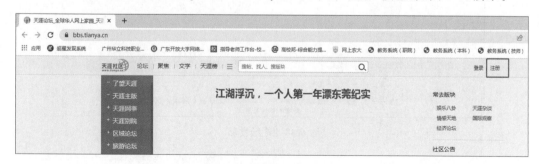

图 6-46　天涯社区网站首页

② 选择第三方社交账号登录,如图 6-47 所示。

图 6-47 使用第三方社交账号登录

③ 打开"我的",找到"帖子"并进入,单击"发帖"按钮,编辑内容,单击"发表"按钮,即可发表帖子,如图 6-48 所示。注意:论坛系统是有审核机制的,每个帖子都需要被审核且审核通过后才能发布成功。

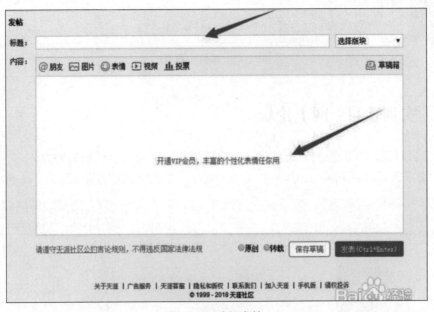

图 6-48 论坛发帖

6.4　本　章　小　结

　　本章首先介绍了计算机网络与 Internet 技术的基础知识,然后通过 5 个项目讲解了 Internet 提供的常用应用服务。通过 5 个项目的学习,读者可以掌握 IE 浏览器的设置方法,电子邮箱的使用方法,使用 Outlook Express 16 收发电子邮件的方法,即时通信工具的使用方法,以及网上论坛的使用方法等基本技能。通过对上述网络主流应用的学习,读者应培养自己的实际应用能力,为将来的工作打下良好的基础。

6.5　本　章　实　训

实训一：IE 浏览器的使用

　　① 在浏览器中打开百度的主页,网址为 http://www.baidu.com,保存打开的页面。
　　② 打开"历史"窗口,重新访问刚才查看过的百度主页。
　　③ 进行以下 Internet 选项的设置:设定默认起始页为百度主页,保存"历史记录"的天数为 10 天。
　　④ 把百度主页添加到收藏夹,收藏在新建的文件夹中,命名为"搜索",然后从收藏夹中访问百度主页。
　　⑤ 分别在搜索窗口、地址栏和百度搜索引擎中搜索包含"计算机"这个关键词的 Web 页。

实训二：Outlook Express 的使用

　　① 请按照下列要求使用 Outlook Express 发送邮件,并将一个图片文件(* .jpg)作为附件发送。
　　收件人:zhoudakeqq@163.com
　　主题:发给你一张超经典图片,快看哦
　　② 自己给自己发一封有附件的邮件。利用 Outlook Express 接收,并将附件另存到一个文件夹。

实训三：利用已有的电子邮箱注册 QQ 账户并完成以下操作

　　① 添加 QQ 联系人。
　　② 发送即时消息。
　　③ 实现多用户会话。
　　④ 在 QQ 中实现语音和视频聊天。
　　⑤ 利用 QQ 实现应用程序共享。

第 **7** 章

常用工具软件的应用

7.1　常用工具软件概述

　　用户使用计算机时经常需要用到各种工具软件,每种工具软件都有其特定的作用。常用的工具软件有四大类,即网络、媒体、图文及系统工具软件,这些软件均是在日常办公、娱乐、上网、获取信息时经常接触的实用软件,它们虽然看起来"不起眼",但专项技能很强,而且非常实用,了解并熟练使用这些工具软件可以更方便、更有效地使用计算机,大幅提高工作效率和工作质量。

7.1.1　压缩和解压缩软件简介

　　用户在使用计算机时,由于传输介质的存储空间和网络速度的限制,传输大文件或多个文件时常会感到磁盘空间不足,文件传输速度慢。因此,文件的压缩与解压缩就成了计算机用户常遇到的问题,文件压缩工具正是为了解决这些问题而诞生的。现在比较流行的压缩和解压缩工具软件有 WinRAR 和 WinZip 等。

　　① WinRAR 有官方的简体中文版,并且安装文件很小,界面友好,使用方便,压缩功能强大,其独特的多媒体压缩算法和紧固式压缩法更是有针对性地提高了压缩率,并且能够对文件进行分卷压缩,完全兼容 RAR 和 ZIP 格式,提高了其易用性。

　　② WinZip 仅有英文版＋汉化包,安装文件较大,兼容性较好,压缩后生成的 zip 文件较 WinRAR 要大。不过,WinZip 具有压缩速度的优势,在压缩大文件和较多的文件时比 WinRAR 快一倍。

　　由于具有兼容性好、压缩率高等优点,现在 WinRAR 更为流行。

7.1.2　图像浏览工具软件简介

　　如果想快速地浏览、整理和分享存储在计算机中的图像,就需要使用图像浏览工具。对用户来说,有许多功能独特、操作便捷、界面精美的图像浏览工具可以选择,例如ACDSee、PhotoScan、MegaView、XnView、美图看看、美图秀秀、CAD 迷你看图、光影看图、HD图片查看器等。ACDSee无疑是首选,它是目前非常流行的图像浏览工具,其浏览速度快,支持文件的类型较多。

ACDSee是ACD System公司开发的图像浏览软件,它支持的图像文件格式包括BMP、GIF、JPG、PSD、TGA、TIF等,而且图片打开速度快。ACDSee还支持对AVI、MID、MOV、MP3、WAV等格式的媒体文件和Flash文件进行直接播放浏览,只要选中一个相关类型的媒体文件,预览区域就会进行播放。另外,ACDSee也附带了一些简单的图像处理功能,可以轻松地完成图像旋转、尺寸修正、色调调整、对比度调整、钝化、锐化和图片去斑等操作,还可以实现彩色化、底片、浮雕等多种特技效果。

7.1.3　备份与恢复软件简介

计算机用户为减小系统重装的复杂程度,节省安装时间,会经常对操作系统所在的分区或整个硬盘(包括所有分区)进行备份,为其制作一个映像文件,放在另一个分区、另一块硬盘或光盘上,当系统出现故障时,再用这个映像文件进行恢复。

目前可用于建立硬盘映像文件的工具软件很多,常用的是Symantec公司的Norton Ghost,它具有以下特征:

- 支持多种操作系统的复制与备份;
- 高效的硬盘映像文件创建与还原;
- 简易迅速的文件备份与恢复;
- 强大的硬盘分区管理。

Ghost的基本工作方法不同于其他备份软件,它将硬盘的一个分区或整个硬盘作为一个对象进行操作,可以完整地复制对象(包括对象的硬盘分区信息、操作系统的引导区信息等),并打包压缩成一个映像文件(Image),在需要的时候,又可以把该映像文件恢复到对应的分区或硬盘中。Ghost的功能包括两个硬盘之间的复制、两个硬盘之间的分区复制、两台计算机之间的硬盘复制、制作硬盘的映像文件等。使用得比较多的是分区备份功能,它能够将硬盘的一个分区压缩备份成映像文件,然后存储在另一个硬盘分区或大容量外部存储介质中,如果原分区出现问题,就可以将备件的映像文件复制回去,让分区恢复正常。

但是这一工具操作起来还是稍显复杂,给入门用户的系统备份与恢复带来了很大的不便。"一键Ghost"软件就可以解决这一难题,它适应各种用户的需要,既可独立使用,又能相互配合,只需要按方向键和Enter键就可以轻松地备份与恢复系统,即使是NTFS系统,同样没有问题。

7.1.4　多媒体播放软件简介

随着信息技术的发展,计算机不仅成为人们日常的工具,而且给人们带来了无限的娱乐空间。用计算机听音乐、看电影已是常事。那么,如此多的音频和视频文件用什么工具播放呢?这就需要借助一些多媒体播放软件。现在的多媒体播放软件非常多,可以根据个人喜好和需要选择。

1. 央视影音

央视影音是一款通过网络收看中央广播电视总台及全国几十套地方广播电视台节目的最权威的视频客户端,它的节目来源依托中国最大的网络电视台——中国网络电视台,海量节目随心看,直播、点播随心选。

央视影音移动客户端(CBox)为原 CNTV 旗舰版的升级版本,是 CNTV 中国网络电视台的主打产品,聚合了央视旗下海量的独家资源,为全球用户提供电视直、点播服务,努力打造极致的观看体验。

功能特点:

- 全能的直播"神器",不再错过中国好电视,140 多路直播频道,直播时移、预约、回看,让你任意时间、任意观看。
- 海量点播内容,总时长够看"好几辈子",电视栏目、影视剧、纪录片、综艺、动画等上万部视频集,随心筛选随心看。
- 可以打造属于自己的口袋电视,收藏、播放历史、直播预约满足用户全方位的个性化需求。

2. QQ 影音

QQ 影音是由腾讯公司推出的一款支持任何格式影片和音乐文件的本地播放器。QQ 影音首创轻量级多播放内核技术,深入挖掘和发挥新一代显卡的硬件加速能力,软件追求更小、更快、更流畅的视听享受。

全格式支持:Flash、RM、MPEG、AVI、WMV、DVD、3D 等一切电影、音乐格式统统支持。专业级高清支持:QQ 影音深入挖掘和发挥新一代显卡的硬件加速能力,全面支持高清影片的流畅播放。更小、更快、更流畅:QQ 影音首创轻量级多播放内核技术,安装包小,CPU 占用少,播放更加流畅清晰。

3. 暴风影音

暴风影音是北京暴风科技有限公司推出的一款视频播放器,该播放器兼容大多数的视频和音频格式。

暴风影音播放的文件清晰,当有文件不可播放时,右上角的"播"起到了切换视频解码器和音频解码器的功能,会切换视频的三种解码方式,同时,暴风影音连续获得《电脑报》《电脑迷》《电脑爱好者》等权威 IT 专业媒体评选的"消费者最喜爱的互联网软件"荣誉以及编辑推荐的"优秀互联网软件"荣誉。

4. RealPlayer

如果播放视频文件,那么 RealPlayer 是一个不错的选择,它支持 RA、RM、MP3、AVI、MID 等 20 多种媒体格式,它也是一款在 Internet 上通过多媒体技术实现音频和视频实时传输的在线播工具软件,使用它不必下载音频、视频内容,只要网络线路通畅,就能完全实现网络在线播放,可以方便地在网上查找和收听、收看广播、电视节目或 Flash 动画。

新的 RealPlayer 版本支持播放各种在线媒体视频,包括 Flash、FLV 或 MOV 等格式的视频文件,并且在播放过程中能够录制视频,同时加入了 DVD 视频刻录功能。

7.1.5　防病毒软件简介

随着第一个计算机病毒于 1983 年的产生,至今网络上已经出现了上万种病毒,而且每天都有新的病毒出现,计算机病毒时刻威胁着计算机信息安全。计算机一旦感染病毒,数据将丢失或被破坏,造成资源和财富的巨大浪费,而且有可能造成社会性的灾难。随着信息化社会的发展,计算机病毒的威胁日益严重,防病毒的任务也更加艰巨了。

检查病毒与消除病毒通常有两种手段,一种是在计算机中增加一块防病毒卡,另一种是使用防病毒软件,二者的工作原理基本一样,使用防病毒软件的用户更多一些。防病毒软件各有其不同的特色和侧重点,下面介绍几种现在比较流行的防病毒软件。

1. 瑞星杀毒软件

瑞星杀毒软件能全面清除感染 DOS、Windows 等系统的病毒及危害计算机安全的各种有害程序,它的启动抢先于系统程序,对于有些顽固的病毒是致命的打击。其两大主要优点为 Windows 内存杀毒和三重病毒分析过滤。瑞星杀毒软件在特征值扫描技术的基础上增加了行为模式分析(BMAT)和脚本判定(SVM)这两项查杀病毒技术,三个杀毒引擎相互配合,使系统更加安全、可靠。新版瑞星杀毒软件特别加强了第二层中的"病毒强杀"和"智能监控"等功能模块。以往有很多病毒采用种种手段对自身进行保护,使得杀毒软件只有在重启系统后才能对其进行清除,有了"病毒强杀"之后,瑞星杀毒软件可以将此类顽固病毒干净、彻底地杀掉。旧版瑞星杀毒软件需要对多种系统资源、行为动作进行监控,可能造成系统资源的占用。新版瑞星杀毒软件使用了"智能监控"技术,减少了对系统资源的占用。

2. 江民杀毒软件

江民杀毒软件的突出特点是其独创的系统级深度防护技术与操作系统互动防毒功能,彻底改变以往杀毒软件独立于操作系统和防火墙的单一应用模式,开创了杀毒软件系统级病毒防护的新纪元。其采用先进的驱动级编程技术,能够与操作系统底层技术更紧密地结合,具有更好的兼容性,占用的系统资源更少。另外,其采用了先进的立体联动防杀技术,即杀毒软件与防火墙联动防毒、同步升级,对于防范集蠕虫、木马、后门程序等特性于一体的混合型病毒更为有效。

3. 诺顿杀毒软件

诺顿杀毒软件具有简洁易用的特色。由于诺顿杀毒软件比较注重实效,因此在发现病毒后基本上可以安全地进行处理,加之配合诺顿全球领先的服务体系,可以说它是一款比较值得信赖的产品。但是诺顿在新版本中依然没有解决诺顿系列杀毒软件在压缩包及加壳格式处理方面的弱势。

4. 卡巴斯基反病毒软件

卡巴斯基反病毒软件的所有功能几乎都在后台模式下运行，系统资源占用少。最具特色的是该产品的病毒代码更新速度很快。其目前比较不足的方面就是性能，但由于保障了病毒查杀的高度准确，性能方面的牺牲也就变得可以理解。最新版本中其仍然保持了控制面广泛的优点，在常见的压缩包和加壳文件格式测试中表现完美。在压缩文件扫描测试中，卡巴斯基是唯一能同时准确识别出 Windows 和 UNIX 系统常见压缩格式的产品。

5. 火绒

火绒是一款"杀、防、管、控"一体的安全软件，有着面向个人和企业的产品，拥有简洁的界面、丰富的功能和很好的体验。其特别针对国内安全趋势，自主研发高性能反病毒引擎，由前瑞星核心研发成员打造。

火绒致力于网络安全核心技术的研究和开发，它能够帮助安全工程师快速、精准地分析出病毒、木马、流氓软件的恶意行为，为安全软件的病毒库升级和防御程序的更新提供帮助，能在大幅提升安全工程师工作效率的同时，有效降低安全产品的误判和误杀行为。2020 年 2 月 25 日，火绒安全企业版新增终端动态认证安全认证功能，该功能通过在终端登录时进行动态验证的方式，可有效防御终端在遭遇密码泄露或弱密码受到暴力破解后面临的各类安全风险，如信息泄露、勒索病毒攻击等，最终达到保护终端的目的。

6. 360 杀毒

360 杀毒是 360 安全中心出品的一款免费的云安全杀毒软件，它创新性地整合了五大领先查杀引擎，包括国际知名的 BitDefender 病毒查杀引擎、Avira（小红伞）病毒查杀引擎、360 云查杀引擎、360 主动防御引擎以及 360 第二代 QVM 人工智能引擎。

360 杀毒具有查杀率高、资源占用少、升级迅速等优点。零广告、零打扰、零胁迫，一键扫描，可以快速、全面地诊断系统安全状况和健康程度，并进行精准修复，带来安全、专业、有效、新颖的查杀防护体验。其防杀病毒的能力得到了多个国际权威安全软件评测机构的认可，荣获多项国际权威认证。据艾瑞咨询数据显示，360 杀毒月度用户量已突破3.7 亿，一直稳居安全查杀软件市场份额头名。

7.1.6 下载工具软件简介

随着 Internet 技术的发展，计算机用户在 Internet 上可以下载大量有用的信息。但是网络不稳定或中途断电都会造成下载中断，文件就不得不从头开始下载。为了解决这些问题，使用下载工具软件就显得十分必要了。

1. 迅雷

迅雷使用的多资源超线程技术基于网络原理,能够将网络上的服务器和计算机资源有效整合,构成迅雷网络,通过迅雷网络,各种数据能够以最快的速度进行传递。迅雷的主要特色包括:全新的多资源超线程技术,可显著提高下载速度;功能强大的任务管理能力,可以选择不同的任务管理模式;智能磁盘缓存技术,可有效防止高速下载时对硬盘的损伤;智能信息提示系统,可根据用户操作提供相关的信息提示和操作建议;独有的错误诊断功能,可帮助用户解决下载失败的问题。

2. 酷狗

酷狗(KuGou)主要提供在线文件交互传输服务和互联网通信服务,采用 P2P 的先进构架,为用户提供了高传输效率的文件下载功能,通过它能实现 P2P 数据分享传输,还支持用户聊天、播放器等完备的网络娱乐服务,好友之间也可以实现任何文件的传输交流,通过酷狗,用户可以方便、快捷、安全地实现音乐查找、即时通信、文件传输、文件共享等网络应用。

3. 百度网盘

百度网盘(原百度云)是百度推出的一项云存储服务,已覆盖主流 PC 和手机操作系统,包含 Web 版、Windows 版、Mac 版、Android 版、iOS 版和 Windows Phone 版。

用户可以轻松地将自己的文件上传到网盘,并可以跨终端、随时随地地查看和分享。2016 年,百度网盘总用户数突破 4 亿。2016 年 10 月 11 日,百度云改名为百度网盘,此后更加专注发展个人存储、备份功能。2021 年 5 月 18 日,百度网盘 TV 版正式上线。2021年 12 月 20 日,百度网盘青春版开启众测。

4. BitComet

BitComet(比特彗星)是一款完全免费的 BitTorrent(BT)下载管理软件,也称 BT 下载客户端,同时也是一个集 BT、HTTP、FTP 一体的下载管理器。BitComet 拥有多项领先的 BT 下载技术,有边下载边播放的独有技术,也有方便自然的使用界面,最新版又将BT 技术应用到了普通的 HTTP、FTP 下载上,可以通过 BT 技术加速普通下载。

5. 网际快车

网际快车(FlashGet)是互联网上比较流行的一款下载软件,它采用多服务器超线程技术,全面支持多种协议,具有优秀的文件管理功能,最多可以把一个软件分成十个部分同时进行下载,而且可以同时执行 8 个下载任务。通过多线程、断点续传、镜像等技术,它可以最大限度地提高下载速度,可以对已经下载的文件进行管理,下载完成后可自动挂断和关机。

7.2 项目实现

本节将通过 6 个项目讲解常用工具软件的使用方法及操作技巧。

7.2.1 实训项目：项目实现要求

本项目主要解决以下问题：
- 压缩文件和解压缩文件的操作方法；
- 利用 ACDSee 软件浏览图片和修改图片的方法；
- 将硬盘中的一个分区备份成映像文件和恢复到原来的硬盘分区上的方法；
- Winamp 播放软件和 RealPlay 播放软件的使用方法；
- 卡巴斯基杀毒软件的使用和安装方法；
- 使用迅雷下载软件的方法。

7.2.2 实训项目：WinRAR 的使用

WinRAR 软件的下载地址为 http://www.winrar.com.cn/。

1. 压缩文件

① 选中需要压缩的文件或文件夹并右击，在弹出的快捷菜单中选择"添加到压缩文件"选项，如图 7-1 所示。

② 在弹出的"压缩文件名和参数"对话框中单击"浏览"按钮，选择文件的保存路径，再单击"确定"按钮，即可实现文件的压缩，如图 7-2 所示。

压缩文件的格式默认为 RAR，如果选择 ZIP 压缩文件格式，则既可以通过 WinRAR 软件打开，也可以通过 WinZip 软件打开。

2. 解压缩文件

WinRAR 提供了简单的解压缩方法，右击压缩文件，在弹出的快捷菜单中选择"解压到当前文件夹"或"解压到'文件名'"选项，如图 7-3 所示。无论使用哪种方法，都是很方便的。

3. 创建自解压文件

有时候，用户更需要的是创建自解压文件，这样便可以随时随地调用，而不需要压缩软件的支持。WinRAR 软件可以生成扩展名为 exe 的压缩文件，这种文件可以不通过 WinRAR 软件而自行解压缩，称为自解压文件。创建自解压文件的方法很简单，只需要在"压缩文件名和参数"对话框的"常规"选项卡中勾选"压缩选项"中的"创建自解压格式压缩文件"复选框即可，如图 7-4 所示。

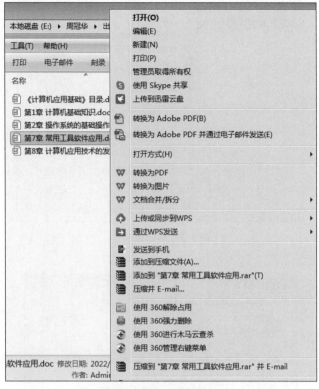

图 7-1　添加到压缩文件

图 7-2　"压缩文件名和参数"对话框

4. 分卷压缩

WinRAR 不仅可以将文件压缩为单个文件,还可以将文件压缩成若干大小相等的文

图 7-3　解压缩文件

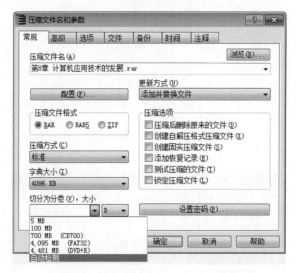

图 7-4　创建自解压格式压缩文件

件，这种压缩方式称为分卷压缩。

　　① 选中需要压缩的文件或文件夹并右击，在弹出的快捷菜单中选择"添加到压缩文件"选项。

　　② 单击"切分为分卷，大小"下拉列表，选择切分文件的大小，单击"确定"按钮即可，如图 7-5 所示。

7.2.3　实训项目：ACDSee 软件的使用

　　ACDSee 软件的下载地址为 http://cn.acdsee.com/，可通过免费试用方式进行下载。

图 7-5　分卷压缩

1. 使用 ACDSee 浏览图片

① 双击 ACDSee 快捷方式图标,打开 ACDSee 的浏览器窗口,在文件夹区的树形目录中单击要浏览图片的文件夹,此时,文件列表窗口中将显示文件夹中的所有图片。单击要预览的图片,例如"路.bmp",此时在预览区域中会显示图片内容,如图 7-6 所示。

图 7-6　ACDSee 浏览器窗口

② 在 ACDSee 浏览器窗口中双击要查看的图片,打开 ACDsee 查看窗口,如图 7-7 所示。如果觉得图片的显示大小不合适,则可以对图片进行缩放,单击工具栏上的"放大"或"缩小"按钮可以对图像进行放大和缩小。单击"上一幅""下一幅"按钮可以浏览同一文件

夹中的前一幅或后一幅图片。

图 7-7　ACDSee 查看窗口

2. 使用 ACDSee 处理图片

ACDSee 还可以对图片进行编辑修改及简单的加工处理,如调整图像曝光度等。

① 依次选择"修改"|"调整图像曝光度"菜单选项,进入图 7-8 所示的图像曝光编辑面板,在这里可以对图像的曝光、对比度、填充光线的数值进行调整。

图 7-8　图像曝光编辑面板

② 在调整过程中,可以单击"显示预览栏"图标,观察图片调整前后的变化,如图 7-9所示。调整结束后,可以单击"完成"按钮,然后保存调整后的结果。

计算机应用基础与信息处理教程

图 7-9 图片调整前后预览

3. 使用 ACDSee 进行批量格式转换

① 启动 ACDSee，浏览需要进行批量格式转换的图片，选中图片并右击，在弹出的快捷菜单中依次选择"工具"|"转换文件格式"选项，如图 7-10 所示。

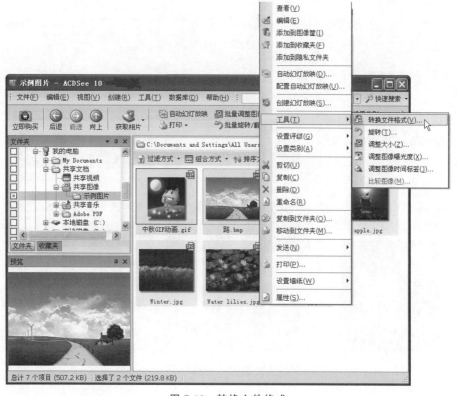

图 7-10 转换文件格式

② 在图 7-11 所示的"批量转换文件格式"对话框中的"格式"选项卡下选择 JPG 文件格式,单击"下一步"按钮开始转换。

图 7-11 "批量转换文件格式"对话框

③ 转换成功后,结果如图 7-12 所示。

图 7-12 转换成功后的结果

说明：如果需要转换的图片中有 GIF 动画，则将其转换成 JPG 图像后会生成对应此动画各个帧的 JPG 图像。

7.2.4 实训项目：使用"OneKey 一键还原"对系统进行备份与恢复

"OneKey 一键还原"自动备份/恢复系统软件的下载地址为 http://www.xitongzhijia.net/soft/2789.html。

① 运行 OneKey 一键还原工具，选择"备份系统"选项，选择系统备份的路径，单击系统分区 C 盘，如图 7-13 所示。

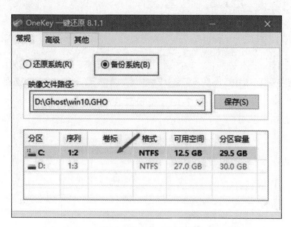

图 7-13 备份系统

② 将备份系统分区到 D 盘，此时会提示是否重启计算机，单击"马上重启"按钮，如图 7-14 所示。

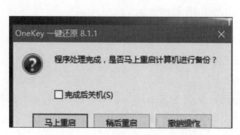

图 7-14 备份完成后重启计算机

③ 重启后进入系统备份操作，等待完成，如图 7-15 所示。

④ 备份完成，进入系统备份所在的路径，Win10.gho 文件制作成功，即 Windows 10 系统的备份，如图 7-16 所示。

7.2.5 实训项目：多媒体播放软件的使用

央视影音播放软件的下载地址为 https://app.cctv.com/appkhdxz/more/index.

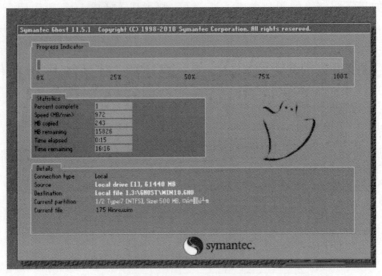

图 7-15　备份正在进行

图 7-16　备份完成后的镜像文件

shtml♯page5。

运行央视影音软件,在主界面左侧的视频库中找到节目所在的直播频道,双击进入该频道,如图 7-17 所示。

7.2.6　实训项目:杀毒软件的安装使用

卡巴斯基杀毒软件的下载地址为 http://www.kaspersky.com.cn/。

安装卡巴斯基杀毒软件至少需要 100MB 的硬盘空间和 64MB 的内存空间。卡巴斯基杀毒软件的安装步骤如下。

① 启动卡巴斯基杀毒软件单机版安装程序,进入图 7-18 所示的卡巴斯基互联网安全套装安装界面。

② 单击"下一步"按钮,会弹出一个"许可协议"窗口,勾选"我接受许可协议条款"项,

图 7-17　央视影音的主界面

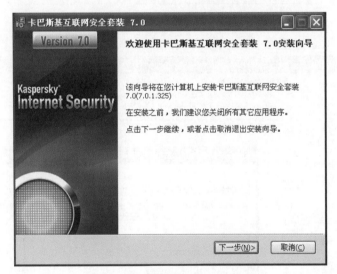

图 7-18　卡巴斯基互联网安全套装

单击"下一步"按钮,进入图 7-19 所示的"安装类型"选择界面。在这里,用户有两种选择:快速安装和自定义安装,通常选择快速安装。

③ 单击"下一步"按钮,进入"准备安装"界面,单击"安装"按钮后,文件开始复制,并且开始安装组件,最后单击"完成"按钮,整个软件的安装过程结束。

7.2.7　实训项目:常用下载工具软件的使用

迅雷下载工具软件的下载地址为 http://www.xunlei.com/。

使用迅雷下载 MP3 格式的"六级听力"的操作步骤如下。

① 打开"百度"搜索引擎,搜索 MP3 格式的"六级听力"音频文件的下载链接并右击,

在弹出的快捷菜单中选择"使用迅雷下载"选项,如图 7-20 所示。

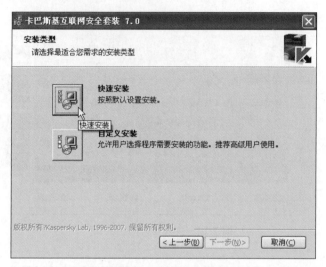

图 7-19　选择安装类型

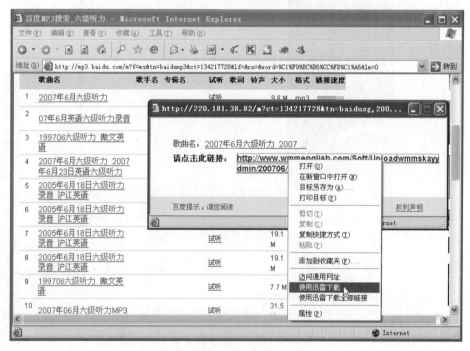

图 7-20　使用迅雷下载

② 迅雷软件自动启动,弹出图 7-21 所示的"建立新的下载任务"对话框,选择文件存储的位置,单击"确定"按钮进行下载。

③ 文件下载过程中,用户从主界面可以查看下载的具体情况,如图 7-22 所示。

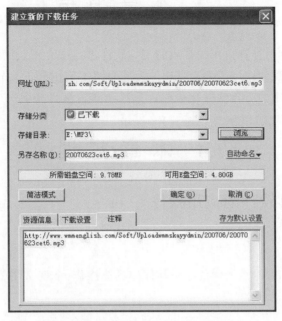

图 7-21 "建立新的下载任务"对话框

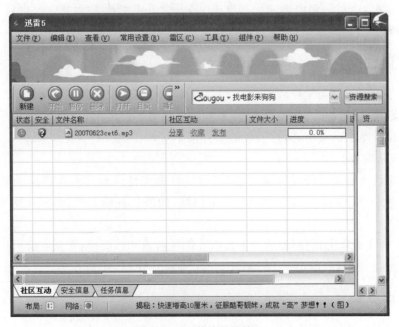

图 7-22 下载的具体情况

7.3　本章小结

本章从多个角度对计算机用户常用的工具软件进行了介绍,并对其中的同类工具进行了横向对比,然后以使用广泛的工具软件为例介绍了使用该工具软件的方法。学习本章后,读者能够对常用的工具软件有基本的了解,并能在实践中熟练应用。

7.4　本章实训

实训:常用工具软件的应用操作

1. 实训目的

通过上机实训练习本章所学的相关软件的具体操作,掌握常用工具软件的具体操作方法。

2. 实训内容

自己在网上查找一部电影进行下载,以《音乐之声》为例,然后将文件解压缩,对解压文件进行查毒、浏览图片文件、播放多媒体文件等操作。

3. 实训过程

① 由于《音乐之声》文件较大,可以使用迅雷进行下载以提高下载速度。

② 互联网文件大多为压缩格式,下载到本机后需要使用 WinRAR 进行解压缩。

③ 为保护本机的安全,运行下载的文件前不可缺少的工作就是查杀病毒,可以使用卡巴斯基查杀病毒。

④ 在确认下载的文件是安全的之后,可以根据文件的格式调用相应的软件进行查看。如果是图片文件,则可以使用 ACDSee 浏览,如果是音乐文件,则可以使用央视影音欣赏。

说明:为完成以上操作,在确保文件所在网址有效的前提下,需要本机可以连接互联网,并已安装上述软件,即迅雷、WinRAR、卡巴斯基、ACDSee、央视影音。

4. 实训步骤

① 打开查找到的《音乐之声》网页,使用迅雷下载影片的压缩包。

② 使用 WinRAR 将其解压缩。选中压缩文件"音乐之声",右击并选择"解压到音乐之声"选项,解压缩之后的效果如图 7-23 所示。

③ 使用杀毒软件检查解压缩后的文件是否带有病毒,选中解压缩后的文件并右击,

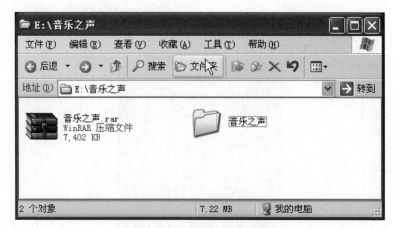

图 7-23　解压缩文件后的效果

在弹出的快捷菜单中选择"扫描病毒"选项,如图 7-24 所示。

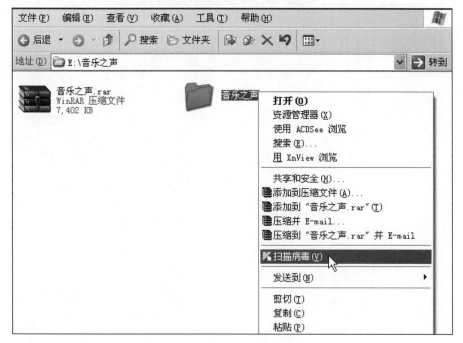

图 7-24　扫描病毒

④ 使用 ACDSee 浏览图片。选中图片文件"封面.jpg"并右击,在弹出的快捷菜单中选择"使用 ACDSee 打开"选项,打开之后的效果如图 7-25 所示。

⑤ 用央视影音播放音乐文件。

说明:通过以上综合实训,读者应能够将本章学习的常用工具软件贯穿起来加以应用,使其在工作和学习中发挥更大的作用。

图 7-25　使用 ACDSee 打开图片

第8章

计算机应用技术的发展

从世界上第一台电子计算机 ENIAC 问世至今已有 70 多年,ENIAC 的问世对人们的生活有着革命性的影响。20 世纪后期,计算机的性能获得了大幅提升,计算机技术也开始逐步应用到社会的各个角落。不管是家庭还是企业、机关,计算机已成为人们工作生活中不可或缺的一部分。现今的计算机在性能、应用领域和生产成本等各方面均取得了空前的发展,其未来的发展趋势在很大程度上决定了很多行业的发展速度,也将成为影响整个社会进步速度的重要因素。

互联网产品的日益创新为人们获取信息、数据带来了极大的便利,同时也在很大程度上驱动了社会的发展;其次,企业办公运用了计算机的自动化工作模式,使办公效率大幅提高,且完全依据办公程序和流程的标准实施;企业及商家还能通过网络平台提供服务并完成交易;计算机技术已经应用到商业、军事、生产、医疗等领域,相关应用产业也得到发展,成为各行各业发展的内在动力。

本章将介绍大数据、云计算、人工智能、物联网、电子商务和"互联网+"这几种计算机应用技术的情况。

8.1 大　数　据

大数据(Big Data)是指无法在一定时间和范围内用常规软件工具捕捉、管理和处理的数据集合,它是需要在新处理模式下才能具有更强的决策力、洞察发现力和流程优化能力的海量、高增长率和多样化的信息资产。人类社会经历了三次工业革命,从蒸汽时代、电气时代到信息时代,已经发展了半个多世纪的信息技术现在开始进入信息、数据爆炸时代。正如显微镜能观测微生物、望远镜能观测浩瀚的宇宙,大数据也为人们提供了一个前所未有的观测世界的角度。近年来全球数据总量已达到 35～40ZB,10 年间增长了 20 倍以上。

大数据将改变人类的生活以及理解世界的方式,它让人类掌握数据、处理数据的能力实现了质的跃升。信息技术及其在经济社会发展多场景、多领域的应用推动数据成为继物质、能源之后的又一种重要战略资源。

8.1.1 大数据的来源

数据无处不在,人类自从发明文字开始,就开始记录各种数据。如今,数据正在爆炸式的增长,人们的日常生活时刻在产生数据,如图 8-1 所示,例如手机及计算机等终端中的应用软件、电子邮件、社交媒体等生成和存储的文档、图片、音频、视频数据流。同时,移动通信数据也随之更新,智能手机等移动设备能够完成信息追踪和通信,如因地点移动而产生的状态报告数据、定位数据等,如图 8-2 所示。数据不再是社会生产的"副产物",而是可被多次加工的原料,从中可以探索到更大的价值,它变成了生产资料。可以说,每个人及每台设备都是数据的生产者,也是数据的使用者。不可再生资源是有限的,但数据是无限的,如图 8-3 所示。

图 8-1 数据的爆炸式增长(每分钟)

图 8-2 产生数据

图 8-3　不可再生资源

随着移动互联网、物联网、云计算等新一代信息技术的不断成熟与普及,出现了海量的数据资源,人类社会进入了大数据时代。大数据不仅增长迅速,而且已经渗透到各行各业,发展成为重要的生产资料和战略资产,蕴含着巨大的价值。过去 3 年的数据总量比过去 4 万年还多。2013 年,每 10 分钟的数据总量为 1.8ZB;2020 年,全球数据总量达到 44ZB,达到 2012 年的 12 倍,我国占数据总量的 18%。2015 年以来,全球数据总量每年增长 25%,50% 的数据来源于边缘端(Edge),全球约有 560 亿台设备,相当于每个人有 7 个。到 2025 年,全球数据总量预计达到 175ZB,相当于 65 亿年时长的高清视频内容。为了应对惊人的数据量,人类社会需要更快地传输数据、高效地存储、访问以及处理所有数据,这对当前技术和未来技术平台将产生难以置信的影响。5G、人工智能和边缘计算机(Edge Computing)这些新技术结合在一起将更好、更快地推动数字智能时代的到来。

数据是数字世界的核心,人们正日益构建起信息化经济。数据价值不断增加,社会也将逐渐步入产品智能化、体验人性化、服务全面化的大数据时代。数据也是应用下一代技术(物联网、人工智能和机器学习)构建的现代用户体验和服务的核心。然而,随着数据量的快速增长,现有的数据存储、计算、管理和分析能力也面临着挑战。与传统数据库模式的数据处理方式相比,人们已经无法应对大数据带来的挑战,需要利用新技术、新思维和新策略提升数据采集、分析、处理的效率。可以说,大数据就是"未来的新石油"。

布拉德·皮特主演的《点球成金》是一部奥斯卡获奖影片,讲述的是皮特扮演的棒球队总经理利用计算机分析数据,对球队进行了翻天覆地的改造,让一家不起眼的小球队取得了巨大的成功,如图 8-4 所示。电影基于历史数据,利用数据建模定量分析不同球员的特点,合理搭配,重新组队;打破传统思维,通过分析比赛数据寻找"性价比"最高的球员,运用数据取得了成功。

图 8-4　《点球成金》

8.1.2　什么是大数据

全球信息咨询机构国际数据公司对大数据的技术定义是:大数据是通过高速捕捉、发现或分析,从大容量数据中获取价值的一种新的技术架构。从字面来看,大数据是一种规模大到在获取、存储、管理、分析方面大幅超出传统数据库软件工具能力范围的数据集合。一般来说，数据集合可分为结构化、半结构化和非结构化3种数据。

结构化数据是指可以使用关系数据库表示和存储，表现为二维形式的数据。一般特点是：数据以行为单位，一行数据表示一个实体的信息，每行数据的属性是相同的，它们的存储和排列是有规律的。

半结构化数据是结构化数据的一种形式，它并不符合关系数据库或其他数据表关联起来的数据模型结构，但包含相关标记，用来分隔语义元素以及对记录和字段进行分层，因此它也被称为具有自描述结构的数据。

非结构化数据是指数据结构不规则或不完整、没有预定义的数据模型、不方便用数据库的二维逻辑表表现的数据，包括所有格式的办公文档、文本、图片、报表、图像和音频/视频信息等。

非结构化数据的格式非常多样，标准也十分多样，而且在技术上，非结构化数据比结构化数据更难被标准化和理解。所以存储、检索、发布以及利用非结构化数据需要更加智能化的IT技术，例如海量存储、智能检索、知识挖掘、内容保护、信息的增值开发利用等，如图8-5所示。

掌握更多的数据对于科学来说是一种进步，更有助于人们认识客观世界。研究人员只是从收集到的数据中提取了极少量的数据进行分析，这些被分析的少量数据支配了目前的大数据创新，称之为"大数据"。大数据其实并不大，与反映事物的真实数据还有很大的差距。大数据的价值也不在于"大"，而

图 8-5　结构化数据和非结构化数据

在于挖掘和预测的能力。大数据具有海量的数据规模（Volume）、快速的数据流转（Velocity）、多样的数据类型（Variety）和价值密度低（Value）四大特征，常被简称为大数据的4V特征，如表8-1所示。

表 8-1　大数据的 4V 特征

4V 特征	注　　释
Volume	数据容量和复杂性使传统工具和技术无法对其进行处理
Velocity	增长速度快，处理速度快
Variety	人对人，人对机器，机器对机器
Value	创造价值高，价值密度低

① 数量大，即数据规模巨大。伴随着各种随身设备、物联网和云计算、云存储等技术的发展，人、事、物等的发展或移动轨迹都可以被记录，数据也因此被大量生产出来。大量自动或人工产生的数据通过网络传输聚集到某些特定的地点，包括电信运营商、互联网运营商、政府、银行、商场、企业、交通枢纽等机构，形成了大数据。

② 速度快,不仅指数据处理速度快,也指数据的产生速度快。大数据是一种以实时数据处理、实时结果导向为特征的解决方案。速度快是大数据处理技术和传统的数据挖掘技术的最大区别。对于大数据应用,1秒是临界点,否则处理结果就是过时和无效的。在数据的产生速度方面,有的数据是爆炸式的产生,例如欧洲核子研究中心的大型强子对撞机在工作状态下每秒可产生 PB($1PB=2^{50}B$)级的数据;也有的数据是涓涓细流式的产生,但是由于用户众多,短时间内产生的数据量依然非常庞大,例如点击流、日志、射频识别数据、GPS(全球定位系统)位置信息等。

③ 多样性,即数据类型和格式繁多。大数据不仅包括传统的格式化数据,还包括来自互联网的网络日志、视频、图片、地理位置信息等;数据来源也越来越多样,不仅产生于组织内部运作的各个环节,也来自于组织外部。

④ 价值高,即追求高质量的数据。随着互联网及物联网的广泛应用,信息感知无处不在,信息海量但价值密度较低,如何结合实际业务场景的逻辑并通过算法挖掘数据价值是大数据时代最需要解决的问题。数据的重要性就在于决策的支持,数据的质量及潜在价值的获取是制定成功决策的基础。

由于大数据的 4V 特征,可以看出数据思维的核心是理解数据背后的价值,并通过对数据的挖掘创造价值。因此,大数据时代下人们的思维方式也需要革新:从样本思维向总体思维转变,从精确思维向容错思维转变,从因果思维向相关思维转变。事实上,大数据时代带给人们思维方式的深刻转变远不止于此。

大数据的商业价值可以引导甚至决定企业经营决策和个性化营销,更有可能成为互联网金融的核心。例如,某商店卖牛奶,通过数据分析知道在本店买了牛奶的顾客常常会再去另一家店买包子,人数还不少,那么这家店就可以考虑与包子店合作,或直接在店里出售包子。银行对与客户的交流渠道进行了整合,只要某个客户在网上点击查询了有关房贷利率的信息,系统就会提示呼叫中心在电话交流时推荐房贷产品,如果发现顾客确实对此感兴趣,销售部门就会给客户发送推荐信息,如果这个客户到银行网点办事,业务人员就会详细介绍房贷产品,开始只有少量的线索,但通过多渠道地与客户交互接触,在这个过程中,客户体验了银行精准、体贴的服务,其结果是营业收入大幅增加,成本大幅降低。互联网金融并非简单地把传统的金融业务搬到网上,而是充分利用大数据颠覆银企之间信息不对称的问题。数据是一个平台,是新产品和新商业模式的基石,推动互联网金融发展的核心正是大数据的价值。大数据的商业价值如表 8-2 所示。

表 8-2 大数据的商业价值

行业	数据处理方式	价　　值
银行/金融	• 贷款、保险、发卡等多业务线数据集成分析、市场评估 • 新产品风险评估 • 股票等投资组合趋势分析	• 增加市场份额 • 提升客户忠诚度 • 提高整体收入 • 降低金融风险
医疗	• 共享电子病历及医疗记录,帮助快速诊断 • 穿戴式设备远程医疗	• 提高诊疗质量 • 加快诊疗速度

行业	数据处理方式	价 值
制造/高科技	• 产品故障、失效综合分析 • 专利记录检索 • 智能设备全球定位	• 优化产品设计、制造 • 降低维修成本 • 加速问题解决
能源	• 勘探、钻井等传感器阵列数据集分析	• 降低工程事故风险 • 优化勘探过程
互联网 /Web 2.0	• 在线广告投放 • 商品评分、排名 • 社交网络自动匹配 • 搜索结果优化	• 提升网络用户忠诚度 • 改善社交网络体验 • 向目标用户提供有针对性的商品与服务
政府 /公用事业	• 智能城市信息网络集成 • 天气、地理、水电煤等公共数据收集、研究 • 公共安全信息集中处理、智能分析	• 更好地对外提供公共服务 • 舆情分析 • 准确预判安全威胁
媒体/娱乐	• 收视率统计、热点信息统计与分析	• 创造更多联合、交叉的销售商机 • 准确评估广告效用
零售	• 基于用户位置信息的精确营销 • 社交网络购买行为分析	• 促进客户购买热情 • 顺应客户购买习惯

总体来说,大数据时代思维变革的特点可以归纳如下。

- 总体思维。相比于小数据时代,大数据时代的数据收集、存储、分析技术均有了突破性的发展,因此更强调数据的多样性和整体性改变,人们的思维方式只有从样本思维转变为总体思维,才能更加全面、系统地洞察事物或现实的总体状况。
- 容错思维。随着大数据技术的不断突破,对于大量异构化、非结构化的数据进行有效存储、分析和处理的能力不断增强。在不断涌现的新情况中,在能够掌握更多数据的同时,不精确性的出现已成为一个新的亮点。人们的思维方式要从精确思维转变为容错思维。
- 相关思维。大数据技术通过对事物之间的线性相关关系以及复杂的非线性相关关系的研究与分析,更深入地挖掘出了数据的潜在信息。运用这些认知可以帮助人们掌握以前无法理解的复杂技术和社会动态,从而捕捉现在和预测未来。

数据度量如下(如图 8-7 所示)。

$1Byte = 8bit(比特)$

$1KB = 1024Bytes$

$1MB = 1024KB = 1048576Bytes$

$1GB = 1024MB = 1048576KB = 1073741824Byte$

$1TB = 1024GB = 1048576MB = 1099511627776Byte$

$1PB = 1024TB = 1048576GB = 1125899906842624Byte$

$1EB = 1024PB = 1048576TB = 1152921504606846976Byte$

$1ZB = 1024EB = 1180591620717411303424Byte$

$1YB = 1024ZB = 1208925819614629174706176Byte$

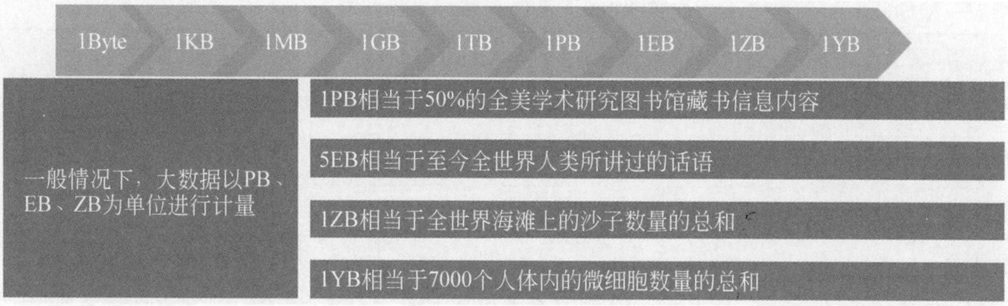

| 1Byte | 1KB | 1MB | 1GB | 1TB | 1PB | 1EB | 1ZB | 1YB |

一般情况下，大数据以PB、EB、ZB为单位进行计量

1PB相当于50%的全美学术研究图书馆藏书信息内容

5EB相当于至今全世界人类所讲过的话语

1ZB相当于全世界海滩上的沙子数量的总和

1YB相当于7000个人体内的微细胞数量的总和

图 8-6　数据度量

例如，《红楼梦》含标点 87 万字(不含标点 85.35 万字)，每个汉字占 2 字节，如图 8-7 所示，1 汉字＝16bit＝2×8 位＝2byte。

那么，1GB 约等于 671 部《红楼梦》；1TB 约等于 631903 部；1PB 约等于 647068911 部。

图 8-7　《红楼梦》

8.1.3　大数据的应用

在当前的社会发展中，随着大规模智能化应用服务的深入发展，出现了海量、异构、多源的大数据。但是，海量的数据本身并不具有意义，只有经过人们的开发、分析与利用才能产生价值。如何应用这些大规模、复杂的数据，并对其进行有效的感知、采集、存储、管理、分析、挖掘、计算和应用，是当前科学技术发展的一大挑战。

大数据技术框架的组成部分包括处理系统、平台基础和计算模型。首先，处理系统必须稳定可靠，同时支持实时处理和离线处理多种应用，支持多源异构数据的统一存储和处理等功能；其次，平台基础要解决硬件资源的抽象和调度管理问题，以提高硬件资源的利用效率，充分发挥设备的性能；最后，计算模型要解决三个基本问题：模型的三要素(机器参数、执行行为、成本函数)、扩展性与容错性、性能优化。这些要求对构建大数据技术框架提出了非常高的要求。因此，需要逐步扩展现有架构，更深入地分析当前数据，针对数据多样性、数据量、高处理速度等进行设计，探索新模式以满足大数据要求，如表 8-3 所示。

表 8-3　大数据涉及的关键技术

需　　求	技　　术	描　　述
海量数据存储技术	Hadoop、x86/MPP、Map Reduce	分布式文件系统
实时数据处理技术	Streaming Data	流计算引擎
数据高速传输技术	Infini Band	服务器/存储之间的高速通信
搜索技术	Enterprise、Search	文本检索、智能搜索、实时搜索
数据分析技术	Text Analytics Engine、自然语言处理、文本情感分析、Visual Data Modeling	自然语言处理、文本情感分析、机器学习、聚类关联、数据模型

目前,分布式架构的企业级云化大数据平台一般分为数据开放层、数据处理层、数据交换层,能够为上层应用提供各类大数据的基础云服务,有力支撑上层各类大数据应用的百花齐放。

大数据平台分为三大层:数据交换层、数据处理层、数据开放层,如图 8-8 所示。

- 数据交换层:建立统一数据采集交换中心,提供数据采集服务和数据交换服务,实现移动信息生态圈的数据共享与交换。
- 数据处理层:建立数据处理中心,提供离线计算服务和在线计算服务,实现海量数据的批处理和实时处理。
- 数据开放层:实现海量数据的实时查询和多维度挖掘分析,最终实现大数据变现。大数据在给人们的生活带来各种便利的同时,也带来了各种网络安全威胁,主要包括大数据基础设施安全威胁;大数据存储安全威胁;隐私泄露问题;针对大数据的高级持续性攻击;数据访问安全威胁;其他安全威胁等。大数据资源在国家安全领域具有很高的战略价值,网络安全和数据安全已成为企业必须面对的头等问题,公民信息和隐私泄露问题也将给人们带来极大的困扰与损失。科技的发展从来不是"有百利而无一害"的,大数据的发展在带来便利和繁荣的同时,也给人们的个人隐私造成了威胁。

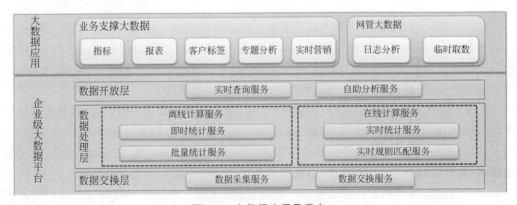

图 8-8　大数据应用及平台

可见,大数据时代下的信息安全面临着极大的挑战与考验,互联网信息安全将是信息社会值得关注的问题。在未来的互联网行业领域,信息安全技术将是重中之重。在大数据发展的同时,需要相应的监管条例管控数据的使用,避免数据滥用造成的严重后果。

8.1.4 大数据应用案例

大数据的核心价值给企业带来了营收增长,这无疑关系到企业的发展。企业的发展离不开对市场精准度的把控,及时了解市场的变化是企业立足市场的基础。市场调研、战略规划、内部管理等方面都需要大数据信息处理技术的支持。信息采集和处理能力是大数据的基本特性,大数据将是今后企业获取竞争优势的重要筹码之一。如今,大数据在各行各业中得到了深度应用,例如大数据与政府治理的融合应用(智慧城市、城市数据中心、城市大脑、数字孪生城市、政府数据资产管理与应用等)、大数据与民生服务的融合应用(健康码、行程卡、未来数字社区、医疗大数据、交通大脑、智慧交通等)、大数据与实体经济的融合应用(工业互联网、数据区块链、金融大数据、电力大数据等)。

1. 商品零售大数据

此事经《纽约时报》报道后,塔吉特"大数据"的巨大威力轰动美国。有一位父亲怒气冲冲地跑到塔吉特卖场,质问为何将带有婴儿用品优惠券的广告邮件寄送给他正在念高中的女儿。然而后来证实,他的女儿果真怀孕了。凭借这名女孩搜寻的商品关键词及其在社交网站显露的行为轨迹,卖场捕捉到了她的怀孕信息。模型发现,许多孕妇在第 2 个妊娠期的开始会购买许多大包装的无香味护手霜;在怀孕的最初 20 周会大量购买补充钙、镁、锌的保健品。最后,塔吉特选出了 25 种典型商品的消费数据构建了"怀孕预测指数",通过这个指数,塔吉特能够在很小的误差范围内预测到顾客的怀孕情况,因此就能早早地把优惠广告寄送给顾客。

2. 消费大数据

亚马逊"预测式发货"的新专利可以通过对用户数据的分析,在他们还没有下单购物前提前发出包裹。这项技术可以缩短发货时间,从而降低消费者前往实体店的冲动。从下单到收货之间的时间延迟可能会降低人们的购物意愿,导致他们放弃网上购物。所以,亚马逊会根据之前的订单和其他因素预测用户的购物习惯,从而在他们实际下单前便将包裹发出。根据该专利文件,虽然包裹会提前从亚马逊发出,但在用户正式下单前,这些包裹仍会暂存在快递公司的转运中心。亚马逊为了决定运送哪些货物会参考之前的订单、商品搜索记录、愿望清单、购物车,甚至包括用户的鼠标在某件商品上悬停的时间。

3. 政治大数据

在选举筹备过程中,奥巴马背后的数据分析团队一直在收集、存储和分析选民数据。在大选中,奥巴马竞选阵营的高级助理决定将参考这一团队得出的数据分析结果制定下一步的竞选方案,利用在竞选中可获得的选民行动、行为、支持偏向方面的大量数据。例如,在东海岸找到一位对女性群体具备相同号召力的名人,从而复制"克鲁尼效应"并为奥巴马筹集竞选资金。

4. 证监会大数据

回顾"老鼠仓"的查处过程,在马乐案中,大数据首次介入。深交所此前通过大数据查出的可疑账户高达 300 个。实际上,早在 2009 年,上交所曾经有过利用大数据设置"捕鼠器"的设想。通过建立相关的模型设定一定的指标预警,即相关指标达到某个预警点时监控系统会自动报警。而此次在马乐案中亮相的深交所的大数据监测系统更是引起了广泛关注。深交所的监控室设置了 200 多个指标用于监测估计,一旦股价偏离大盘走势,深交所便可以利用大数据查探异动背后有哪些人或机构参与。

5. 金融大数据

阿里巴巴的"水文模型"是按小微企业类目、级别等分别统计一个阿里系商户的相关水文数据库。如过往每到某个时点,该店铺会进入销售旺季,销售额就会增长,同时每到这个时段,该客户对外投放的额度就会上升,结合这些水文数据,系统可以判断出该店铺的融资需求;结合该店铺以往的资金支用数据及同类店铺的资金支用数据,可以判断出该店铺的资金需求额度。

6. 金融交易大数据

量化交易、程序化交易、高频交易是大数据应用较多的领域。全球 2/3 的股票交易量是由高频交易创造的,参与者每年总收益高达 80 亿美元。其中,大数据算法被用来做出交易决定。现在,大多数股权交易都通过大数据算法进行,这些算法越来越多地开始考虑社交媒体网络和新闻网站的信息,并在几秒内做出买入和卖出的决定。当一个产品可以在多个交易所交易时,会形成不同的定价,在这当中,谁能够最快地捕捉到同一个产品在不同交易所之间的显著价差,谁就能捕捉到瞬间的套利机会,技术成为了重要因素。

7. 制造业大数据

在摩托车生产厂商哈雷·戴维森公司位于宾尼法尼亚州约克市的摩托车制造厂中,软件不停地记录着微小的制造数据,如喷漆室风扇的速度等。当软件察觉风扇速度、温度、湿度或其他变量脱离规定数值时,它就会自动调节机械。哈雷·戴维森公司同时使用软件寻找制约公司每 86 秒完成一台摩托车制造工作的瓶颈。最近,公司的管理者通过研究数据认为安装后挡泥板的时间过长,通过调整工厂配置,哈雷·戴维森公司提高了安装该配件的速度。美国的一些纺织及化工生产商根据从不同百货公司的 POS 机上收集的产品销售速度信息,将原来的 18 周送货时间减少到 3 周,百货公司分销商使能以更快的速度拿到货物,减少仓储,生产商积攒的材料仓储也能减少很多。

8. 医疗大数据

2020 年新冠疫情暴发,中国研发的"健康码"和"行程卡"为抗击疫情做出了重大贡献。

健康码以真实数据为基础,由市民或者返工返岗人员通过自行网上申报,经后台审核后,即可生成属于个人的二维码。该二维码作为个人在当地通行的电子凭证可以实现一次申报、全市通用。健康码的推出旨在让复工复产更加精准、科学、有序,如图 8-9 所示。

　　行程卡也称通信大数据行程卡,是由中国信通院联合中国电信、中国移动、中国联通这三家基础电信企业利用手机"信令数据",通过用户手机所处的基站获取位置,为全国 16 亿手机用户免费提供的查询服务,手机用户可通过行程卡查询本人前 14(7) 天到访过的所有地市信息,如图 8-10 所示。

图 8-9　健康码

图 8-10　行程卡

9. 能源大数据

　　国际石油公司一直都非常重视数据管理。例如,雪佛龙公司将 5 万个桌面系统与 1800 个公司站点连接,消除炼油、销售与运输"下游系统"中的重复流程和系统,每年可以节省 5000 万美元,并在过去 4 年获得约 2 亿美元的净值回报。准确预测太阳能和风能需要分析大量数据,包括风速、云层等气象数据。丹麦风轮机制造商维斯塔斯通过在世界上最大的超级计算机上部署 IBM 大数据解决方案分析 PB 量级的气象报告、潮汐相位、地理空间、卫星图像等结构化及非结构化的海量数据,从而优化风力涡轮机布局,有效提高风力涡轮机的性能,为客户提供精确和优化的风力涡轮机配置方案,不但帮助客户降低了成本,并且提高了客户投资回报估计的准确度,同时将业务用户请求的响应时间从几周缩短到了几小时。

10. 交通大数据

交通大数据的应用有很多,特别是在智慧交通、智慧城市的建设过程中,交通大数据起到了重要的作用,也给人们带来了很大的便利,例如导航、实时公交、列车及航班信息等。人们在开车并使用导航时,路线会因车流量而发生改变,如前方拥堵,导航系统会实时报告并计算出最优的避免拥堵的路线,从而解决道路交通压力,便利人们的出行。

UPS公司最新的大数据来源是安装在公司的 4.6 万多辆卡车上的远程通信传感器,这些传感器能够回传车速、方向、刹车和动力性能等方面的数据。收集到的数据流不仅能说明车辆的日常性能,还能帮助公司重新设计物流路线。大量的在线地图数据和优化算法能帮助 UPS 公司实时地调配驾驶员的收货和配送路线。该系统累计为 UPS 公司减少了 8500 万英里的物流里程,由此节约了 840 万加仑的汽油。

11. 公安大数据

大数据挖掘的底层技术最早是英国军情六处研发的用来追踪恐怖分子的技术。大数据可以筛选犯罪团伙,与锁定的罪犯乘坐同一班列车、住同一家酒店的人可能是其同伙,过去,刑侦人员要想证明这一点,就需要通过拼凑不同线索排查疑犯。通过对越来越多的数据的挖掘分析,某一片区域的犯罪率以及犯罪模式都将清晰可见。大数据可以帮助警方定位最易受到不法分子侵扰的区域,创建一张犯罪高发地区热点图和时间表,这样做不但有利于警方精准分配警力,预防和打击犯罪,也能帮助市民了解汉字情况,提高警惕。

我国的"天眼"监控系统就是利用"大数据＋人工智能"技术的系统,为保障治安及打击犯罪做出了重大贡献。

12. 文化传媒大数据

与传统电视剧不同,《纸牌屋》是一部根据大数据制作的影片。制片方 Netflix 是美国颇具影响力的影视网站,在美国拥有约 2900 万订阅用户。

Netflix 的成功之处在于其强大的推荐系统 Cinematch,该系统可以基于用户点播视频的基础数据(评分、播放、快进、时间、地点、终端等)对存储的数据进行分析,计算出用户可能喜爱的影片,并为其提供订制化的推荐。

根据 Netflix 发布的数据显示,用户会在 Netflix 上每天产生 3000 多万个行为,例如暂停、回放或者快进,同时,用户每天还会给出 400 万个评分以及 300 万次搜索请求。Netflix 决定利用这些数据制作一部影视剧,即投资上亿美元制作的《纸牌屋》。

Netflix 发现,其用户中有很多人仍在点播 1991 年 BBC 出品的经典老片《纸牌屋》,这些用户中有许多人喜欢大卫·芬奇,大多爱看奥斯卡奖得主凯文·史派西出演的电影,因此,Netflix 邀请大卫·芬奇作为导演、凯文·史派西作为主演翻拍了《纸牌屋》这一政治题材的影视剧。2013 年 2 月,《纸牌屋》上线后,Netflix 的用户数增加了 300 万,达到 2920 万。

13. 航空大数据

Farecast 已拥有惊人的约 2000 亿条飞行数据记录,可以用来推测当前网页上的机票价格是否合理。作为一种商品,同一架飞机上每个座位的价格本来不应该有差别,但实际上价格却千差万别,其中缘由只有航空公司自己清楚。Farecast 可以预测当前的机票价格在未来一段时间内会上涨还是下降,这个系统需要分析所有特定航线机票的销售价格并确定票价与提前购买天数的关系。Farecast 票价预测系统的准确度已高达 75%,使用 Farecast 票价预测系统购买机票的旅客,平均每张机票可节省 50 美元。

此外,数据不再被认为是静止、陈旧的物品,数据挖掘不仅仅局限于人们已知的某种用途,更有可能在未来某个无法预测的时间节点对数据进行重组,从而发现数据蕴藏的更大潜能。例如,Google 街景和 GPS 数据收集的地理位置信息数据在一开始仅是为电子地图和导航服务的,如今却发现这样的数据在无人驾驶场景下能发挥更大的作用,它能够为无人驾驶汽车提供精准的位置服务及复杂场景下计算机视觉识别的训练。

互联网的发展将人们带入了大数据时代,数据为构建智慧城市、智慧国家甚至智慧地球提供了高效、透明的信息支撑;对政府管理、商业活动、媒介生态、个人生活等都产生了深远影响。人们要进一步开发大数据的潜在商业价值,推动数据智能时代的发展,未来的机会与挑战并存。

8.2 云 计 算

云计算(Cloud Computing)是基于互联网相关服务的增加、使用和交付模式,通常涉及通过互联网提供动态、易扩展且虚拟化的资源。云是网络、互联网的一种比喻说法。过去,在图中往往用云表示电信网,后来也用云表示互联网和底层基础设施的抽象。因此,云计算甚至可以让用户体验每秒 10 万亿次的运算能力,如此强大的计算能力可以模拟核爆炸、预测气候变化和市场发展趋势。云计算将计算分布在大量的分布式计算机上,而非本地计算机或远程服务器中。用户通过计算机、笔记本、手机等方式接入数据中心,便能按自己的需求进行运算;企业也能够将资源切换到需要的应用上,根据需求访问计算机和存储系统。云计算的普及和应用还有很长的道路要走,社会认可、用户习惯、技术程序甚至社会管理制度等都应做出相应的改变,才能使云计算真正普及。

8.2.1 云计算概述

云计算是分布式计算的一种,指通过网络云将巨大的数据计算处理程序分解成无数个小程序,通过多台服务器组成的系统处理和分析这些小程序,得到结果后返回给用户。云计算早期是解决任务分发和合并计算结果问题的简单分布式计算。因此,云计算又称网格计算,它可以在很短的时间内(几秒)对数以万计的数据进行处理。云计算的定义有多种说法,对于到底什么是云计算,至少可以找到 100 种解释,现阶段广为人们所接受的是美国国家标准与技术研究院(National Institute of Standards and Technology,NIST)给出的定义:云计算是一种按使用量付费的模式,这种模式提供可用的、便捷的、按需的网络访问,进入可配置的计算资源共享池(资源包括网络、服务器、存储、应用软件、服务),

这些资源能够被快速提供,只需要投入很少的管理工作或与服务供应商进行很少的交互。云计算现已成为 IT 的发展趋势,各种需求的迭代产生成为云计算技术发展的一大推动力,包括商业、运营和计算的需求以及计算机技术的不断进步。

- 商业需求:降低成本,简化 IT 管理和快速响应市场变化。
- 运营需求:规范流程,降低成本,节约能源。
- 计算需求:更大的数据量,更多的用户。
- 技术进步:虚拟化,多核,自动化,Web 技术。

云计算并不是革命性的新发展,而是历经数十载不断演进的结果,其演进经历了网格(Grid)计算、效用(Utility)计算、软件即服务(SaaS)、随需应变的计算和云计算五个阶段,如图 8-11 所示。云计算是在这些基础上发展起来的一种计算概念,因此它与分布式、网格计算和效用计算在概念上有一定的重合,同时又在适用情况下具有自己独特的含义。

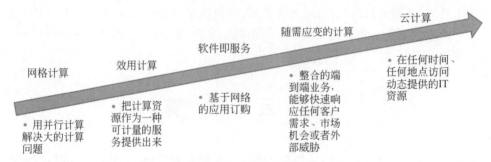

图 8-11　云计算的演进过程

网格计算是分布式计算的一种,指由一群松散耦合的计算机组成的一个超级虚拟计算机,常用来执行一些大型任务,用来研究如何把一个需要巨大的计算能力才能解决的问题分成许多小的部分,然后把这些小的部分分配给许多计算机进行处理,最后把这些计算结果综合起来而得到最终结果。

效用计算是一种提供服务的模型,在这个模型中,服务提供商提供客户需要的计算资源和基础设施管理,并根据应用占用的资源情况进行计费,而不是仅仅按照速率进行收费。简单地说,就是通过互联网资源实现企业用户的数据处理、存储和应用等问题,企业不必再组建自己的数据中心。效用计算理念发展的进一步延伸就是云计算技术,该技术正在逐步成为技术发展的主流。

如今,人们将云计算与更高级别的云抽象化关联起来。云计算是一种新兴的计算模式,它使用户能够在任何地点、任何时间使用任何终端访问所需的应用。这些应用部署在地域分散的数据中心,这些数据中心可以动态地提供和分享计算资源,这种方式显著地降低了成本,提高了经济收益。

从技术方面看,云是一种基础设施,其上搭建了一个或多个框架。虚拟化的物理硬件层提供了一个灵活、自适应的平台,能够提高资源的利用率,并以分层模型体现云计算的概念。云计算架构如图 8-12 所示,从分层看,云计算可以提供 IaaS(Infrastructure as a Service,基础设施即服务)、PaaS(Platform as a Service,平台即服务)、SaaS(Software as a Service,软件即服务)、STaaS(Storage as a Service,存储即服务),以便在各个层次实现相应的业务需求。

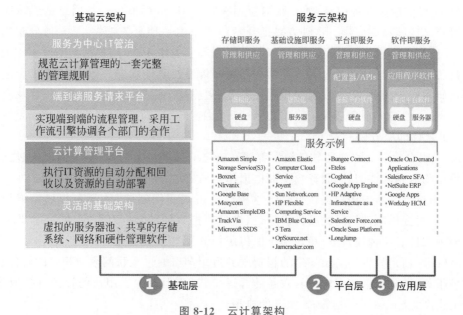

图 8-12　云计算架构

　　云计算是一个方便灵活的计算模式,可以通过网络访问和使用计算资源的共享池(网络、服务器、存储、应用程序服务),它在最少的管理付出、与服务供应商有最少的交互的前提下,可以将各种计算资源迅速地配置和推出。作为一种新兴的 IT 交付方式,应用、数据和 IT 资源能够通过网络作为标准服务,在灵活的价格下快速地提供给最终用户。对于云计算提供方,云计算具备虚拟化资源、高自动化、简化和标准化、动态调整、低成本增长等优势,能够自动集中、简化和灵活地提供服务;对用户来说,云计算是一种简单、实用、单位付费、资产变成费用、标准付费、灵活交付的方式。

　　云计算的表现形式多种多样,简单的云计算在日常的网络应用中随处可见,例如搜索引擎在线存储(网盘)等服务。目前,云计算的类型和服务层次可以按照其提供的服务类型和对象进行分类,按提供的服务类型可以分为 IaaS、PaaS、SaaS 三种。

　　(1) 基础设施即服务(IaaS)

　　以服务的形式提供虚拟硬件资源,如虚拟主机、存储、网络、数据库管理等资源,无须购买服务器、网络设备、存储设备,只须通过互联网租赁即可搭建自己的应用系统。典型应用为 Amazon Web Service（AWS）。

　　IaaS 把由厂商的多台服务器组成的云端基础设施作为计量服务提供给用户,它将内存 I/O 设备、存储和计算能力整合成一个虚拟的资源池,从而为整个业界提供需要的存储资源和虚拟化服务器等服务。IaaS 是一种托管型硬件方式,用户通过付费使用厂商的硬件设施。例如 AWS、IBM 的 BlueCloud 等均是将基础设施作为服务出租。IaaS 的优点是用户只需要低成本的硬件,按需租用相应的计算能力和存储能力即可,大幅降低了用户在硬件上的开销。目前,IaaS 服务以亚马逊公司的 Elastic Compute Cloud 最具代表性,IBM、VMware、HP 等传统 IT 服务提供商也推出了相应的 IaaS 服务。

（2）平台即服务（PaaS）

PaaS 提供应用服务引擎，如互联网应用编程接口、运行平台等。用户基于该应用服务引擎可以构建该类应用。这种方式把开发环境作为一种服务提供，是一种分布式平台服务，厂商提供开发环境、服务器平台、硬件资源等服务给用户，用户在其平台基础上订制开发自己的应用程序，并通过其服务器和互联网传递给其他用户。PaaS 能够给企业或个人提供研发的中间件平台，以及应用程序开发、数据库、应用服务器、试验、托管及应用服务。Google 的 App 引擎、Microsoft 的 Azure 是 PaaS 服务的典型代表。

（3）软件即服务（SaaS）

SaaS 服务提供商将应用软件统一部署在自己的服务器上，用户根据需求通过互联网向厂商订购应用软件服务，服务提供商根据用户所定软件的数量、使用时间的长短等因素收费，并通过浏览器向用户提供软件。这种服务模式的优势是：由服务提供商维护和管理软件，同时提供软件运行的硬件设施，用户只须拥有能够接入互联网的终端，即可随时随地使用软件。这种模式下，用户不再像传统模式那样需要在硬件、软件、维护人员上花费大量资金，而是只需要支出一定的租赁服务费用即可通过互联网享受相应的硬件、软件和维护服务，这是网络应用中最具效益的营运模式，不但减少了用户的管理维护成本，可靠性也更高。Salesforce 是 SaaS 服务的典型代表。

（4）存储即服务（STaaS）

存储即服务是指淡化存储设备概念，突出存储资源的理念，将容量、IOPS、性能等存储相关资源进行池化，并灵活、按需地交付给上层的业务应用使用，即所谓的存储即服务。作为一种服务化、云化的资源，存储需要转变传统的部署和交付方式，将业务应用与存储架构组件分离，以细粒度的存储资源作为服务输出的目标，容量、性能以及数据容错级别等都将作为服务级别的考量指标。存储即服务提供者同意按每 GB 的存储费用和每次的数据传输费用作为计费基础出租存储空间；公司的数据会在指定的时间通过存储提供者的专有 WAN 或 Internet 自动传输。组织使用存储即服务减少灾难恢复造成的风险、提供长期保留并增强业务连续性和可用性。存储即服务的优势：从资本支出和运营支出转移，使成本更容易预测；管理增长和优化性能的能力；简化存储环境，提高信息可用性和法规遵从性，延长保留期；具有适应性的交付模式，可现场管理和远程管理；具有灵活的消费模式，与客户的业务需求保持一致。

按照云服务对象的不同，云计算分为三大类：公有云、私有云和混合云。这三种模式构成了云基础设施的基础，如图 8-13 所示。

（1）公有云

公有云通常面向外部用户需求，通过开放网络提供云计算服务，一般可以通过 Internet 使用，可能是免费或成本低廉的；它的核心属性是共享资源服务，这种云有许多实例，可在当今整个开放的公有网络中提供服务。

（2）私有云

私有云是为某个用户单独使用而构建的，例如面向企业内部需求提供云计算服务的内部数据中心等，因此可以提供对数据、安全性和服务质量的有效控制。企业拥有基础设施，并可以控制在此基础设施上部署应用程序的方式。私有云可以部署在企业数据中心

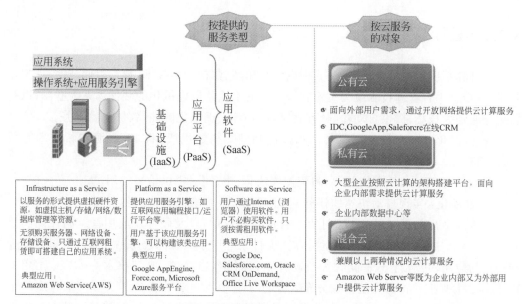

图 8-13　云计算的服务类型和服务对象

的防火墙内,也可以部署在一个安全的主机托管场所,私有云的核心属性是专有资源,可以由公司自己的互联网机构或云提供商构建。

（3）混合云

混合云是一种兼顾以上两种情况的云计算服务,是近年来云计算的主要模式和发展方向。企业用户出于信息安全的考虑,更青睐于将数据存放在私有云,但同时又希望获得公有云的计算资源,因此混合云的解决方案逐渐成为主流。例如 Amazon Web Server 等服务商可以同时为企业内部和外部用户提供云计算服务。

云计算拥有超大规模计算、虚拟化、高可靠性和安全性、通用性、动态扩展性、按需服务、成本低廉等特点,具备以下几种优势。

① 降低总体拥有成本。通过计算资源共享及动态分配提高资产利用率;减少能耗,节能减排,同时减少管理成本。随着用户数量的突然增加可以增加服务器资源;减少有限数量用户使用的服务器资源,从而降低成本;按需配置各种硬件和应用程序。

② 基于使用的支付模式。在云计算模式下,最终用户根据使用了多少服务付费,这为应用部署到云计算基础架构上降低了准入门槛,让大小企业都可以使用相同的服务。

③ 在处理或存储方面可以将资源整合在一起,避免重复计算和重复存储。

④ 提高灵活性。系统资源池化能够对应用屏蔽底层资源的复杂度;扩展性和弹性云计算环境具有大规模、无缝扩展的特点,能自如地应对应用使用急剧增加的情况;当原始服务器因发生故障而停止时,可以检索并运行副本。

现阶段所说的云服务已经不单是一种分布式计算,而是分布式计算、效用计算、负载均衡、并行计算、网络存储、热备份冗杂和虚拟化等计算机技术混合演进并跃升的结果,是基于互联网相关服务的增加、使用和交付模式。云计算可以将虚拟的资源通过互联网提供给每一个有需求的用户,从而实现拓展数据处理。

8.2.2　云计算主要技术

云计算系统运用了许多技术,其中以编程模型、数据管理技术、数据存储技术、虚拟化技术、云计算平台管理技术最为关键。云计算的本质是以虚拟化的硬件体系为基础,以高效服务管理为核心,提供自动化、具有高度可伸缩性、虚拟化的硬/软件资源服务。

- 虚拟化:作为实现资源共享和弹性基础架构的手段,将 IT 资源和新技术有效整合。
- 服务管理:以服务为核心,将资源模块化、服务化,提供给最终用户。
- 自动化:实现自动快速的任务分发、资源部署和服务响应,提高运维管理效率。

云管理平台主要实现对于云计算平台资源的管理,以及硬件及应用系统的性能和故障监控。可扩展的支持海量数据的分布式文件系统用于大型的、分布式的、对大量数据进行访问的应用,它运行于廉价的普通硬件上,提供容错功能,典型技术为 GFS、HDFS、KFS 等。大规模并行计算是指在分布式并行环境中将一个任务分解成多份细粒度的子任务,当这些子任务在空闲的处理结点之间被调度和快速处理之后,最终通过特定的规则进行合并以生成最终的结果,典型技术为 MapReduce。类似文件系统采用数据库存储结构化数据,云计算也需要采用特殊技术实现结构化数据的存储,典型技术为 BigTable、Dynamo 以及中国移动提出的 HugeTable。

此外,云计算的运维管理包括以下三个方面。

- IT 运维管理流程:基于 ITIL 的 IT 服务管理,保障运维工作的规范化和标准化。
- 运维自动化管理:通过自动化手段对大规模的云架构系统进行维护,提高运维管理效率和管理质量,提高对服务需求的响应速度。
- 统一监控管理:对云架构的软硬件及应用系统进行全方位的监控管理。

云计算的安全管理包含以下三个方面。

- 服务器安全管理:服务器的安全加固,防病毒管理等。
- 数据安全管理:数据存储加密,数据传输加密,数据备份。
- 网络安全管理:防入侵管理,安全域管理。

云计算技术框架如图 8-14 所示。

SOA构建层						
服务工作流	服务接口	服务注册	服务查找	服务访问		
用户管理	账号管理	用户环境配置	用户交互管理	使用计费	安全管理	身份认证 / 访问授权 / 综合防护 / 安全审计
任务管理	任务调度	云计算技术框架	生命期管理	任务执行		
资源管理	负载均衡	故障检测	故障恢复	监视统计		
资源池	计算资源池	存储资源池	网络资源池	数据资源池	软件资源池	
物理资源	计算机	存储器	网络设施	数据库	软件	

图 8-14　云计算技术架构

8.2.3　云计算产业及其应用

云计算应用市场近几年呈现出大规模的增长,衍生出多样的商业模式,包括固定式/包月式的合同收费、按需动态收费、按使用量收费、按服务效果收费(业务分成)、后向收费(广告收费)等多种商业模式,如图 8-15 所示。

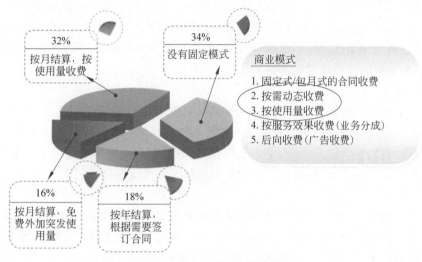

图 8-15　云计算下的商业模式

云计算产业作为战略性新兴产业,近些年得到了迅速发展,形成了成熟的产业链结构,如图 8-16 所示,产业涵盖硬件与设备制造、基础设施运营、软件与解决方案供应商、基

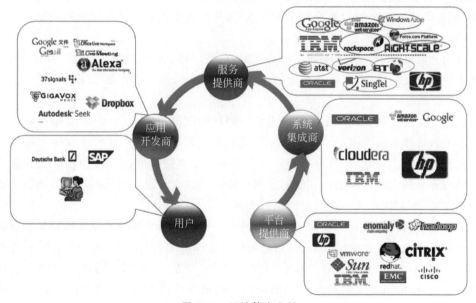

图 8-16　云计算产业链

础设施即服务、平台即服务、软件即服务、终端设备、云安全、云计算交付/咨询/认证等多个环节。产业链格局也逐渐被打开,由平台提供商、系统集成商、服务提供商、应用开发商等组成的云计算上下游构成了国内云计算产业链的初步格局。互联网、通信业、IT厂商互相渗透,打破传统的产业链模式,形成高度混合渗透的生态模式。较为简单的云计算技术已经普遍服务于如今的互联网服务中,通过云端共享数据资源已成为社会生活的一部分。通过网络,以云服务为企业、商户及个人终端用户等多群体提供了非常便捷的应用。

(1) 政务云

政务云可以部署公共安全管理、容灾备份、城市管理、应急管理、智能交通、社会保障等应用,通过集约化建设、管理和运行可以实现信息资源整合和政务资源共享,推动政务管理创新,加快向服务型政府转型。

(2) 教育云

教育云实质上是指教育信息化的一种发展,它可以将所需的任何教育硬件资源虚拟化,然后将其发布到互联网,给教育机构和学生及教师提供一个方便快捷的平台。通过教育云平台可以有效整合幼儿教育、中小学教育、高等教育以及继续教育等优质教育资源,逐步实现教育信息共享、教育资源共享及教育资源深度挖掘等目标。

(3) 金融云

金融云是指利用云计算模型将信息、金融和服务等功能分散到由庞大的分支机构构成的互联网中,旨在为银行、证券、保险和基金等金融机构提供互联网处理和运行服务,同时共享互联网资源,从而解决现有问题,并且实现高效、低成本的目标。

(4) 医疗云

医疗云是指在云计算、移动技术、多媒体、4G/5G通信、大数据以及物联网等新技术的基础上结合医疗技术,使用云计算创建医疗健康服务云平台,实现医疗资源的共享和医疗范围的扩大,可以推动医院与医院、医院与社区、医院与急救中心、医院与家庭之间的服务共享,并形成一套全新的医疗健康服务系统,从而有效地提高医疗保健的质量。

(5) 企业云

企业云能够让企业以低廉的成本建立财务、供应链、客户关系等管理应用系统,大幅降低企业信息化门槛,迅速提升企业的信息化水平,增强企业的市场竞争力。

(6) 存储云

云存储是在云计算技术上发展起来的一种新的存储技术,是一个以数据存储和管理为核心的云计算系统。用户可以将本地资源上传至云端,可以在任何地方接入互联网以获取云上的资源。谷歌、微软等大型网络公司均有云存储服务;在国内,百度云和微云则是市场占有量较大的存储云。存储云向用户提供存储容器服务、备份服务、归档服务和记录管理服务等,大幅方便了用户对资源的管理。

云计算作为一种新兴的资源使用和交付模式正逐渐为学界和产业界所认知。我国的云发展创新产业联盟评价云计算为"信息时代商业模式上的创新"。继个人计算机终端变革、互联网技术变革之后,云计算被看作第三次IT浪潮,是我国战略性新兴产业的重要组成部分,它将带来生活生产方式和商业模式的根本性改变,已成为当前全社会关注的热点。

8.3　人　工　智　能

人工智能(Artificial Intelligence, AI)是计算机科学的一个分支,是研究、开发用于模拟、延伸和扩展人的智能的理论、方法、技术及应用系统的一门新的技术科学,它指的是人类制造的机器表现出的智能,最终目标是让机器具有人一般的智能水平。21世纪,互联网新科技层出不穷,伴随着大数据、云技术以及算力的发展,人工智能技术的研究及应用也迅速壮大,在语音、图像和自然语言处理方面取得了卓越的成绩。大数据是智慧社会的生产资料,人工智能是生产工具,云计算、5G、边缘技术等是重要的生产环境,数据资源是提供服务的产品。当前,随着移动互联网发展红利的逐步消失,后移动时代已经来临。新一轮产业变革席卷全球,人工智能成为产业变革的核心方向,科技巨头纷纷把人工智能作为后移动时代的战略支点,努力在云端建立人工智能服务的生态系统。传统制造业开始进行新旧动能转换,并将人工智能作为发展新动力,不断创造出新的发展机遇。人工智能作为新的生产力,其赋能领域非常广泛。

8.3.1　人工智能概述

人工智能一般被认为起源于1956年举办的美国达特茅斯会议,这次会议第一次提出了Artificial Intelligence这个词。约翰·麦卡锡、马文·明斯基、香农和IBM公司的罗切斯特等计算机科学家相聚在达特茅斯会议,提出了“人工智能”的概念,其目标是制造机器模仿学习的各个方面或智能的各个特性,使机器能够读懂语言,形成抽象思维,解决人们目前的各种问题,并能自我完善。科学家梦想着用当时刚刚出现的计算机构造复杂的、拥有与人类智慧同样本质特性的机器。

达特茅斯会议之后,人工智能的研究进入了20年的黄金时代。人工智能一直萦绕于人们的脑海之中,并在科研实验室中慢慢孵化。在美国,成立于1958年的国防高级研究计划署对人工智能领域进行了数百万美元的投资,让计算机科学家自由地探索人工智能技术的新领域。在这个时代,约翰·麦卡锡开发了LISP语音,成为以后几十年来人工智能领域最主要的编程语言;马文·明斯基对神经网络有了更深入的研究,也发现了简单神经网络的不足;多层神经网络、反向传播算法开始出现;专家系统也开始起步;第一台工业机器人走上了通用汽车的生产线;出现了第一个能够自主动作的移动机器人。

一出生就遇到黄金时代的人工智能高估了科学技术的发展速度,其遭受了严厉的批评和实际价值的质疑。1973年,著名数学家拉特希尔向英国政府提交了一份关于人工智能的研究报告,他对当时的机器人技术、自然语言处理技术和图像识别技术进行了严厉的批评,尖锐地指出人工智能那些看上去宏伟的目标根本无法实现,声称研究已经完全失败。随后,各国政府和机构也停止或减少了资金投入,人工智能在20世纪70年代陷入了第一次寒冬。之后的几十年里,科学界对人智能进行了一轮深入的拷问,关于人工智能的讨论一直在两极反转:或被称作人类文明耀眼未来的预言,或被当成技术疯子的狂想。

2012 年之前,这两种声音还同时存在。

2012 年以后,得益于数据量的上涨、计算资源与计算能力的提升和机器学习新算法(深度学习)的出现,人工智能开始大暴发。人工智能现在被普遍定义为研究人类智能活动的规律,构造具有一定智能行为的系统,由计算机模仿人类智能的科学。

8.3.2 人工智能简史

人工智能的发展可以归纳为以下六个阶段。

(1) 萌芽阶段

1956 年至 20 世纪 60 年代是人工智能的第一个发展黄金阶段,以克劳德·艾尔伍德·香农为首的科学家共同研究了机器模拟的相关问题,人工智能正式诞生。人工智能概念被提出后,相继取得了一批令人瞩目的研究成果,如机器定理证明、跳棋程序等,由此掀起了人工智能发展的第一个高潮。

(2) 瓶颈阶段

20 世纪 70 年代,经过科学家的深入研究,发现机器模仿人类思维是一个十分庞大、复杂的系统工程,难以用现有的理论成果构建模型,这使得人工智能的发展走入低谷。

(3) 应用发展阶段

20 世纪 70 年代至 80 年代中期出现了专家系统,它可以模拟人类专家的知识和经验解决特定领域的问题,实现了人工智能从理论研究走向实际应用、从一般推理策略探讨转向专业知识运用的重大突破。专家系统在医疗、化学、地质等领域取得成功,推动人工智能走入应用发展的新高度。已有的人工智能研究成果逐步应用于各个领域,并在商业领域取得了巨大的成功。

(4) 低迷发展阶段

20 世纪 80 年代中期至 90 年代中期。随着人工智能应用规模的不断扩大,专家系统存在的应用领域狭窄、缺乏常识性知识、知识获取困难、推理方法单一、缺乏分布式功能、难以与现有数据库兼容等问题逐渐暴露出来。

(5) 平稳发展阶段

20 世纪 90 年代后,随着互联网技术的逐渐普及,人工智能已逐步发展成为分布式主体,为人工智能的发展提供了新的方向。随着移动互联网技术、云计算技术的暴发,积累出了超乎想象的数据量,这为人工智能的后续发展提供了足够的素材和动力,加速了人工智能的创新研究,促使人工智能技术进一步走向实用化。1997 年,IBM 公司的深蓝超级计算机(DeepBlue)战胜了国际象棋世界冠军卡斯帕罗夫;2008 年,IBM 公司提出"智慧地球"的概念,以上都是这一时期的标志性事件,成为人工智能发展历史中的重大里程碑。

(6) 蓬勃发展期

2011 年至今,随着大数据、云计算、互联网、物联网等信息技术的发展,泛在感知数据和图形处理器等计算平台推动以深度神经网络为代表的人工智能技术飞速发展,大幅跨越了科学与应用之间的技术鸿沟,图像分类、语音识别、知识问答、人机对弈、无人驾驶等人工智能技术实现了技术突破,迎来暴发式增长的新高潮。2016 年 3 月,由 Google 旗下

DeepMind 公司开发的阿尔法围棋(AlphaGo)与围棋世界冠军、职业九段棋手李世石进行了围棋人机大战,并以 4∶1 的总比分获胜;它的核心算法就是强化学习,如图 8-17 所示。2017 年 1 月,DeepMind 公司 CEO 哈萨比斯在德国慕尼黑宣布推出阿尔法围棋(AlphaGo)2.0 版,其特点是摈弃了人类棋谱,只靠深度学习的方式成长以挑战围棋的极限,利用大量的训练数据和计算资源提高准确性,可见强大的计算能力和工程能力是搭建优秀 AI 系统的必要条件。目前,AI 发展已步入重视数据、自主学习的认知智能时代。

图 8-17　阿尔法围棋与李世石对决

8.3.3　人工智能应用

人工智能是计算机科学的一个分支,它试图了解智能的实质,并生产出一种新的、能以与人类智能相似的方式做出反应的智能机器,该领域的研究包括机器人、语言识别、图像识别、自然语言处理和专家系统等。目前,人工智能的理论和技术日益成熟,应用领域也不断扩大。最近几年,随着算法计算能力及大数据等技术的发展,人工智能的应用场景及产品化思路逐渐明朗,蕴含着巨大的发展潜力和商业价值。如今,AI 在各种行业、领域正发挥着巨大的作用,为医疗、金融、安防、教育、交通、物流等各类传统行业带来了新的机遇与发展。

(1) 智能工业

人工智能的第一个应用阶段是生产力和生活效率的提升,人工智能最开始的开发都是为了代替大部分劳动力的工作,尤其对于工业,趋势也是尤为明显。如今的智慧工厂已经开始使用大量的人工智能技术算法,虽然还无法全面取代人类,但是在采用"人类+机器"的运营模式后,不但工作效率大幅提升,更是给工厂节省了额外开支,并为企业带来了业务量的激增。

(2) 智能金融

如今的金融机构已经开始使用大量的人工智能技术算法,高效的算法能够为金融机构提供投资组合建议,在风险信贷管理、精准营销、保险定损等众多应用上发挥了重要的作用。

（3）智慧城市

园区管理、人脸识别、车辆追踪、视频信息提取被广泛运用于安防，有利于维护社会稳定、提高刑侦效率，在智慧城市的构建部署中提升了城市治理能力。智慧城市是物联网、大数据、云计算、人工智能等新一代信息技术驱动下的城市管理信息化、数字化的高级形态。智慧城市建设用于极为丰富的场景，在建设过程中，各类新技术和新模式的应用将使城市运行系统更高效、更智能，赋予城市智慧感知、反应、管理的能力，使城市发展更加和谐、更具活力、更可持续。目前，我国已形成以长三角、珠三角、环渤海湾地区为代表的一批智慧城市建设试点。目前，全世界已启动或在建的智慧城市项目有 1000 多个，中国约有 500 个，是智慧城市建设最火热的国家。

（4）智能医疗

人工智能走进医疗领域已经是正在进行的动作，尤其是在医学影像方面，人工智能的工作效率不但比人类有了急速的提升，更是在病理诊断中表现得尤为突出。通过人工智能技术自动分析，再辅以远程会诊、远程查体等音视频通信应用工具，将赋予医疗一个新的业务模式，图像识别、医疗诊断可以提升诊疗效率，弥补医疗资源不平衡带来的隐患。

思考与提高：人工智能助力抗击疫情

2020 年，新冠肺炎疫情期间，人工智能技术在疫情监测分析、人员物资管控、医疗救治、药品研发、后勤保障、复工复产等方面充分发挥了作用。

以智能识别（温测）产品为例，基本可以实现多人同时非接触测温，并在体温异常时报警，能够在戴口罩的情况下进行人脸识别，并对数据进行实时上云、跟踪管理。其中，智能报警和数据管理是人工智能测温系统区别于传统测温系统的两大重要功能。据中国人工智能产业联盟 AI 人体测温系统评测结果显示，参评产品在测温误差、最大测温距离和人脸抓拍准确率方面较为出色，充分利用自身优势助力疫情防控。在测温误差方面，参评产品的误差都不超过 0.25℃；在人脸抓拍方面，参评产品的准确率均在 90% 以上；在最大测温距离方面，因为参评产品的使用场景不同，各产品的最大测温距离在 2～8 米波动，基本保障达到各自场景的需求。

其次，智能外呼机器人的应用提高了筛查效率，减轻了基层工作者的压力。目前，医疗服务场景的实体智能服务机器人的主要应用场景为清洁、消毒和配送，以替代人力完成重复性、机械性、简单的工作为主，降低医护人员的感染风险，提高管控工作的效率。

此外，通过优化 AI 算法和算力能有效助力病毒基因测序、疫苗及药物研发、蛋白筛选等药物研发攻关。人工智能技术给医疗及各行业的赋能作用日益显现。

（5）智能司法

以信息技术为基础的人工智能已经进入司法领域，构建成现代意义的智能审判活动。智慧审判随着科技和社会进步，创新并开拓了司法工作的新局面，推进与落实了司法改革各项要求。提高效率，降低法律服务成本，通过已有的法律条文、参考文献及历史案件等数据进行推论，使更多需要法律服务的人得到帮助；在强化人权保障、保证公正裁判中发挥重要作用，真正实现智能辅助法官办案，服务司法公正。

此外,人工智能在智能家居、智能教育等领域也有重大突破。结合计算机视觉技术能够完成物体识别、人脸识别、追踪等应用。在自然语言处理方面,语音识别、对话机器人(Apple 公司的 Siri、Microsoft 公司的 Cortana 等)也正在成为下一代人机交互的入口。

人工智能的一些应用实例:四色定理的证明。从 1852 年发现四色问题开始,世界上很多著名的科学家都试图证明,但一直未能完成形式化推证。1976 年 6 月,哈肯在美国伊利诺伊大学的两台电子计算机上,用 1200 个小时做了 100 亿次判断,终于完成了四色定理的证明,从而解决了这个 100 多年的问题,轰动了世界。四色问题又称四色猜想、四色定理,是世界近代三大数学难题之一。四色定理(Four Color Theorem)最早是由一位名叫古德里(Francis Guthrie)的英国大学生提出来的。四色问题的内容是"任何一张地图只用四种颜色就能使具有共同边界的国家着上不同的颜色"。也就是说,在不引起混淆的情况下,一张地图只需要四种颜色即可标记区分,用数学语言表示即"将平面任意细分为不重叠的区域,每个区域总可以用 1、2、3、4 这四个数字之一标记,而不会使相邻的两个区域得到相同的数字"。这里所指的相邻区域是指二者有一整段边界是公共的,如果两个区域只相遇于一点或有限多点,则不是相邻的,这是因为用相同的颜色给它们着色不会引起混淆。

人工智能是社会发展和技术创新的产物,是促进人类进步的重要技术形态。人工智能发展至今,已经成为新一轮科技革命和产业变革的核心驱动力,正在对世界经济、社会进步和人类生活产生极其深刻的影响。对世界经济而言,人工智能是引领未来的战略性技术,全球主要国家及地区都把发展人工智能作为提升国家竞争力、推动国家经济增长的重大战略;对社会进步而言,人工智能技术为社会治理提供了全新的技术和思路,将人工智能运用于社会治理是降低治理成本、提升城市治理效率、减少治理干扰最直接、最有效的方式;对日常生活而言,深度学习、图像识别、语音识别等人工智能技术已经广泛应用于智能终端、智能家居、移动支付等领域;未来,人工智能技术还将在教育、医疗、出行等与人类生活息息相关的领域发挥更为显著的作用,为人们提供覆盖更广、体验感更优、便利性更佳的智能生活服务。

8.4　物　联　网

物联网(Internet of Things,IoT)是指物物相连的互联网,是互联网的延伸,它利用局部网络或互联网等通信技术把传感器、控制器、机器、人和物等通过新的方式连接在一起进行信息交换和通信,形成人与物、物与物相连,实现信息化和远程管理控制。物联网是未来信息技术的重要组成部分,涉及政治、经济、文化、社会和军事各领域。我国推动物联网发展的主要目的是在国家统一规划和推动下,在农业、工业、科学技术、国防以及社会生活的各个方面应用物联网技术,深入开发、广泛利用信息资源,加速实现国家现代化和工业社会向信息社会的转型。

8.4.1　物联网概述

物联网是指通过信息传感设备(无线传感器网络结点、射频识别装置、红外感应器、移动手机、全球定位系统、激光扫描器等),按照约定的协议把任何物品与互联网连接起来进行信息交换和通信,以实现智能化识别、定位、跟踪、监控和管理的一种网络,它是在互联网的基础上延伸和扩展的网络。

物联网概念的萌芽要追溯到 1998 年,麻省理工学院(MIT)的 Kevin Ashton 第一次提出把 RFID 技术与传感器技术应用于日常物品以形成一个物联网。2005 年,国际电信联盟(ITU)在突尼斯举行了信息社会世界峰会(World Summit on the Information Society,WSIS),会上发布了 *ITU Internet reports 2005-the Internet of things*,该报告介绍了物联网的概念、特征、相关技术、面临的挑战与未来的市场机遇,并指出物联网是通过 RFID 和智能计算等技术实现全世界设备互联的网络。2008 年,IBM 公司提出把传感器设备安装到各种物体中,并且普遍链接形成网络,即物联网,进而在此基础上形成"智慧地球"。2009 年,欧洲物联网研究项目工作组制定《物联网战略研究路线图》,介绍传感网、RFID 等前端技术和 20 年发展趋势。

物联网是互联网的应用拓展,与其说物联网是网络,不如说物联网是业务和应用。因此,应用创新是物联网发展的核心,以用户体验为核心是物联网发展的灵魂。物联网通过智能感知、识别技术与普适计算等通信感知技术广泛应用于网络的融合中。

8.4.2　物联网的特征与体系结构

随着网络覆盖的普及,人们提出了一个问题:既然无处不在的网络能够成为人际沟通中无所不能的工具,那么为什么不能将网络作为物体与物体沟通的工具、人与物体沟通的工具乃至人与自然沟通的工具?

物联网是"万物沟通"的,它是具有全面感知、可靠传送、智能处理特征的连接物理世界的网络,实现了任何时间、任何地点及任何物体的连接,可以实现人类社会与物理世界的有机结合,使人类可以用更加精细和动态的方式管理生产和生活,从而提高整个社会的信息化能力。

物联网的基本特征可以概括为全面感知、可靠传送、智能处理。全面感知指物联网可以利用射频识别、二维码、智能传感器等感知设备获取物体的各类信息。可靠传输指通过对互联网、无线网络的融合将物体的信息实时、准确地传送,以便信息的交流、分享。智能处理指使用各种智能技术对感知和传送的数据、信息进行分析处理,实现监测与控制的智能化。

现有的互联网相比于物联网更注重信息的传递,互联网的终端必须是计算机(个人计算机、PDA、智能手机)等,并没有感知信息的概念。物联网是互联网的延伸和扩展,使信息的交互不再局限于人与人或者人与机器的范畴,而是开创了物与物、人与物这些新兴领域的沟通。物联网对连接的物件主要有三点要求:一是联网的每个物件均可寻址;二是联网的每个物件均可通信;三是联网的每个控件均可控制。物联网与其他网络的区别是:物联网的接入对象更广泛,获取信息更丰富;网络可获得性更高,互联互通更广泛;信息处理能力更强大,人类与周围世界的相处更智慧。

由于物联网存在异构需求,所以物联网需要有一个可扩展的、分层的、开放的基本网络架构。目前,业界将物联网的基本架构分为三层:感知层、网络层和应用层,即物联网三层构架(Device,Connect,Manage),与工业自动化的三层架构是互相呼应的,如图 8-18 所示。

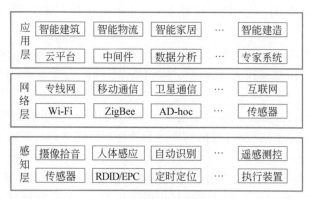

图 8-18 物联网体系结构

在物联网环境中,每一层次自原来的传统功能大幅进化,设备(Device)层达到所谓的全面感知,就是将原本的物提升为智能物件,可以识别或获取各种数据;而在连接(Connect)层则是要达到可靠传输,除了原有的有线网络外,更是扩展到各种无线网络;而在管理(Manage)层则是要将原有的管理功能提升到智能处理,对获取的各种数据进行更具智能的处理与呈现。

(1) 感知层

感知层是全面感知,就是利用射频识别、二维码、传感器等感知、捕获、测量技术随时随地对物体进行信息采集和获取。感知层处于最底层,是物联网的实现基础,实现物体信息的采集、自动识别和智能控制的功能主要在感知层。该层涉及的主要技术有 EPC 技术、RFID 技术、智能传感技术等。

① EPC 技术。EPC 技术将物体进行全球唯一编号,以方便接入网络。编码技术是 EPC 的核心,该编码可以实现单品识别,使用射频识别系统的读写器可以实现对 EPC 标签信息的读取,互联网 EPC 体系中实体标记语言服务器对获取的信息进行处理,服务器可以根据标签信息实现对物品信息进行采集和追踪,利用 EPC 体系中的网络中间件等对采集的 EPC 标签信息进行管理。

② 射频识别(RFID)技术。RFID 技术是一种非接触式的自动识别技术,使用射频信号对目标对象进行自动识别,获取相关数据。目前,该方法是物品识别最有效的方式。根据工作频率的不同,可以把 RFID 标签分为低频、高频、超高频、微波等不同的种类。

③ 智能传感器技术。获取信息的另一个重要途径是使用智能传感器。在物联网中,智能传感器可以采集和感知信息,使用多种机制把获取的信息表示为一定形式的电信号,

并由相应的信号处理装置进行处理,最后产生相应的动作。常见的智能传感器包括温度传感器、压力传感器、湿度传感器、霍尔磁性传感器等。

（2）网络层

网络层是可靠传递,就是通过将物体接入信息网络,依托各种通信网络随时随地进行可靠的信息交互和共享。传输层处在感知层和应用层之间,该层的主要作用是把感知层获取的信息准确无误地传输给应用层,使应用层对海量信息进行分析、管理并做出决策。物联网的传输层又可以分为汇聚网、接入网和承载网三部分。

① 汇聚网。主要采用短距离通信技术（ZigBee、蓝牙和 UWB 等）实现小范围感知数据的汇聚。

② 接入网。物联网的接入方式较多,将多种接入手段整合起来是通过各种网关设备实现的,使用网关设备统一接入通信网络需要满足不同的接入需求,并完成信息的转发、控制等功能。

③ 承载网。物联网需要大规模信息交互和无线传输,重新建立通信网络是不现实的,需要借助现有的通信网设施,根据物联网的特性加以优化和改造以承载各种信息。

（3）应用层

应用层是智能处理,就是对海量的感知数据和信息进行分析及处理,实现智能化的决策和控制。物联网应用层的关键技术包括中间件技术、云计算、物联网业务平台等。物联网中间件位于物联网的集成服务器和感知层、传输层的嵌入式设备中,主要对感知的数据进行校验汇集,在物联网中起着比较重要的作用。

8.4.3　物联网的关键技术

物联网是物联化、智能化的网络,它的技术发展目标是实现全面感知、可靠传递和智能处理。虽然物联网的智能化体现在各处和全体上,但其技术发展的侧重点是智能服务。物联网的关键技术包括传感器技术、低功耗蓝牙技术、无线传感器技术、移动通信技术等。从开发应用的角度来看,物联网的关键技术包括以下几个方面。

① 无线通信技术。人类在信息与通信世界里获得的一个新的沟通维度,它可以将任何时间或地点的人与人之间的沟通连接扩展到人与物、物与物之间。

② 安全与可靠性技术。从技术角度看,物联网是基于因特网、移动通信网、无线传感器网络、RFID 等技术的,所以物联网遇到的信息安全问题会很多,因此必须在研究物联网的同时从技术保障与法制完善的角度出发,为物联网的健康发展创造一个良好的环境。从技术上讲,需要重点研究隐私保护技术、设备保护技术、数据加密技术等。

③ 物联网软件设计技术。物联网软件除了要完成用户需求域和信息空间域的协同,还需要完成用户需求域和物理空间域的协同,以及三者的无缝连接,对其操作环境和运作环境不确定性的适应是物联网软件设计面临的重要挑战。

④ 物联网系统标准化技术。标准作为技术的高端形式对物联网的发展至关重要。

⑤ 能效管理技术。一般采用虚拟化技术有效整合网络资源,可以有效降低这些物理设备的使用,从而降低网络中不必要的能量损耗,促进资源共享,从而实现任何人在任何

地点接入和控制任何设备的愿景。

物联网设备分散且应用场景复杂,还需要利用中间件、M2M、云计算等技术合理利用及高效处理海量的数据信息,并为用户提供相关的物联网服务。例如,中间件的使用极大地解决了物联网领域的资源共享问题,它不仅可以实现多种技术之间的资源共享,也可以实现多种系统之间的资源共享,类似于一种起到连接作用的信息沟通软件。利用这种技术,物联网的作用将被充分发挥出来,形成一个资源高度共享、功能异常强大的服务系统。

8.4.4 物联网的应用

互联网是连接计算机和移动智能终端的网络,基本上是围绕着人主动触发的场景展开应用的。而物联网是物物之间的互联,更多的是基于物品对本身或周围环境的感知而触发的自动化应用场景,是互联网的延展,它可以通过各种有线或无线网络与互联网融合,广泛应用于网络的融合,也因此被称为继计算机、互联网之后世界信息产业发展的第三次浪潮。现在,有越来越多的趋势展现,物联网结合人工智能等新兴技术在多个领域的应用日益具备商用条件,并极大地促进了原来互联网场景的智能化和自动化能力,从而为用户提供新的价值。物联网已应用于很多场景和行业,如图 8-19 所示。

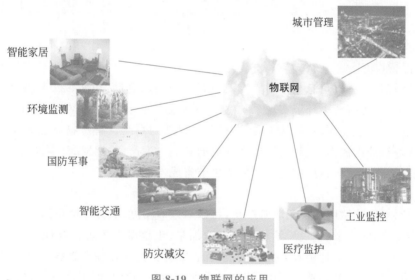

图 8-19　物联网的应用

（1）智能医疗

在医疗卫生领域中,物联网可以通过传感器与移动设备对生物的生理状态进行捕捉,如心跳频率、体力消耗、葡萄糖摄取、血压高低等生命指数,并把它们记录到电子健康文件中,以方便个人或医生查阅;还能够监控人体的健康状况,再把监测到的数据送到通信终端上,在医疗开支上可以节省费用,使得人们的生活更加轻松。

（2）智能交通

物联网技术在道路交通方面的应用比较成熟,主要以图像识别技术为核心,综合利用射频技术、标签等手段对交通流量、驾驶违章、行驶路线、牌号信息、道路占用率、驾驶速度等数据进行自动采集和实时传送,相应的系统会对采集到的信息进行汇总分类,并利用识别能力与控制能力进行分析处理与识别,为交通事件的检测提供详细数据,有效缓解交通压力,提升车辆的通行效率,如图 8-20 所示。

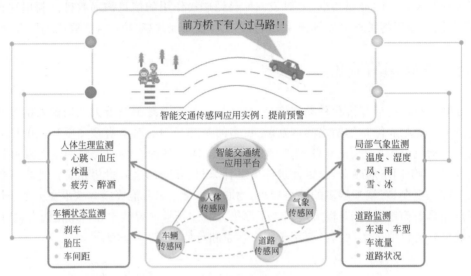

图 8-20　智能交通应用实例

（3）智慧物流

智慧物流是一种以信息技术为支撑,在物流的运输、仓储、包装、装卸、搬运、流通、加工、配送、信息服务等各个环节实现系统感知,并通过全面分析、及时处理及自我调整功能实现物流规整智慧、发现智慧、创新智慧和系统智慧的系统。智慧物流能大幅降低制造业、物流业等行业的成本,实打实地提高企业的利润。生产商、批发商、零售商三方通过智慧物流相互协作、共享信息,物流企业便能更节省成本。

（4）智能农业

在农业领域,物联网的应用非常广泛,可以对地表温度、家禽生活情形、农作物灌溉情况、土壤酸碱度、降水量、空气质量、风力、氮浓缩量、土地湿度等进行合理的科学估计,为农民在减灾、抗灾、科学种植等方面提供很大的帮助,提高农业综合效益。

物联网的应用前景非常广阔,遍及智能交通、环境保护、政府工作、公共安全、平安家居、智能消防、工业监测、环境监测、个人健康与护理、花卉栽培、水系监测、食品溯源、信息侦查和情报搜集等多个领域。如今,人们把传统的信息通信网络延伸到了更为广泛的物理世界,形成了物联网。尽管"物联网"还在发展中,然而将实物纳入网络是信息化发展的大趋势。物联网技术将会掀起信息产业发展的新一轮浪潮,必将对社会发展和经济增长产生重大影响。

思考与提高：生活中的物联网

物联网这种颠覆性的技术正在渗透到各种行业,并连接人们周围每一台支持互联网的设备。人们身边的每一台"智能"设备都在致力于通过数字信息化解决现实世界中的问题。例如,智能手环采用传感和心率测量等技术辅助健康监测、智慧物流通过 RFID、传感器、移动通信技术等提升货物配送效率。细数一下你生活中的物联网产品有哪些,它们又是依赖哪些技术得以实现的。

8.5　电子商务

电子商务(Electronic Commerce,EC)是以网络通信技术进行商品交换的商务活动;也可理解为在互联网、企业内部网和增值网上以电子交易方式进行交易活动和相关服务的活动,是传统商业活动各环节的电子化、网络化、信息化;以互联网为媒介的商业行为均属于电子商务的范畴,它是一种依托现代信息技术和网络技术,集金融电子化、管理信息化、商贸信息网络化为一体,旨在实现物流、资金流与信息流和谐统一的新型贸易方式。电子商务在互联网的基础上突破了传统的时空观念,缩小了生产、流通、分配、消费之间的距离,大幅提高了物流、资金流和信息流的有效传输和处理,开辟了世界范围内更为公平、公正、广泛、竞争的大市场,为制造者、销售者和消费者提供了能更好地满足各自需求的模式。

电子商务作为数字经济的突出代表,在促消费、保增长、调结构、促转型等方面展现出了前所未有的发展潜力,也为"大众创业、万众创新"提供了广阔的发展空间,成为驱动经济与社会创新发展的重要动力。

8.5.1　电子商务概述

从古到今,随着生产力的发展,商务的形式及具体内容也在不断变化。由于技术的进步,交通工具、运输方式产生了变化,货物及服务流通分配渠道也产生了变化,各部门、单位的相互契约关系等也在变化。

2000 年以来,电子商务正在以前所未有的力量冲击着人们千百年来形成的商务观念与模式,直接作用于商务活动,间接作用于社会经济的方方面面,正在推动人类社会继农业革命、工业革命之后的第三次革命。对于任何想实现跨越式发展的企业来讲,开展电子商务都是必然选择。

近年来,我国电子商务持续快速发展,各种新业态不断涌现,在增强经济发展活力、提高资源配置效率、推动传统产业转型升级、开辟就业创业渠道等方面发挥了重要作用。据数据统计显示,2018 年全国电子商务交易额达到 31.63 万亿元,同比增长 8.5%。其中,商品、服务类电子商务交易额为 30.61 万亿元,同比增长 14.5%。未来,电子商务行业将继续保持快速增长,其市场前景十分广阔。

8.5.2　电子商务的产生与发展

电子商务最早产生于 20 世纪 60 年代,发展于 20 世纪 90 年代,其产生和发展的重要条件是计算机的广泛应用、网络的普及和成熟、信用卡的普及与应用、电子安全交易协议的制定、政府的支持与推动、网民意识的转变。电子商务的发展经历了 3 个阶段。

第 1 阶段（20 世纪 60 年代至 90 年代）：基于 EDI 的电子商务。EDI（Electronic Data Interchange，电子数据交换）在 20 世纪 60 年代末期产生于美国，当时的贸易商在使用计算机处理各类商务文件的时候发现会影响数据的准确性和工作效率的提高，人们开始尝试在贸易伙伴之间的计算机上让数据能够主动交换，EDI 应运而生，它将业务文件按一个公认的标准从一台计算机传输到另一台计算机。由于 EDI 大幅减少了纸张票据，因此人们也形象地称之为无纸贸易或无纸交易。多年来，EDI 已经演变成集中不同技术使用网络的业务活动。

第 2 阶段（20 世纪 90 年代中期）：基于 Internet 的电子商务。国际互联网迅速走向普及化，逐步从大学、科研机构走向企业和家庭，其也从信息共享演变为大众化的信息传播工具。信息的访问和交换成本降低，且范围空前扩大。

第 3 阶段（20 世纪 90 年代中期至今）。从 1991 年起，一直徘徊在互联网之外的商业贸易活动正式进入这个王国，因此使电子商务成为互联网应用的最大热点。互联网带来的规模效应降低了业务成本，丰富了企业、商户等的活动，也为小微企业创造了机会，使它们能在平等的技术平台基础上开展竞争。

我国的电子商务发展经历了培育期、创新期及引领期，每个时期都伴随着技术的发展和特定的行业生态，正朝着智能化、场景化以及去中心化的方向发展。电子商务是创新驱动和引领的洋河，它的发展需要准确判断并把握时机，新技术的不断应用将成为该产业的主要驱动力。

8.5.3　电子商务的概念

各国政府、学者及企业界人士根据自己所处地位、参与角度和程度的不同，对电子商务给出了不同的定义，通常分为广义和狭义两种。

1）从广义上来讲

电子商务是一种以电子通信作为手段的经济活动，通过这种方式，人们可以对带有经济价值的产品和服务进行宣传、购买和结算等经济活动。这种交易方式不受地理位置、资金多少或零售渠道所有权的影响，任何企业和个人都能自由地参加广泛的经济活动。电子商务能使产品在世界范围内交易并向消费者提供多种多样的选择。

2）从狭义上来讲

所谓电子商务，就是通过计算机网络进行的各项商务活动，包括广告、交易、支付、服务等。也就是说，当企业将它的主要业务通过企业内部网（Intranet）、外部网（Extranet）以及互联网（Internet）与客户、供应商直接相连时，其中发生的各种活动就是电子商务。

与传统的商务活动方式相比，电子商务具有以下几个优势。

- 电子商务具有开放性和全球性特点。电子商务使企业可以以相近的成本进入全球电子化市场，使得中小企业有可能拥有和大企业一样的信息资源，提高了中小企业的竞争能力。电子商务一方面破除了时空的壁垒，另一方面又提供了丰富的

信息资源,为企业创造了更多的贸易机会,为各种社会经济要素的重新组合提供了更多的可能,这将影响到社会的经济布局和结构
- 电子商务将传统的商务流程电子化、数字化,节省了潜在开支。电子商务重新定义了传统的流通模式,减少了中间环节,使得生产者和消费者的直接交易成为可能,从而在一定程度上改变了整个社会的经济运行方式,一方面以电子流代替了实物流,可以大量减少人力、物力,降低了成本;另一方面突破了时间和空间的限制,使得交易活动可以在任何时间、任何地点进行,从而大幅提高了效率。
- 电子商务具有更多互动性。通过互联网,商家之间可以直接交流、谈判、签合同,消费者也可以把自己的反馈建议反映到企业或商家的网站,而企业或者商家则要根据消费者的反馈及时调查产品种类及服务品质,做到良性互动,同时使商户能及时得到市场反馈,改进本身的工作,企业间的合作也得到了加强,决策者能够通过准确、及时的信息获得高价值的商业情报,辨别隐藏的商业关系和把握未来的趋势,做出更具创造性和战略性的决策,增强企业的竞争力。

思考与提高:电子商务带来的巨变

电子商务从根本上改变了社会经济,推动了社会发展和经济增长。电子商务,尤其是B2B业务增长迅速,国内电商巨头阿里巴巴、拼多多、京东等企业快速崛起,促进了市场的根本变化,不仅带来了就业增长,也促使技能需求结构产生变化。那么,电子商务的发展对社会和经济的不同方面、各类群体产生了怎样的影响?

8.5.4　电子商务的分类

电子商务按照经营模式或经营方式、交易涉及的对象、交易涉及的商品内容、进行交易的企业使用的网络类型等可分为不同的类型。

① 按照商业活动的运行方式,电子商务可以分为完全电子商务和非完全电子商务。

② 按照商务活动的内容,电子商务可以分为间接电子商务和直接电子商务。

- 间接电子商务是指有形货物的电子订货和付款,仍然需要利用传统渠道(邮政服务和商业快递车)送货。
- 直接电子商务是指无形的货物和服务,如某些计算机软件,娱乐内容产品的联机订购、付款和交付,或者是全球规模的信息服务。直接电子商务能使双方跨越地理界线而直接进行交易,充分挖掘全球市场的潜力。

③ 按照开展电子交易的范围,电子商务可以分为区域化电子商务、远程国内电子商务、全球电子商务。

④ 按照使用网络的类型,电子商务可以分为基于专门增值网络(EDI)的电子商务、基于互联网的电子商务、基于 Intranet 的电子商务。

- EDI 是按照一个公认的标准和协议将商务活动中涉及的文件标准化和格式化,并通过计算机网络在贸易伙伴的计算机网络系统之间进行数据交换和自动处理。EDI 主要应用于企业与企业、企业与批发商、批发商与零售商之间的批发业务。
- 因特网(Internet)指利用连通全球的网络开展的电子商务活动。在因特网上可以

进行各种形式的电子商务业务,这种方式涉及的领域广泛,全世界的各个企业和个人都可以参与,所以当前正以飞快的速度发展,其前景十分广阔,是电子商务目前的主要形式。

- 内联网(Intranet)指在一个大型企业或一个行业内开展的电子商务活动,通过这种形式形成一个商务活动链,这样可以大幅提高工作效率和降低业务成本。

⑤ 按照交易对象,电子商务可以分为企业对企业的电子商务(B2B),企业对消费者的电子商务(B2C),企业对政府的电子商务(B2G),消费者对政府机构的电子商务(C2G),消费者对企业的电子商务(C2B),消费者对消费者的电子商务(C2C),企业、消费者、代理商三者相互转换的电子商务(ABC),以消费者为中心的全新商业模式(C2B2S),以供需方为目标的新型电子商务(P2D)。

电子商务的跨界属性日益增强,随着线上服务、线下体验与现代物流的深度融合,也创造出了更丰富的应用场景,正在驱动新一轮的电子商务产业创新。人工智能、大数据等新技术的应用促使营销模式不断创新,缩短了消费者与商品服务之间的距离,提升了用户体验并促成了更多的交易。目前,无人超市、无感支付、智能零售等数字化新业态正推动着电子商务向智能化、多场景的方向发展。

8.6 "互联网+"

"互联网+"是创新 2.0 下的互联网发展新业态,也是知识社会创新 2.0 推动下的互联网形态演进及其催生的经济社会发展新形态,它是互联网思维的进一步实践成果,推动经济形态不断发生演变,从而提升社会经济实体的生命力,为改革、创新、发展提供了广阔的网络平台。

8.6.1 "互联网+"的提出

2015 年 3 月 5 日,政府工作报告中首次提出"互联网+"行动计划。政府工作报告中提出,制定"互联网+"行动计划,推动移动互联网、云计算、大数据、物联网等与现代制造业结合,促进电子商务、工业互联网和互联网金融(ITFIN)健康发展,引导互联网企业拓展国际市场。

2015 年 7 月 4 日,国务院印发《关于积极推进"互联网+"行动的指导意见》,这是推动互联网由消费领域向生产领域拓展,加速提升产业发展水平,增强各行业创新能力,构筑经济社会发展新优势和新动能的重要举措。在具体行动安排上,提出了包括"互联网+"促进创业创新、协同制造、现代农业、智慧能源、普惠金融、公共服务、高效物流、电子商务、便捷交通、绿色生态、人工智能这 11 个重点领域的发展目标,并确定了相关支持措施。

8.6.2 "互联网+"的本质

"互联网+"代表一种新的经济形态,即充分发挥互联网在生产要素配置中的优化和集成作用,将互联网的创新成果深度融合于经济社会各领域之中,提升实体经济的创新力和生产力,形成更广泛的以互联网为基础设施和实现工具的经济发展新形态。

"互联网+"的本质是传统产业的网络化、数据化。网络零售、在线广告、跨境电商、电子银行、网约车、外卖行业等所做的工作都是努力实现交易的网络化。网络社交、线上交易都迁移到互联网上,实现了数据的采集、分析、挖掘,在将其网络化、数据化之后,就可以通过大数据技术反馈助力行业的生产、经营和管理。"互联网+"的片面理解和"互联网+"的正确理解如图 8-21 和图 8-22 所示。

图 8-21 "互联网+"的片面理解

图 8-22 "互联网+"的正确理解

"互联网+"并不是简单的"互联网+各个传统行业",它是两方面融合的升级版,即将互联网作为当前信息化发展的核心特征提取出来,并与工业、商业、金融业等服务业全面融合。其中,最关键的就是创新,只有创新才能让这个"+"更有意义、更有价值。

"互联网+"的内涵不同于之前的"信息化",或者说互联网重新定义了信息化。人们把信息化定义为 ICT 技术不断应用深化的过程。但是,如果 ICT 技术的普及、应用没有释放出信息和数据的流动性,并促进信息或数据在跨组织、跨地域的广泛分享和使用,就会出现"IT 黑洞"陷阱,使信息化效益难以体现。在互联网时代,信息化正在回归这个本质。互联网是迄今为止人类所看到的成本最低的信息处理基础设施。互联网天然具备的全球开放、平等、透明等特性使得信息和数据在工业社会中被压抑的巨大潜力暴发出来,转化成巨大的生产力,成为社会财富增长的新源泉。例如,淘宝网作为架构在互联网上的商务交易平台,促进了商品供给-消费需求信息在全国、全球范围内的广泛流通、分享和对接:10 亿件商品、900 万商家、3 亿消费者实时对接,形成了一个超级在线大市场,极大地促进了中国流通业的效率和水平,释放了内需消费潜力。

8.6.3 "互联网＋"与传统行业

从产品设计(C2B 用户参与、按需订制)、产品生产(众包协同生产)、产品投入(众筹)、产品营销(微博、微信线上营销)、产品流通(去中心化、跨境电商崛起)到产品服务(O2O 极致服务),"互联网＋"改造了行业的每一个环节,从信息传输环节开始逐渐渗透到产品的制造、运营和销售等各个环节,同时也向更纵深的方向发展。利用互联网将传感器、控制器、机器人和人连接在一起,实现全面的连接,从而推动产业链的开放融合,改革传统的规模化生产模式,实现以用户为中心,围绕满足用户个性化需求的新型生产模式推动产业转型升级。人们衣食住行涉及的领域都正在被"互联网＋"的发展思路渗透、革新。"互联网＋"对行业的改造如图 8-23 所示。

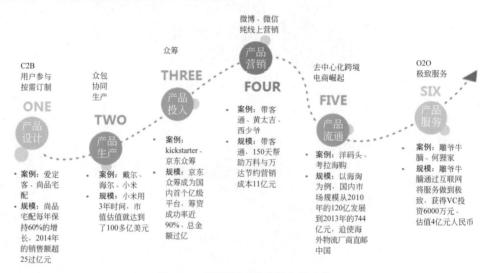

图 8-23 "互联网＋"对行业的改造

(1) 餐饮 O2O

餐饮行业是和人们日常生活最息息相关的行业,随着互联网的普及,我国网民规模继续增大,特别是移动互联网用户规模增长明显,越来越多的用户开始尝试在线预定外卖,从网上下载优惠券后再去线下餐馆消费也越来越普遍。餐饮行业 O2O 包括通过网络购买、预订餐饮和下载餐饮优惠券而去线下消费的用户。参照中国互联网络信息中心(China Internet Network Information Center,CINIC)发布的《中国互联网络发展状况统计报告》显示,截至 2020 年 3 月,我国网上外卖用户规模达 3.98 亿,占网民整体的 44％;手机网上外卖用户规模达 3.97 亿,占手机网民的 44.2％。

餐饮 O2O 的进程其实是餐饮行业信息化的一个过程。"互联网＋餐饮"也不仅仅局限于把餐厅的一些基本信息(菜单、顾客评价等)搬上互联网,真正改变餐饮行业互联网结合的途径来自餐饮后端服务的信息化改造和升级,通过商业形态的进化帮助餐饮行业提高服务效率与质量、降低运营成本、增加营收。

（2）网约车行业

网约车是指基于移动互联网、以手机 App 为主要服务平台、为具有出行需求的顾客和具有出行服务资格与能力的驾驶员提供信息沟通和有保障连接服务的新型商业运行模式。网络预约专车类服务包括专车、快车和顺风车等，是传统用车市场的补充。2012 年，打车应用软件在国内出现，由于其满足乘客和出租车司机的双重需要，我国网约车在市场上受到资本、供求双方的热捧。2019 年，网约车行业合规化进程加速推进，竞争加剧催生出新的合作模式。参照 CINIC 发布的数据统计报告，截至 2020 年 3 月，我国网约车用户规模达 3.62 亿，占网民整体的 40.1%。目前，根据交通运输部及网约车监管信息交互平台的数据显示，我国已有 140 多家网约车平台公司取得了经营许可；全国合法网约车驾驶员已达 150 多万人，日均完成网约车订单超过 2000 万单。

从各类打车软件相继上线到行业洗牌、寡头显现，再到监管升级、市场逐渐规范，网约车在为公共交通提供良好补充的同时也为用户提供了个性化出行需求，有效节约了社会资源。"互联网+"下的出行模式除了提供预约租车服务之外，还通过创新性地利用信息技术、大数据分析技术和管理优化技术开发整合出一系列综合服务，包括驾驶员服务质量与信用评价、导航、拼车等，甚至还发展到城市交通自动化调度、交通拥堵治理等。

（3）互联网金融

用技术打破信息壁垒，以数据跟踪信用记录，互联网技术的优势正在冲破金融领域的种种信息壁垒，互联网思维正在改写金融业竞争的格局。"互联网+金融"的实践正在让越来越多的企业和百姓享受到更高效的金融服务。互联网金融和传统金融的碰撞以及争论持续许久，但前者的发展并未因此停滞。传统银行用融资服务吸引商户，再通过对商户的资金流、商品流、信息流等大数据的分析，为这些中小企业提供灵活的线上融资服务，在提高用户黏度的同时，也节约了银行自身的运营成本。

目前的互联网金融模式仍在探索发展中，主要包括第三方支付、金融产品线上销售、P2P 理财以及众筹。新型的网络金融服务公司利用大数据、搜索等技术让上百家银行的金融产品可以直观地呈现在用户面前。

"互联网+"正在逐渐渗透到第三产业，形成"互联网+金融""互联网+教育"等新的产业，此外，"互联网+"也开始向第一和第二产业进军，例如工业互联网正在逐渐走进设备制造、能源和新材料等工业领域，创新生产方式，推动传统工业的转型发展；农业互联网也正在逐渐向生产环节渗透，为农业带来了新的发展机遇，同时也提供了更广阔的发展空间。此外，在线旅游模式也正在悄然演进，广播、电视媒体行业也面临着市场角力、整合与洗牌，如图 8-24 和图 8-25 所示。

（4）互联网教育

"互联网+教育"是互联网科技与教育领域相结合的一种教育形式，即把课堂搬到互联网，线上和线下相结合教学，特别是在 2020 年新冠肺炎疫情期间，"互联网+教育"迅猛发展，学校、教师纷纷进驻各大线上教学平台。其中，广东开放大学自建"广开网络教学平台"，广州华立科技职业学院进驻"超星学习通平台"等。在校教师也纷纷建立自己的网络课程，通过拍摄教学视频、直播等方式进行线上线下结合授课，如图 8-26 和图 8-27 所示。

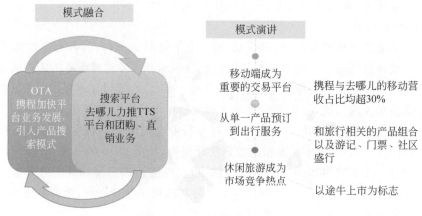

图 8-24　在线旅游模式的演进

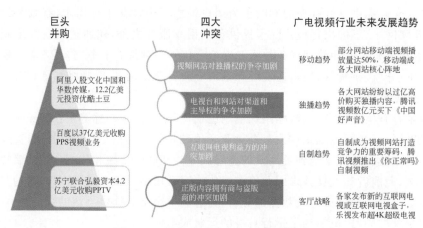

图 8-25　媒体行业的角力、整合与洗牌

8.6.4　"互联网＋"的积极影响与挑战

互联网正在全面融入社会生产和生活的各个领域,引领了社会生产新变革,创造了人类生活新空间,带来了国家治理新挑战,并深刻地改变着全球产业、经济、利益、安全等的格局。"互联网＋"时代的到来无疑给整个社会都带来了新的发展机遇,其带来的积极影响包括便捷性、即时性、交互性、功能齐全性、服务灵活性、信息传播广泛性等,不仅推动了信息化社会的到来,使得信息经济在世界各地全面发展,更加快了经济全球化的步伐。

从个人层面而言,"互联网＋"为每一个人提供了学习、生活等方方面面的个性化服务。这个新技术形态的建立使得人与人、人与物、物与物的广泛连接、交互成为可能。借助网络技术,学习、科研、生活已不再受到校园这一物理边界的制约,依托于互联网的信息技术也延伸至校园之外,与学习、科研、生活紧密相连,为每一个人提供了个性化服务。

从社会层面而言,"互联网＋"发展了人的社会关系:以网结缘的社会关系扩大了社会关系的范围,使人们从地域性个人变成了世界性个人。丰富了社会生活形态:移动互

图 8-26　广开网络教学平台

图 8-27　超星平台

联网塑造了全新的社会生活形态,潜移默化地改变着移动网民的日常生活。

从国家层面而言,"互联网+"提升了综合国力和国际竞争力。国家从战略角度考虑以互联网为代表的新技术力量,把"互联网+"纳入国家行动计划,是经济新常态下的理性选择。

"互联网+"时代给人们带来的既有机遇,也有挑战,面临的风险也日益增多,包括信息庞杂性、信息可靠性、信息碎片性、人际隔离性、缺乏规范性、安全风险性等。现阶段,用户数据的收集、存储、管理和使用缺乏规范,主要依靠企业、管理者等的自律,用户无法确定自己的隐私信息的用途。此外,许多组织机构担心擅自使用数据会触犯监管和法律底线,同时数据处理不当可能会给企业及相关单位带来声誉风险和业务风险,因此在驾驭大数据层面仍存在困难与挑战。

此外,网络也疏远了部分人群的人际交往关系。根据 CINIC 的报告显示,截至 2020年 3 月,我国网民规模达 9.04 亿,较 2018 年增长 7508 万,互联网普及率达 64.5%。调查结果显示,最主要的上网设备为手机,其比例高达 99.3%。在网民群体中,学生最多,占比为 26.9%。

同时,网络失范现象危害着社会稳定,网络失范行为存在着隐蔽性、即时性、交互性等特征,不仅管理难度大,而且其造成的社会危害更是难以估量。随着世界各国对网络空间主导权的争夺加剧,我国作为发展中的网络大国,在网络安全方面正面临着严峻挑战,需要时刻应对网络犯罪、网络攻击、网络泄密等诸多安全问题。互联网已成为意识形态斗争的主战场和国家安全面临的"最大变量"。

放眼未来,技术手段持续进步,"互联网+"仍有巨大的发展空间。把握经济转型升级大趋势,着眼进一步优化创新创业创造环境,让产业发展更好地聚集创新要素,更好地应对资源和环境等外部挑战,推动全球产业发展迈入创新、协调、绿色、开放、共享的数字经济新时代。

思考与提高:如何做好一个信息公民

在信息化发展异常迅猛的今天,网络成了公民学习、生活和工作的必备工作和助手。网络信息环境下,法律意识的培养已成为历史发展的必然趋势,那么信息公民网络道德的培养应当从哪些方面加以考虑呢?

图 书 资 源 支 持

感谢您一直以来对清华版图书的支持和爱护。为了配合本书的使用,本书提供配套的资源,有需求的读者请扫描下方的"书圈"微信公众号二维码,在图书专区下载,也可以拨打电话或发送电子邮件咨询。

如果您在使用本书的过程中遇到了什么问题,或者有相关图书出版计划,也请您发邮件告诉我们,以便我们更好地为您服务。

我们的联系方式:

地　　　址:北京市海淀区双清路学研大厦 A 座 714

邮　　　编:100084

电　　　话:010-83470236　　010-83470237

客服邮箱:2301891038@qq.com

QQ:2301891038(请写明您的单位和姓名)

资源下载:关注公众号"书圈"下载配套资源。

资源下载、样书申请　　　　图书案例

书圈

清华计算机学堂

观看课程直播